Kinias/Timm
Der Sicherheitskoordinator

Der Sicherheitskoordinator

Handbuch für Baupraktiker und Bauherren

Sicherheit und Gesundheitsschutz nach der Baustellenverordnung

mit CD-ROM

von

Prof. Dr.-Ing. Constantin Kinias

und

Dipl.-Ing. Hauke Timm

CFM

C.F. Müller

Die Deutsche Bibliothek – CIP-Einheitsaufnahme

Ein Titeldatensatz für diese Publikation ist bei Der Deutschen Bibliothek erhältlich

Postanschrift: Postfach 10 28 69, 69018 Heidelberg,
Tel.: 0 62 21-48 95 28, Fax: 0 62 21-48 95 29
ISBN 3-8114-9971-8

Satz: TypoDesign Hecker GmbH, Heidelberg
Druck: Druckhaus Neuburg, Neuburg/Do.

Printed in Germany

Vorwort

Die Baustellenverordnung hat alle Akteurengruppen der Bauwirtschaft in Bewegung versetzt. Lange ist sie hinausgeschoben worden, Mitte 1998 ist sie doch in Kraft getreten. Dadurch sind die europäischen Mindestvorschriften für die Sicherheit und den Gesundheitsschutz auch in Deutschland verbindlich.

Die neue Baustellenverordnung hat seit ihrer Gültigkeit für viel Wirbel in der Baubranche gesorgt. Bauherren und am Bau beteiligte waren anfangs irritiert, viele Aspekte sind in der Verordnung nicht ausführlich dargestellt. Der Text beschränkt sich auf nur wenige Seiten. Für die Beteiligten bedeutet dies eine neue Situation. Sie sollen, besser gesagt, sie müssen, Arbeitsschutz und Gesundheitsförderung auf Baustellen praktizieren. Über das „wie?" wird allerdings möglichst viel Freiraum gelassen.

Mit der Baustellenverordnung sind keine neuen, zusätzlichen technischen Regelungen zur Sicherheit auf Baustellen erlassen worden. Lediglich die Dokumentationspflicht der Maßnahmen auf dem Wege zur Schaffung von sicheren und gesundheitsfördernden Rahmenbedingungen auf der jeweiligen Baustelle ist nunmehr eindeutig geregelt. Der Normadressat der Verordnung, der Bauherr, kennt seine Rechte und Pflichten. Sind seine Kenntnisse über die sichere Organisation der Baustelle nicht gut genug, dann hat er sich der Sicherheits- und Gesundheitsschutzkoordinatoren zu bedienen.

Die Bauwirtschaft ist mit einer doppelt so hohen Unfallhäufigkeit als in der sonstigen gewerblichen Wirtschaft und somit mit weit mehr Unfällen beteiligt als alle anderen Branchen. Bereiche, wie zum Beispiel die Chemie, weisen geringere Unfallhäufigkeiten auf als der Baubereich. Der zunehmende Wettbewerbs- und insbesondere Zeitdruck auf den deutschen Baustellen in einer globalisierten Wirtschaft erfordern einheitliche europäische Regelungen der Mindestvorschriften. Die Baustellenverordnung hat dazu einen positiven Beitrag zu leisten.

Wir haben in verschiedenen Gremien und zahlreichen Veranstaltungen alle bisherigen Phasen der Umsetzung der Baustellenverordnung in der betrieblichen Praxis beobachtet, begleitet und nach Möglichkeiten beeinflusst. Bei mehreren Bauprojekten wurden wir von

Bauherren beauftragt, sie als Koordinatoren ihrer Bauprojekte in Sachen Sicherheit und Gesundheitsschutz zu begleiten.

In mehr als vierzig viertägigen Seminaren haben wir bislang mehr als sechshundert Koordinatoren nach den Grundsätzen der Berufsgenossenschaften der Bauwirtschaft ausgebildet. Wöchentlich kommen neu ausgebildete Koordinatoren dazu. Gerade in der Diskussion mit den TeilnehmerInnen während und nach unseren Seminaren ist uns der Bedarf nach diesem Buch immer wieder dargestellt worden.

Wir kommen diesem Wunsch mit dieser Ausgabe gerne nach und hoffen, dass wir damit auch den dringenden Aufklärungsbedarf auch für die Bauherren gleichermaßen erfüllen können.

Mit der beiliegenden Software bitBau soll aufgezeigt werden, wie die Arbeit der Koordinatoren mit Hilfe der Neuen Medien einfacher gestaltet werden kann, die Hinweise auf die Internet-Seiten http://www.der-Sicherheitskoordinator.de soll dies bestärken.

Das Buch ist ein Hilfsmittel und erhebt nicht den Anspruch eines wissenschaftlichen Werkes. Aus diesem Grunde sind wir von der üblichen Zitierpraxis abgewichen, um die Handlichkeit nicht zu erschweren. Wir haben aus Gründen der Lesbarkeit die männliche Form genutzt. Gerade wegen der unabdingbar geforderten sozialen Kompetenz der Koordinatoren wünschen wir uns allerdings mehr Sicherheits- und Gesundheitsschutzkoordinatorinnen auf Baustellen.

Wir weisen darüber hinaus ausdrücklich darauf hin, dass das vorliegende Buch eine evtl. notwendige Rechtsberatung nicht ersetzen kann. Dies kann und will der Charakter des Buches nicht leisten.

Wir haben versucht, ein ganzzeitliches Bild der betrieblichen Praxis mit der Baustellenverordnung aufzuzeigen. Die Umsetzung ist allerdings noch im Fluss. Auch deswegen freuen wir uns über Hinweise aber auch kritische Auseinandersetzungen mit diesem Buch. Bereits jetzt bedanken wir uns für die Zuschriften unserer Leser und sagen eine Berücksichtigung Ihrer Anregungen bei den weiteren Auflagen des Werkes zu.

Unser Dank gilt Herrn Dipl.-Ing. Mathias Kunstein vom Unternehmen baltic Information technologies GmbH für die Erstellung der Software und den entsprechenden Beitrag zu diesem Buch.

Kiel, im Januar 2000

Prof. Dr.-Ing. Constantin Kinias
Dipl.-Ing. Hauke Timm

Inhaltsverzeichnis

Abkürzungsverzeichnis

ABl.EG	Amtsblatt der Europ. Union
ArbSchG	Gesetz über die Durchführung von Maßnahmen zur Verbesserung der Sicherheit und des Gesundheitsschutzes der Beschäftigten bei der Arbeit (Arbeitsschutzgesetz)
ArbStättR	Arbeitsstättenrichtlinien
ArbStättV	Arbeitsstättenverordnung
ASiG	Gesetz über Betriebsärzte, Sicherheitsingenieure und andere Fachkräfte für Arbeitssicherheit (Arbeitssicherheitsgesetz)
AUG	Arbeitnehmer-Überlassungsgesetz
BAT	Biologischer Arbeitsplatz-Toleranzwert
BAuA	Bundesanstalt für Arbeitsschutz und Arbeitsmedizin
BaustellV	Verordnung über Sicherheit und Gesundheitsschutz auf Baustellen (Baustellenverordnung)
BG	Berufsgenossenschaft
BGB	Bürgerliches Gesetzbuch
BGI	BG-Informationen
BGR	BG-Regeln
BGV	BG-Vorschriften
BGVR	Berufsgenossenschaftliche Vorschriften und Regeln
BG-PRÜFZERT	Berufsgenossenschaftliches Prüf- und Zertifizierungssystem
bitBau	Software für die Bearbeitung der BaustellV
BMA	Bundesministerium für Arbeit und Sozialordnung
CE-Kennzeichnung	EG-Konformitätszeichen
ChemG	Chemikaliengesetz
DIN	Deutsche Normen und Normentwürfe
DIN EN	DIN Europäische Norm
EU	Europäische Union

EU-Richtlinien	Richtlinien des Rates der Europäischen Union (früher: EG und EWG)
GA	Gewerbeaufsicht
GefStoffV	Gefahrstoffverordnung
GewO	Gewerbeordnung
GS-Zeichen	Prüfzeichen nach Gerätesicherheitsgesetz
HGB	Handelsgesetzbuch
HVBG	Hauptverband der gewerblichen Berufsgenossenschaften
ISO	Normen der „International Standards Organization“
KMF	Künstliche Mineralfaser
MAK	Maximale Arbeitsplatzkonzentration
PCB	Polychlorierte Biphenyle
R-Sätze	Risiko-Sätze, Hinweise auf die besonderen Gefahren gemäß GefStoffV
RVO	Reichsversicherungsordnung
SIGEPLAN	Sicherheits- und Gesundheitsschutzplan
S-Sätze	Sicherheitsratschläge gemäß GefStoffV
SIFA	Fachkraft für Arbeitssicherheit
SGB	Sozialgesetzbuch
StGB	Strafgesetzbuch
TR	Technische Regeln
TRK	Technische Richtkonzentration
TRGS	Technische Regeln für Gefahrstoffe
Unterlage	Unterlage mit den erforderlichen, bei möglichen späteren Arbeiten an der baulichen Anlage zu berücksichtigenden Angaben zu Sicherheit und Gesundheitsschutz
UVV	Unfallverhütungsvorschrift
VBG	Vorschriftenwerk der Berufsgenossenschaften
VDE	Bestimmungen und Richtlinien des Verbandes Deutscher Elektrotechniker
VDI	Richtlinien des Vereins Deutscher Ingenieure
VOB	Verdingungsordnung für Bauleistungen

ZH 1/...	Zentralstelle Hauptverband, Kennzeichnung (Ordnungs-Nr.) von Richtlinien, Sicherheitsregeln, Grundsätzen und Merkblättern der Berufsgenossenschaften

1 Arbeitsbedingungen und Unfallgeschehen auf Baustellen

Baustellen stellen ein für die Verbesserung der Arbeitsbedingungen besonders interessantes Arbeitsfeld dar. Eine absolut hohe Anzahl von Beschäftigten in der Branche, die wiederum eine vergleichsweise hohe Unfallquote aufweist.

Jeder zehnte Beschäftigte in der deutschen gewerblichen Wirtschaft ist in der Bauwirtschaft tätig. Der Anteil ausländischer Arbeitnehmer ist mit ca. 10% am höchsten im Vergleich mit anderen Branchen. Auf den Baustellen ist diese Zahl weit höher, da eine zunehmende Zahl von ausländischen Unternehmern und insbesondere Sub-Unternehmern auf den Baustellen tätig sind.

Bei mehr als 3 Millionen Beschäftigten der Branche haben im Jahr 1997 312975 Personen einen Arbeitsunfall erlitten. Dies bedeutet, dass statistisch betrachtet jede in der Bauwirtschaft beschäftigte Person alle 10 Jahre einen Arbeitsunfall hat.

Die Unfallhäufigkeit ist somit doppelt so hoch wie in der sonstigen gewerblichen Wirtschaft. Auch gegenüber der in der Öffentlichkeit als gefährlich geltenden Chemischen Industrie weist die Bauwirtschaft vier Mal höhere Zahlen auf.

Die Häufigkeit der tödlichen Arbeitsunfälle ist entsprechend auch hoch. Mit 264 tödlichen Unfällen im Jahre 1997 liegt die Bauwirtschaft bei einer drei Mal so hohen Rate wie bei der sonstigen gewerblichen Wirtschaft.

In Deutschland betrugen im Jahre 1997 die Kosten für Renten (Verletzte und Hinterbliebene) insgesamt 9,1 Mrd. DM. Der Anteil der Bauwirtschaft lag hier bei 20%.

Alle diese Zahlen weisen auf das hohe Gefährdungspotential der Bauwirtschaft hin. Der Handlungsbedarf ist unbestritten.

Die Beschäftigten auf Baustellen sind besonders hohen Belastungen ausgesetzt.

Nässe, Kälte, Zugluft, Staub, Lärm, Vibrationen stellen übliche Belastungsfaktoren dar. Die zeitlichen Vorgaben für den Bauablauf, sowie die Wünsche der Bauherren über das Bauwerk führten in den letzten Jahren zu einem zunehmenden Einsatz von Gefahrstoffen. Die Gefährdung für die Gesundheit der Beschäftigten hat in diesem Bereich zugenommen.

Das Tragen und Heben von Lasten stellt einen weiteren belastenden Faktor dar. Unfälle entstehen in der Bauwirtschaft aber auch, da in großen Höhen, in Gruben, Gräben und Tunnels und in ständiger Nähe zu fremden Geräten und Maschinen gearbeitet wird.

Als soziale Belastungsfaktoren gelten die häufigen Überstunden, der überdurchschnittlich häufige Wechsel der Arbeitgeber, die wechselnden Einsatzorte mit abgeschnittenen Einsatzgebieten, die saisonale und personelle Diskontinuität der Arbeit sowie konjunkturbedingte, unsichere und befristete Arbeitsplätze.

Europaweite Untersuchungen haben ergeben, dass ca. 35% der Unfälle am Bau auf Planungsfehler, 28% auf mangelnde Organisation und 37% auf Fehler bei der Bauausführung zurückzuführen sind.

Eine Verbesserung der Arbeitsbedingungen auf den Baustellen kommt nicht nur den dort Beschäftigten zugute.

Die Bauherren können aus einem arbeitssicherheitstechnisch gut strukturierten Bauablauf ihrer Baustelle profitieren.

Schon in der Ausschreibung kann durch entsprechende Instrumente auf notwendige und gegebenenfalls gemeinsam zu nutzende Einrichtungen verwiesen werden, deren im anderen Fall nachträgliche Berücksichtigung das Bauvorhaben verteuern.

Darüber hinaus wird durch eine gute Organisation auch eine verbesserte Kostentransparenz erreicht, indem durch die Optimierung des Bauablaufs Störungen und das Terminverzugsrisiko vermindert und dabei gleichzeitig die Qualität der geleisteten Arbeit erhöht werden.

Auch die Kosten für spätere Wartungs- und Instandsetzungsarbeiten am Bauwerk werden reduziert, indem schon bei der Planung der Ausführung die erforderlichen Vorkehrungen für spätere Arbeiten berücksichtigt und in einer Unterlage für spätere Arbeiten an der baulichen Anlage dokumentiert werden.

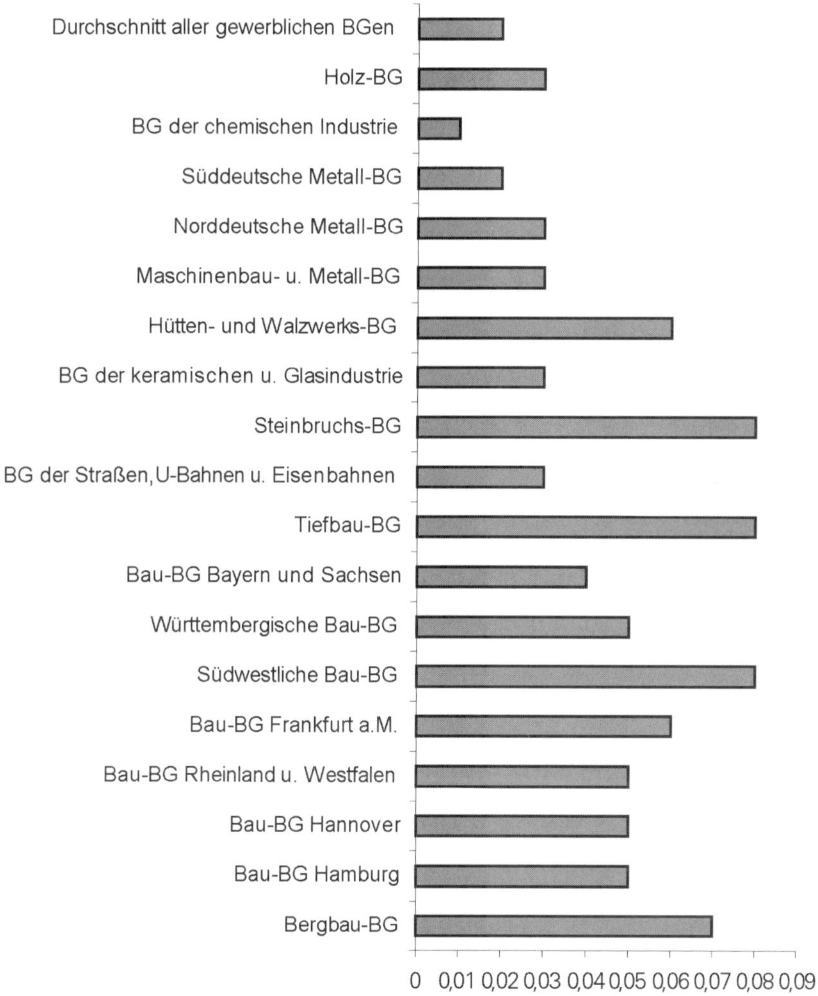

Abb. 1: *Tödliche Arbeitsunfälle im Jahre 1997 bezogen auf 1 Mio geleistete Arbeitsstunden*
(Quelle: Bundesministerium für Arbeit und Sozialordnung)

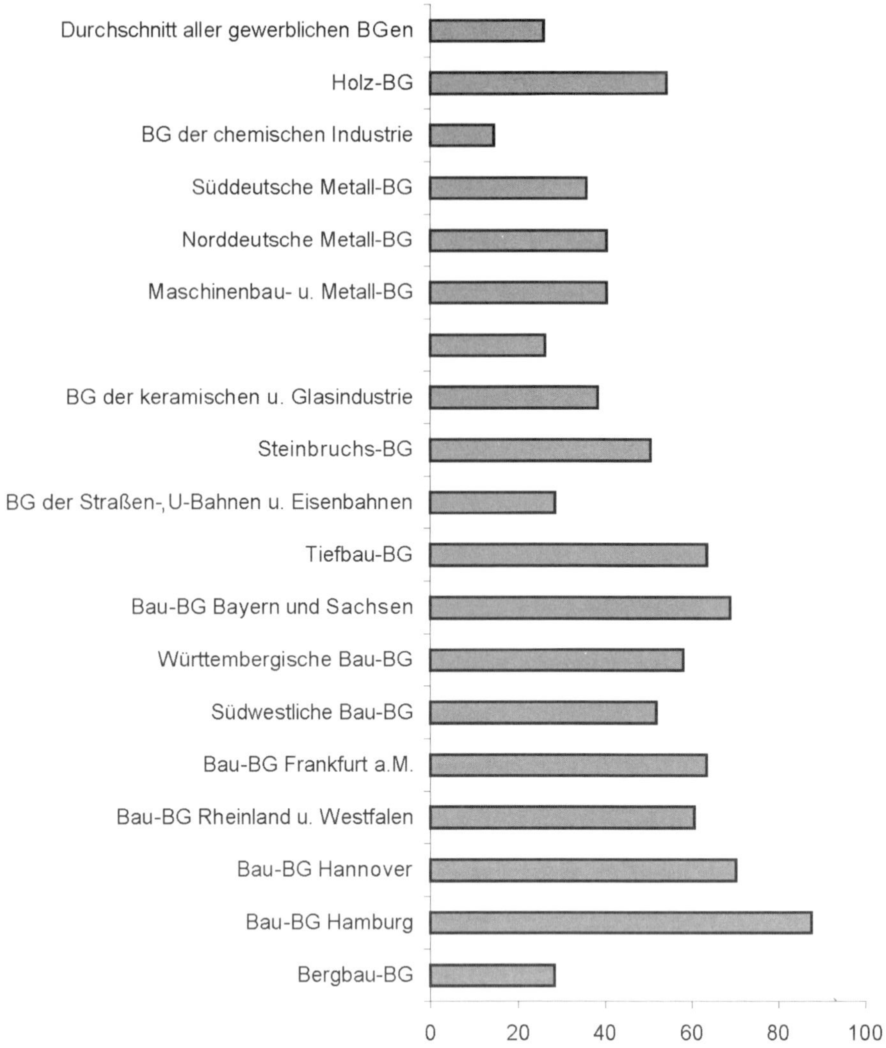

Abb. 2: *Angezeigte Arbeitsunfälle im Jahre 1997 bezogen auf 1 Mio geleistete Arbeitsstunden*
(Quelle: Bundesministerium für Arbeit und Sozialordnung)

Einige Begriffsdefinitionen zu diesem Thema zum vereinfachten Umgang mit entsprechender Literatur:

Meldepflichtiger Unfall: Arbeits- oder Wegeunfall, der zu einer Arbeitsunfähigkeit von mehr als drei Tagen oder zum Tod führt.

Neue Unfallrente: Arbeits- oder Wegeunfall mit so schweren Folgen, dass es im Berichtsjahr der Berufsgenossenschaften erstmals zu einer Entschädigung in Form einer Rente bzw. Abfindung oder zur Zahlung von Sterbegeld gekommen ist.

Anzeigen auf Verdacht einer Berufskrankheit: Alle bei den Berufsgenossenschaften eingegangenen Verdachtsanzeigen von Versicherten, Krankenkassen, Unternehmen oder sonstigen Stellen, unabhängig davon, ob sich dieser Verdacht bestätigt.

Anerkannte Berufskrankheiten: Diejenigen Fälle unter den Anzeigen auf Verdacht einer Berufskrankheit, bei denen sich im Feststellungsverfahren bestätigt hat, dass tatsächlich eine Berufskrankheit vorliegt. Bei einigen Erkrankungen müssen über die Feststellung der beruflichen Verursachung hinaus besondere versicherungsrechtliche Voraussetzungen erfüllt sein, z.B. die Aufgabe der schädigenden Tätigkeit oder die besondere Schwere oder Rückfälligkeit der Erkrankung. Sind nur letztere nicht erfüllt, so wird zwar die Berufskrankheit im juristischen Sinne nicht anerkannt, es werden jedoch in der Regel umfangreiche Leistungen der Prävention und der Rehabilitation erbracht.

Neue Berufskrankheitsrenten: Derjenige Teil der anerkannten Berufskrankheiten, bei denen die versicherungsrechtlichen Voraussetzungen für eine Entschädigung in Form einer Rente oder eines Sterbegeldes im Berichtsjahr der Berufsgenossenschaften erstmals festgestellt wurden.

Vollarbeiter: Größe, die zur Berechnung von Arbeitsunfallquoten verwendet wird. Ein Vollarbeiter entspricht der durchschnittlich von einer vollbeschäftigten Person in der gewerblichen Wirtschaft tatsächlich geleisteten Arbeitsstundenzahl pro Jahr und spiegelt damit die Expositionszeit gegenüber Arbeitsunfällen wider. Der Vollarbeiter-Richtwert betrug im Jahre 1985 noch 1830 Stunden, im Jahr 1997 war dieser auf 1558 Stunden gesunken.

Umlagesoll: Überschuss der Aufwendungen der gewerblichen Berufsgenossenschaften über die Erträge, der nach Abschluss des jeweiligen Berichtsjahrs der zuständigen Berufsgenossenschaft auf die Mitglieds-Unternehmer in der gewerblichen Wirtschaft umgelegt wird.

Entschädigungsleistungen: Alle Bar- und Sachleistungen an Verletzte, Erkrankte und Hinterbliebene.

2 Der rechtliche Rahmen der EU-Richtlinien

Internationalisierung und Globalisierung haben vor den Toren der Bauwirtschaft nicht halt gemacht. Viele deutsche Baustellen werden von ausländischen Unternehmen mit Beschäftigten aus verschiedenen Ländern bearbeitet. Umgekehrt ist die deutsche Bauwirtschaft international tätig. Insbesondere bei innovativen Grossbaustellen haben die deutschen Unternehmen „die Nase vorn".

Die Internationalisierung der Bauwirtschaft ist geprägt durch die mit der EU-Integration einhergehenden Freizügigkeiten für die Mitgliedsstaaten und ihre Bürger

- Freiheit der Niederlassung (EU-Bürger können sich ohne Einschränkungen in anderen Ländern der EU niederlassen und somit jede von ihnen gewünschte Tätigkeiten auf Baustellen aufnehmen.)
- Freiheit des Devisentransfers (Investitionen, Gewinne und insgesamt Geldbeträge können innerhalb der EU uneingeschränkt transferiert werden, der Kauf von Grundstücken in anderen EU-Ländern ist für die EU-Bürger ohne Einschränkung möglich, die Bauinvestitionen innerhalb der EU uneingeschränkt. Einen weiteren Beitrag in diese Richtung soll nunmehr die gemeinsame europäische Währung leisten.)
- Freiheit der Dienstleistungen (Banken, Versicherungen aber auch Architektur- und Ingenieurbüros können innerhalb der EU ohne besondere nationale Grenzen ihre Dienstleistungen anbieten.)
- Freiheit des Warentransfers (Tarifäre und Nicht-Tarifäre Barrieren zur Unterbindung oder Erschwerung des Warentransfers innerhalb der EU sind unzulässig. Zölle werden für europäische Güter nicht mehr erhoben; administrative Regelungen, die den Import von Waren aus einem anderen europäischen Land erschweren, sind unzulässig. Für dieses Ziel sind einheitliche Sicherheitsstandards für alle EU-Mitgliedsländer unabkömmlich.)

Deutschland ohne Bodenschätze und mit hohem Exportaufkommen von industriellen Erzeugnissen profitiert als Teil von Europa vom freien Warenverkehr innerhalb Europas. Ein gemeinsamer Markt setzt aber untereinander harmonisierte Vorschriften voraus.

Aus diesem Grund wird eine Vereinheitlichung der in den einzelnen Mitgliedsstaaten der EU zum Teil sehr unterschiedlichen rechtlichen

Vorschriften angestrebt und somit ein funktionsfähiger, europäischer Binnenmarkt geschaffen. Die Richtlinien entstehen, indem der Rat EU Regelungen erlässt, welche wiederum von den Mitgliedstaaten in nationales Recht umgewandelt werden.

Die Basis für die Reform des deutschen Arbeitsschutzrechts stellen die sogenannten EU-Richtlinien dar. Die europäischen Arbeitsschutz-Richtlinien gelten nicht unmittelbar für alle Arbeitgeber und Beschäftigten in jedem Mitgliedsstaat der EU. Damit die in den Richtlinien enthaltenen Regelungen für den betroffenen Adressatenkreis verbindlich werden, müssen die Mitgliedsstaaten die Richtlinien in nationale Rechtsvorschriften umsetzen.

Nach der Umsetzung in die nationalen Rechtsvorschriften aller Mitgliedsstaaten verlieren die EU-Richtlinien an Bedeutung womit dann das Recht als „harmonisiert" gilt.

- Der Rat der Europäischen Union erläßt EU-Richtlinien.
- Die Mitgliedsstaaten wandeln diese Richtlinien in nationales Recht um.
- Das Ziel der Vereinheitlichung von EU-Richtlinien ist es, die in den einzelnen Mitgliedstaaten der EU zum Teil sehr unterschiedlichen rechtlichen Vorschriften einander anzugleichen und somit einen funktionsfähigen einheitlichen, europäischen Binnenmarkt zu schaffen.

Sicherheits- und Gesundheitsschutzkoordination auf Baustellen	Der Sicherheitskoordinator	

Abb. 3: *Organisation für Richtlinien der EU*

Die EU-Rahmenrichtlinie für den Arbeitsschutz aus dem Jahr 1989 wurde 1996 in deutsches Recht umgesetzt. Das Arbeitsschutzgesetz (ArbSchG) trat am 21. 8. 1996 in Kraft. Das ArbSchG schafft in Deutschland einheitliche Grundvorschriften für den betrieblichen Arbeitsschutz. Der Text des ArbSchG befindet sich im Kap. 12.1 dieses Buches.

Ziel des Gesetzgebers war es, die Sicherheit und den Gesundheitsschutz der Beschäftigten bei der Arbeit in allen Tätigkeitsbereichen zu sichern und zu verbessern.

Abb. 4: *EU-Mitgliedsstaaten*

Das ArbSchG regelt u.a. die Unternehmerpflichten (Abschnitt 2 §§ 3-14), die Rechte und Pflichten der Beschäftigten (Abschnitt 3 §§ 15-17), die Ermittlung, Beurteilung und Dokumentation von Gefährdungen (Abschnitt 2 § 5 und § 6) und die Befugnisse der staatlichen Behörden sowie die Zusammenarbeit mit den Trägern der gesetzlichen Unfallversicherungen (Abschnitt 5 §§ 21-26).

Das Gesetz sieht vor, dass die zuständigen staatlichen Behörden die Einhaltung der erlassenen Rechtsvorschriften überwachen müssen. Eine Dokumentation der Ergebnisse von Gefährdungsanalysen sowie der Arbeitsschutzmassnahmen an den Arbeitsplätzen ist (ArbSchG §6) für Betriebe ab 10 Beschäftigte vorgeschrieben.

Das neue Arbeitsschutzgesetz regelt für alle Tätigkeitsbereiche

- die Pflichten und Rechte der Arbeitgeber/Unternehmer
- die Pflichten und die Rechte der Beschäftigten
- die Überwachung des Arbeitsschutzes nach diesem Gesetz durch die zuständigen staatlichen Behörden.

Die Grundlage für das Arbeitsschutzgesetz ist die europäische Rahmenrichtlinie Arbeitsschutz 89/391/EWG.

Diese EU-Richtlinie enthält Mindestanforderungen für den Arbeitsschutz, die in allen Mitgliedsstaaten der EU gelten.

Sicherheits- und Gesundheitsschutz-koordination auf Baustellen	Der Sicherheitskoordinator	

Abb. 5: *Arbeitsschutzgesetz (ArbSchG)*

Für die Überwachung der Vorschriften sind weiterhin ausschließlich die nationalen staatlichen Institutionen verantwortlich, wie z.B. in Deutschland das Bundesministerium für Arbeit und Sozialordnung (BMA) sowie die Arbeitsministerien der Länder und ihre nachgeordneten Behörden.

Die nachgeordneten Behörden sind auf Bundesebene die Bundesanstalt für Arbeitsschutz und Arbeitsmedizin (BAuA) und auf Landesebene die Arbeitsschutzbehörden der Länder (ähnlich tätige Institutionen mit zum Teil unterschiedlicher Namensgebung, wie Gewerbeaufsichtsamt, Landesamt für Arbeitsschutz, Landesamt für Arbeitssicherheit usw. im Folgenden allgemeingültig mit Gewerbeaufsicht (GA) bezeichnet).

Die Gewerbeaufsicht hat als Aufgabe, die Einhaltung des staatlichen Arbeitsschutzrechts zum Schutz von Beschäftigten in den Betrieben zu überwachen und die Arbeitgeber bei der Erfüllung ihrer Pflichten zu beraten.

In Deutschland besteht darüber hinaus ein duales Arbeitsschutzsystem. Auf der Basis des Interesses des Staates, eine gesetzliche Unfallversicherung zu halten, bestehen als Institutionen im Rahmen des Sozialgesetzbuches (SGB) die Berufsgenossenschaften (BG).

Diese Träger der gesetzlichen Unfallversicherungen haben ihren historischen Ursprung in den ersten Jahren der Industrialisierung vor über 100 Jahren mit der Aufgabe, für alle abhängigen Beschäftigten in Deutschland eine Deckung des berufsbedingten Unfall- und Berufskrankheitenrisikos unabhängig von der Schuldfrage des Betroffenen zu gewährleisten.

Arbeitgeber wie Beschäftigte profitieren davon. Bei den Arbeitgebern wird es vermieden, dass sie bei jedem Einzelfall Forderungen in unterschiedlicher Schadensersatzhöhe, wie wir es inzwischen mehrmals in den USA erleben, gegenüberstehen. Das Haftungsrisiko wird innerhalb der Branche gestreut. Aber auch die Beschäftigten wissen, dass sie auf Dauer abgesichert sind, unabhängig davon, ob und wie lange das jeweilige Unternehmen besteht.

Die BGen gliedern sich nach Branchen und werden nicht staatlich, sondern durch die Beiträge der versicherten Betriebe finanziert. Ihre Organe werden paritätisch zwischen Arbeitgeber (Mitgliedsunternehmer) und Arbeitnehmer (Versicherte) besetzt. Sie verwalten sich selbständig durch Vertreterversammlung und Vorstand.

Die BGen sind verantwortlich für die Überwachung des vorsorgenden, betrieblichen Gesundheitsschutzes und des Arbeitsschutzes in den Unternehmen ihres Gewerbezweiges. Für Baustellen sind dies die Bau-Berufsgenossenschaften aber auch andere BGen, wie z.B. die Metall-Berufsgenossenschaften sowie die Berufsgenossenschaft für Feinmechanik und Elektrotechnik. Entsprechende Listen der BGen befinden sich in den Kap. 12.4 und 12.5 dieses Buches.

Im Rahmen ihrer Verantwortung hat die jeweilige BG das Recht, bindende Vorschriften und Regeln (UVV) zu erlassen. Der Auftrag der BGen zur betrieblichen Gesundheitsvorsorge ist um die Verhütung von arbeitsbedingten Gesundheitsgefahren erweitert worden und beinhaltet somit auch die Pflicht zur Gefahrenermittlung und -prävention.

BGen wie Gewerbeaufsicht (GA) haben beratende und überwachende Funktionen. Sie sind das direkte Verbindungsglied zwischen dem jeweiligen Bundesland bzw. Versicherer und den Unternehmen mit ihren Beschäftigten.

Das neue ArbSchG fordert in § 21 (3) eine engere Zusammenarbeit und vermehrten Erfahrungsaustausch dieser beiden Institutionen.

Dadurch soll vermieden werden, dass verschiedene Akteure unabgestimmt vorgehen und somit in den Betrieben unklare Situationen entstehen.

Sicherheitstechnische Regelungen

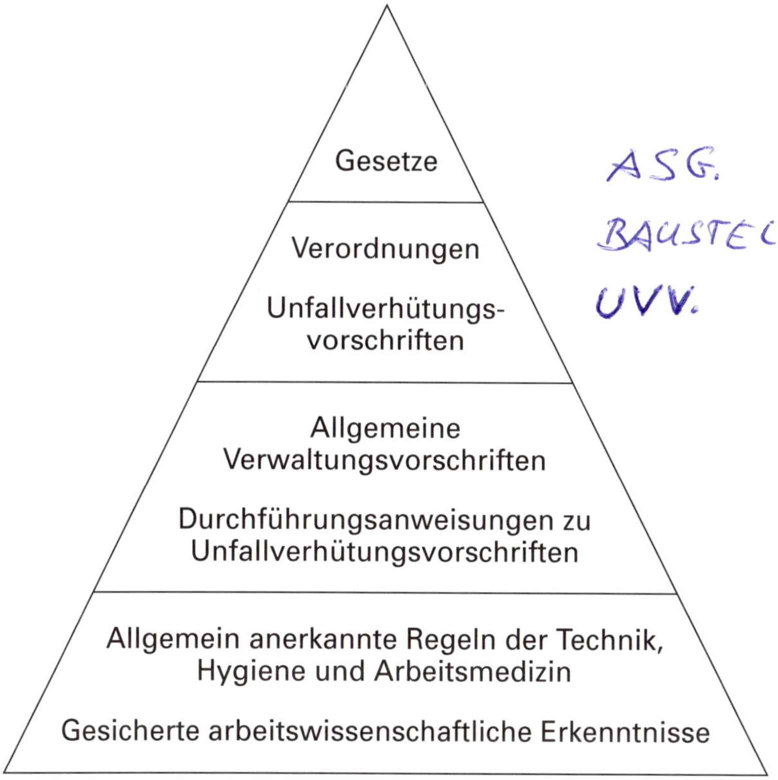

ASG.
BAUSTELL-V.
UVV.

Abb. 6: *Sicherheitstechnische Regelungen*

Verstöße gegen Gesetze, Rechtsverordnungen und -vorschriften sowie Zuwiderhandlungen bzw. Nichteinhaltung von Anordnungen der Gewerbeaufsicht stellen im Regelfall Ordnungswidrigkeiten dar. In besonders schweren Fällen (§ 25 ArbSchG) erfüllt das Fehlverhalten eines Arbeitgebers sogar einen Straftatbestand.

Mit der Umsetzung der EU-Regelungen bestehen jedoch noch praktische Schwierigkeiten, da sie zwar vom Konzept her genau festgelegt wurden, sie aber den Betroffenen einen zu großen Handlungsspielraum bei der Wahl von Form und Norm gewähren.

Dies bedeutet, dass Dokumente zu erstellen sind, deren Gliederung, Umfang und äußeres Erscheinungsbild von den Betroffenen nach eigener Sachentscheidung selbst bestimmt werden können.

Die Schwierigkeiten im Umgang mit dieser Freiheit der EU-Vorschriften sind offensichtlich. Sie verlangen sowohl bei der Gestaltung eines Produktes oder einer Dienstleistung ein hohes Maß an Selbstverantwortlichkeit, als auch bei der Sicherheit auf der Baustelle, die vom Bauherren bestimmt wird.

Wenn z.B. ein Gerät auf seine Sicherheit geprüft werden sollte, um das Geprüfte-Sicherheit „GS"-Zeichen zu erlangen, wurde bislang folgender Weg begangen:

Ein selbst im Wettbewerb stehender Zertifizierer hatte das Gerät zu überprüfen. Wenn er die Sicherheit bestätigen konnte, dann wurde vom Hersteller unter Angabe des Namens des Prüfzertifizierers das GS-Zeichen am Gerät angebracht und somit werbewirksam darauf hingewiesen.

Sowohl die immer mehr in der betrieblichen Praxis zum Einsatz kommende Steuerungstechnik als auch der stärker werdende Wettbewerb zwischen den Prüfinstitutionen macht die Situation der Prüfer zunehmend schwieriger.

Die EU hat daraus als Konsequenz gezogen, dass sie nun die Hersteller dazu befähigte, die Prüfung für die eigenen Produkte selbständig durchzuführen. Sie ermächtigte sie sogar, sich selbst für ihr Gerät/Maschine die CE-Konformität zu bescheinigen. Eine Ausnahme bilden jedoch die mit besonderen Regelungen auferlegten besonders gefährlichen bzw. überwachungsbedürftigen Maschinen und Anlagen.

Die EU will somit nicht, dass die Prüfung ausschließlich von einer externen Stelle vorgenommen wird. Sollte jedoch ein Schaden durch das Produkt entstehen, muss spätestens dann der Hersteller den Nachweis erbringen, dass von ihm das Vorschriftwerk vollständig und korrekt eingehalten worden ist.

Dies ist auch die Intention der EU-Baustellenrichtlinie. Sie wurde am 1. Juli 1998 mit der Verordnung über Sicherheit und Gesundheitsschutz auf Baustellen (Baustellenverordnung, BaustellV) in deutsches Recht umgesetzt.

- Für staatliche Bauvorhaben gilt die Einhaltung der EU-Baustellen-Richtlinie 92/57/EWG bereits seit 1994.
- Die Richtlinie gilt für alle EU-Mitgliedsstaaten und mußte nach Ablauf der Übergangsfrist von allen Mitgliedsstaaten in nationales Recht umgesetzt werden.
- Der deutsche Bauherr muß seit dem 01. Juli 1998 für den Betrieb von Baustellen die in nationales Recht harmonisierte Verordnung über Sicherheit und Gesundheitsschutz auf Baustellen (Baustellenverordnung – BaustellV) einhalten
- Bevor eine Baustelle eingerichtet werden kann, muß der Bauherr die entsprechenden Vorgaben der Baustellenverordnung erfüllen

Sicherheits- und Gesundheitsschutz-koordination auf Baustellen	Der Sicherheitskoordinator	

Abb. 7: *Umsetzung der EU-Baustellenrichtlinie in nationales Recht (BaustellV)*

Hintergrund der EU-Baustellen-Richtlinie ist es, dass der Baubereich europaweit im Vergleich zu anderen Wirtschaftszweigen im besonderen Maß durch Unfälle und Berufskrankheiten charakterisiert ist. Nur europaeinheitliche Rechtsregelungen bieten eine Gewähr dafür, dass ein gleich hohes Sicherheitsniveau in diesem Bereich gewährt werden kann.

Entsprechend ist die jeweilige Gewerbeaufsicht der einzelnen Bundesländer „zuständige Behörde“ für die Baustellenverordnung. Eine Ausnahme stellt Hamburg, in diesem Bundesland ist die Bauaufsicht die zuständige Behörde. Die Liste dieser Behörden mit Anschrift und Tel./Fax-Nummern ist in die Software bitBau aufgenommen worden und wird laufend über das Internet aktualisiert. Entsprechende Hinweise befinden sich im Kap. 11.2 dieses Buches.

- Die Baustellenverordnung zielt auf die Aufgaben des Bauherrn; sie kann allerdings nicht isoliert betrachtet werden
- Die Baustellenverordnung enthält grundlegende Sicherheitsforderungen an den Bauherrn
- Aus der Baustellenverordnung ergibt sich der Einbezug des § 4 des Arbeitsschutzgesetzes „Allgemeine Grundsätze“
- Die innerbetriebliche sicherheitstechnische Organisation des Bauherrn (für das Bauvorhaben) und der beteiligten Unternehmen (Baubetriebe) bleiben davon unberührt

Sicherheits- und Gesundheitsschutzkoordination auf Baustellen	Der Sicherheitskoordinator	

Abb. 8: *Grundzüge der Baustellenverordnung*

Dem Bauherren wird von der BaustellV auferlegt dass er für die Sicherheit und den Gesundheitsschutz derjenigen Arbeitsplätze auf der Baustelle sorgen muss, die auf seinen Wunsch und seine Veranlassung hin auf Zeit eingerichtet worden sind.

Was ist auf der Baustelle anders als in den sonstigen Bereichen des Arbeitslebens?

Wenn ein Arbeitgeber in seinem Unternehmen Beschäftigte hat, dann kontrolliert und entscheidet er darüber, was dort passiert. Er bestimmt mit seiner innerbetrieblichen Organisation die Arbeitsbedingungen. Aufsichtsinstitutionen wie z.B. die Gewerbeaufsicht und die Berufsgenossenschaften tragen als externe Stellen dazu bei, dass der Arbeitgeber bzw. die Vorgesetzten ihre Fürsorgepflicht auch tatsächlich erfüllen.

Der Bauherr beauftragt verschiedene Firmen und entscheidet somit, ob und wie Beschäftigte mehrerer Unternehmer zusammenzuarbeiten haben. Auf der Baustelle wird durch die Vergabe von Einzelaufträgen an verschiedene Firmen Einfluss darauf genommen, ob dort die Situation sicher sein wird oder nicht. Der Bauherr muss nicht nur dafür Sorge tragen, dass in seinem Interesse ein Bauwerk mit der gewünschten Qualität zum angestrebten Preis und Zeitpunkt entsteht, sondern er wird auch verpflichtet – quasi als Arbeitgeber auf Zeit – dafür zu sorgen, dass auf seiner Baustelle vernünftige Arbeitsbedingungen im Sinne des Arbeitsschutzes und der Gesundheitsförderung vorherrschen.

Die innerbetriebliche sicherheitstechnische Organisation des Bauherrn (für das Bauvorhaben) und der beteiligten Unternehmen (Baubetriebe) sind von der Regelung nicht betroffen.

Was hat der Bauherr davon?

- Das Bauwerk wird rechtzeitig fertig und Störungen durch Unfälle mit Personen- und/oder Sachschäden als Folge werden vermindert.
- Der Bauherr kann davon ausgehen, dass die Firmen, die sich auf die Ausschreibungen hin beworben haben, bestimmte Sicherheits-Kriterien erfüllen. Auch wenn die Einhaltung dieser Kriterien für die Unternehmen sicherlich immer schwieriger wird, so stellen sie doch eine vernünftige Absicherung für den Bauherren dar. Sollten sicherheitsbedingte Verzögerungen des Bauvorhabens durch das Verhalten der beteiligten Unternehmen entstehen, trägt er nicht mehr alleine und ausschließlich die wirtschaftlichen Nachteile.
- Der Bauherr wird verpflichtet, Informationen über das Bauwerk einzuholen. Dies muss rechtzeitig erfolgen, also noch bevor das Bauvorhaben abgeschlossen ist und bevor die beteiligten Firmen von der Baustelle abgezogen sind. Der Bauherr weiß somit, welche Gefahrensituationen später auftauchen können und mit welchen Schutzmaßnahmen er der Gefahr entgegenwirken muss, wenn nachher die 2. Miete anfällt – die Unterhaltung des Bauwerks.

Der Bauherr als Normadressat der BaustellV hat diese zu kennen und anzuwenden. Hingewiesen wird er darauf durch verschiedene Stellen und Institutionen, die durch ihre Aufgabe dazu verpflichtet sind. Auch ein evtl. für den Bauherrn tätiger Architekt oder Ingenieur hat seine Hinweispflicht auf die BaustellV einzuhalten.

3 Die EU-Baustellenrichtlinie 92/57/EWG

Richtlinie 92/57/EWG des Rates vom 24. Juni 1992 über die auf zeitlich begrenzte oder ortsveränderliche Baustellen anzuwendenden Mindestvorschriften für die Sicherheit und den Gesundheitsschutz

(Achte Einzelrichtlinie im Sinne des Artikels 16 Absatz 1 der Richtlinie 89/391/EWG)

(ABl. Nr. L 245 vom 26.8. 1992 S. 6)

DER RAT DER EUROPÄISCHEN GEMEINSCHAFTEN –

gestützt auf den Vertrag zur Gründung der Europäischen Wirtschaftsgemeinschaft, insbesondere auf Artikel 118a,

auf Vorschlag der Kommission, die zuvor den Beratenden Ausschuss für Sicherheit, Arbeitshygiene und Gesundheitsschutz am Arbeitsplatz gehört hat,

in Zusammenarbeit mit dem Europäischen Parlament,

nach Stellungnahme des Wirtschafts- und Sozialausschusses,

in Erwägung nachstehender Gründe:

In Artikel 118a des Vertrages ist vorgesehen, dass der Rat durch Richtlinien Mindestvorschriften festlegt, die die Verbesserung insbesondere der Arbeitsumwelt fördern, um die Sicherheit und die Gesundheit der Arbeitnehmer verstärkt zu schützen.

Nach demselben Artikel sollen die Richtlinien keine verwaltungsmäßigen, finanziellen oder rechtlichen Auflagen vorschreiben, die der Gründung und Entwicklung von Klein- und Mittelbetrieben entgegenstehen.

Die Mitteilung der Kommission über ihr Aktionsprogramm für Sicherheit, Arbeitshygiene und Gesundheitsschutz am Arbeitsplatz sieht den Erlaß einer Richtlinie vor, die die Sicherheit und den Gesundheitsschutz der Arbeitnehmer auf zeitlich begrenzten oder ortsveränderlichen Baustellen gewährleisten soll.

In seiner Entschließung vom 21. Dezember 1987 über Sicherheit, Arbeitshygiene und Gesundheitsschutz am Arbeitsplatz hat der Rat die Absicht der Kommission zur Kenntnis genommen, ihm Mindestvorschriften für zeitlich begrenzte oder ortsveränderliche Baustellen vorzulegen.

Arbeitnehmer sind auf zeitlich begrenzten oder ortsveränderlichen Baustellen besonders großen Gefahren ausgesetzt.

In mehr als der Hälfte der Arbeitsunfälle auf Baustellen in der Gemeinschaft haben nicht geeignete bauliche und/oder organisatorische Entscheidungen oder eine schlechte Planung der Arbeiten bei der Vorbereitung des Bauprojekts eine Rolle gespielt.

In jedem Mitgliedstaat müssen die für Sicherheit und Gesundheitsschutz am Arbeitsplatz zuständigen Behörden vor Beginn der Arbeiten über die Durchführung von Arbeiten, und wenn deren Umfang eine bestimmte Schwelle überschreitet, unterrichtet werden.

Bei der Errichtung eines Bauwerks können Fehler bei der Koordinierung, insbesondere aufgrund der gleichzeitigen bzw. aufeinanderfolgenden Anwesenheit verschiedener Unternehmen auf der gleichen zeitlich begrenzten oder ortsveränderlichen Baustelle, zu einer Vielzahl von Arbeitsunfällen führen.

Ab der Vorbereitung des Bauprojekts, jedoch auch während der Durchführung der Bauarbeiten ist daher eine verstärkte Koordinierung zwischen den verschiedenen Ausführenden erforderlich.

Die Einhaltung von Mindestvorschriften zur Gewährleistung verbesserter Sicherheits- und Gesundheitsschutzbedingungen auf zeitlich begrenzten oder ortsveränderlichen Baustellen ist eine unabdingbare Voraussetzung für die Gewährleistung der Sicherheit und des Gesundheitsschutzes der Arbeitnehmer.

Darüber hinaus können Selbständige und Arbeitnehmer, wenn sie selbst eine berufliche Tätigkeit auf einer zeitlich begrenzten oder ortsveränderlichen Baustelle ausüben, die Sicherheit und die Gesundheit der Arbeitnehmer durch ihre Tätigkeit gefährden.

Es ist daher erforderlich, bestimmte einschlägige Vorschriften der Richtlinie 89/655/EWG des Rates vom 30. November 1989 über Mindestvorschriften für Sicherheit und Gesundheitsschutz bei Benutzung von Arbeitsmitteln durch Arbeitnehmer bei der Arbeit (Zweite Einzelrichtlinie) und der Richtlinie 89/656/EWG des Rates vom 30. November 1989 über Mindestvorschriften für Sicherheit und Gesundheitsschutz bei Benutzung persönlicher Schutzausrüstungen durch Arbeitnehmer bei der Arbeit (Dritte Einzelrichtlinie) auf Selbständige und auf Arbeitgeber, die selbst eine berufliche Tätigkeit auf einer Baustelle ausüben, auszudehnen.

Die vorliegende Richtlinie ist eine Einzelrichtlinie im Sinne des Artikels 16 Absatz 1 der Richtlinie 89/391/EWG des Rates vom 12. Juni 1989 über die Durchführung von Maßnahmen zur Verbesserung der Sicherheit und des Gesundheitsschutzes der Arbeitnehmer bei der Arbeit. Die Bestimmungen der genannten Richtlinie finden daher unbeschadet strengerer oder spezifischer Bestimmungen der vorliegenden Richtlinie auch im Fall zeitlich begrenzter oder ortsveränderlicher Baustellen in vollem Umfang Anwendung.

Die vorliegende Richtlinie stellt einen konkreten Beitrag zur Ausgestaltung der sozialen Dimension des Binnenmarktes dar, insbesondere in bezug auf den Regelungsgegenstand der Richtlinie 89/106/EWG des Rates vom 21. Dezember 1988 zur Angleichung der Rechts- und Verwaltungsvorschriften der Mitgliedstaaten über Bauprodukte und der Richtlinie 89/440/EWG des Rates vom 18. Juli 1989 zur Änderung der Richtlinie 71/305/EWG über die Koordination der Verfahren zur Vergabe öffentlicher Bauaufträge.

Nach dem Beschluss 74/325/EWG wird der Beratende Ausschuss für Sicherheit, Arbeitshygiene und Gesundheitsschutz am Arbeitsplatz im Hinblick auf die Ausarbeitung von Vorschlägen auf diesem Gebiet von der Kommission gehört

– HAT FOLGENDE RICHTLINIE ERLASSEN:

Artikel 1
Gegenstand

(1) Diese Richtlinie, bei der es sich um die achte Einzelrichtlinie im Sinne des Artikels 16 Absatz 1 der Richtlinie 89/391/EWG handelt, legt Mindestvorschriften für die Sicherheit und den Gesundheitsschutz auf zeitlich begrenzten oder ortsveränderlichen Baustellen gemäß der Definition des Artikels 2 Buchstabe a) fest.

(2) Diese Richtlinie gilt nicht für Bohr- und Förderarbeiten der mineralgewinnenden Betriebe im Sinne des Artikels 1 Absatz 2 des Beschlusses 74/326/EWG des Rates vom 27. Juni 1974 über die Erstreckung der Zuständigkeit des Ständigen Ausschusses für die Betriebssicherheit und den Gesundheitsschutz im Steinkohlenbergbau auf alle mineralgewinnenden Betriebe.

(3) Die Richtlinie 89/391/EWG gilt unbeschadet der in der vorliegenden Richtlinie enthaltenen strengeren bzw. spezifischen Bestimmungen uneingeschränkt für den gesamten Bereich gemäß Absatz 1.

Artikel 2
Definitionen

Im Sinne dieser Richtlinie gelten als

a) „zeitlich begrenzte oder ortsveränderliche Baustellen" (nachfolgend „Baustellen" genannt) alle Baustellen, an denen Hoch- oder Tiefbauarbeiten ausgeführt werden, die in der nicht erschöpfenden Liste in Anhang I aufgeführt sind;

b) „Bauherr" jede natürliche oder juristische Person, in deren Auftrag ein Bauwerk ausgeführt wird;

c) „Bauleiter" jede natürliche oder juristische Person, die mit der Planung und/oder Ausführung und/oder Überwachung der Ausführung des Bauwerks im Auftrag des Bauherrn beauftragt ist;

d) „Selbständiger" jede andere Person als die in Artikel 3 Buchstaben a) und b) der Richtlinie 89/391/EWG genannten Personen, die ihre berufliche Tätigkeit zur Ausführung des Bauwerks ausübt;

e) „Sicherheits- und Gesundheitsschutzkoordinator für die Vorbereitungsphase des Bauprojekts" jede natürliche oder juristische Person, die vom Bauherrn und/oder Bauleiter mit der Durchführung der in Artikel 5 genannten Aufgaben für die Vorbereitungsphase des Bauwerks betraut wird;

f) „Sicherheits- und Gesundheitsschutzkoordinator für die Ausführungsphase des Bauwerks" jede natürliche oder juristische Person, die vom Bauherrn und/oder Bauleiter mit der Durchführung der in Artikel 6 genannten Aufgaben für die Ausführungsphase des Bauwerks betraut wird.

Artikel 3
Koordinatoren – Sicherheits- und Gesundheitsschutzplan – Vorankündigung

(1) Der Bauherr oder der Bauleiter betraut im Fall einer Baustelle, auf der mehrere Unternehmen anwesend sein werden, einen oder mehrere Sicherheits- und Gesundheitsschutzkoordinatoren im Sinne von Artikel 2 Buchstaben e) und f).

(2) Der Bauherr oder der Bauleiter sorgt dafür, dass vor Eröffnung der Baustelle ein Sicherheits- und Gesundheitsschutzplan entsprechend Artikel 5 Buchstabe b) erstellt wird. Die Mitgliedstaaten können nach Anhörung der Sozialpartner von Unterabsatz 1 abweichen, außer wenn es sich um Arbeiten handelt,

- die mit besonderen Gefahren, wie in Anhang II aufgeführt, verbunden sind oder
- für die nach Absatz 3 eine Vorankündigung erforderlich ist.

(3) Im Fall einer Baustelle,

- bei der die voraussichtliche Dauer der Arbeiten mehr als 30 Arbeitstage beträgt und auf der mehr als 20 Arbeitnehmer gleichzeitig beschäftigt werden oder
- deren voraussichtlicher Umfang 500 Manntage übersteigt,

übermittelt der Bauherr oder der Bauleiter den zuständigen Behörden vor Beginn der Arbeiten eine Vorankündigung, deren Inhalt Anhang III entspricht.

Die Vorankündigung ist sichtbar auf der Baustelle auszuhängen und erforderlichenfalls auf dem laufenden zu halten.

Artikel 4
Vorbereitung des Bauprojekts: Allgemeine Grundsätze

Bei Entwurf, Ausführungsplanung und Vorbereitung des Bauprojekts sind die in der Richtlinie 89/391/EWG aufgeführten allgemeinen Grundsätze zur Verhütung von Gefahren für Sicherheit und Gesundheit vom Bauleiter und gegebenenfalls vom Bauherrn zu berücksichtigen, insbesondere

- bei der architektonischen, technischen und/oder organisatorischen Planung, um die verschiedenen Arbeiten oder Arbeitsabschnitte einzuteilen, die gleichzeitig oder nacheinander durchgeführt werden;
- bei der Abschätzung der voraussichtlichen Dauer für die Durchführung dieser verschiedenen Arbeiten oder Arbeitsabschnitte.

Jedes Mal wenn es sich als notwendig erweist, werden ebenfalls jeder Sicherheits- und Gesundheitsschutzplan und jede Unterlage berücksichtigt, die gemäss Artikel 5 Buchstaben b) und c) ausgearbeitet bzw. zusammengestellt oder gemäss Artikel 6 Buchstabe c) angepasst werden.

Artikel 5
Vorbereitung des Bauprojekts: Aufgaben der Koordinatoren

Der bzw. die gemäß Artikel 3 Absatz 1 betrauten Sicherheits- und Gesundheitsschutzkoordinatoren für die Vorbereitungsphase des Bauprojekts haben

a) die Anwendung der in Artikel 4 vorgesehenen Bestimmungen zu koordinieren;

b) einen Sicherheits- und Gesundheitsschutzplan auszuarbeiten oder ausarbeiten zu lassen, in dem die auf die betreffende Baustelle anwendbaren Bestimmungen aufgeführt sind, wobei gegebenenfalls betriebliche Tätigkeiten auf dem Gelände zu berücksichtigen sind; dieser Plan muss außerdem spezifische Maßnahmen bezüglich der Arbeiten enthalten, die unter eine oder mehrere Kategorien des Anhangs II fallen;

c) eine Unterlage zusammenzustellen, die den Merkmalen des Bauwerks Rechnung trägt und zweckdienliche Angaben in bezug auf Sicherheit und Gesundheitsschutz, die bei eventuellen späteren Arbeiten zu berücksichtigen sind, enthält.

Artikel 6
Ausführung des Bauwerks: Aufgaben der Koordinatoren

Der bzw. die gemäss Artikel 3 Absatz 1 betrauten Sicherheits- und Gesundheitsschutzkoordinatoren für die Ausführungsphase des Bauwerks haben

a) die Anwendung der allgemeinen Grundsätze für die Verhütung von Gefahren und für die Sicherheit zu koordinieren
   - bei der technischen und/oder organisatorischen Planung, um die verschiedenen Arbeiten oder Arbeitsabschnitte einzuteilen, die gleichzeitig oder nacheinander durchgeführt werden,
   - bei der Abschätzung der voraussichtlichen Dauer für die Durchführung dieser verschiedenen Arbeiten oder Arbeitsabschnitte;

b) die Anwendung der einschlägigen Bestimmungen zu koordinieren und dabei darauf zu achten, dass die Arbeitgeber und – wenn dies zum Schutz der Arbeitnehmer erforderlich ist – die Selbständigen
   - die in Artikel 8 genannten Grundsätze in schlüssiger Weise anwenden,
   - den gemäß Artikel 5 Buchstabe b) vorgesehenen Sicherheits- und Gesundheitsschutzplan, soweit erforderlich, anwenden;

c) Anpassungen des Sicherheits- und Gesundheitsschutzplans nach Artikel 5 Buchstabe b) und der Unterlage nach Artikel 5 Buchstabe c) unter Berücksichtigung des Fortschritts der Arbeiten und eingetretener Änderungen vorzunehmen oder vornehmen zu lassen;

d) zwischen den Arbeitgebern, einschließlich der nacheinander auf der Baustelle tätigen Arbeitgeber, die Zusammenarbeit und die Koordinierung der Tätigkeiten zum Schutz der Arbeitnehmer und zur Verhütung von Unfällen und berufsbedingten Gesundheitsgefährdungen sowie deren gegenseitige Information gemäß Artikel 6 Absatz 4 der Richtlinie 89/391/EWG, gegebenenfalls unter Einbeziehung der Selbständigen, zu organisieren;
e) die Überwachung der ordnungsgemäßen Anwendung der Arbeitsverfahren zu koordinieren;
f) die erforderlichen Maßnahmen zu treffen, damit nur befugte Personen die Baustelle betreten.

Artikel 7
Verantwortung der Bauleiter und Bauherren sowie der Arbeitgeber

(1) Hat ein Bauleiter oder Bauherr einen oder mehrere Koordinatoren mit der Wahrnehmung der in den Artikeln 5 und 6 genannten Aufgaben betraut, so entbindet ihn dies nicht von der Verantwortung in diesem Bereich.

(2) Die Anwendung der Artikel 5 und 6 sowie des Absatzes 1 des vorliegenden Artikels berührt nicht den Grundsatz der Verantwortung der Arbeitgeber gemäß der Richtlinie 89/391/EWG.

Artikel 8
Anwendung von Artikel 6 der Richtlinie 89/391/EWG

Bei der Ausführung des Bauwerks werden die in Artikel 6 der Richtlinie 89/391/EWG genannten Grundsätze angewendet, insbesondere in bezug auf

a) die Aufrechterhaltung von Ordnung und Sauberkeit auf der Baustelle;
b) die Wahl des Standorts der Arbeitsplätze unter Berücksichtigung der Zugangsbedingungen zu diesen Arbeitsplätzen und die Festlegung der Verkehrswege oder -zonen;
c) die Bedingungen für die Handhabung der verschiedenen Materialien;
d) die Instandhaltung, die Kontrolle vor Inbetriebnahme und die regelmäßige Kontrolle der Anlagen und Einrichtungen, um Mängel, die die Sicherheit und die Gesundheit der Arbeitnehmer beeinträchtigen können, auszuschalten;

e) die Abgrenzung und die Einrichtung von Lagerbereichen für die verschiedenen Materialien, insbesondere wenn es sich um gefährliche Materialien oder Stoffe handelt;

f) die Bedingungen für die Entfernung von benutzten gefährlichen Materialien;

g) die Lagerung und die Beseitigung bzw. den Abtransport von Abfällen und Schutt;

h) die Anpassung der tatsächlichen Dauer für die verschiedenen Arbeiten oder Arbeitsabschnitte unter Berücksichtigung der Arbeiten auf der Baustelle,

i) die Zusammenarbeit zwischen Arbeitgebern und Selbständigen,

j) die Wechselwirkungen zu betrieblichen Tätigkeiten auf dem Gelände, auf dem oder in dessen Nähe die Baustelle liegt.

Artikel 9
Verpflichtungen der Arbeitgeber

Zum Schutz der Sicherheit und der Gesundheit auf der Baustelle und entsprechend den in den Artikeln 6 und 7 festgelegten Bedingungen haben die Arbeitgeber

a) insbesondere bei der Anwendung von Artikel 8 Maßnahmen zu ergreifen, die mit den Mindestvorschriften in Anhang IV übereinstimmen;

b) die Hinweise des bzw. der Sicherheits- und Gesundheitsschutzkoordinatoren zu berücksichtigen.

Artikel 10
Verpflichtungen anderer Personengruppen

(1) Zum Schutz der Sicherheit und der Gesundheit auf der Baustelle haben Selbständige

a) sinngemäß insbesondere folgende Vorschriften einzuhalten:

   i) Artikel 6 Absatz 4 und Artikel 13 der Richtlinie 89/391/EWG sowie Artikel 8 und Anhang IV der vorliegenden Richtlinie,

   ii) Artikel 4 der Richtlinie 89/655/EWG und die einschlägigen Bestimmungen im Anhang derselben Richtlinie,

   iii) Artikel 3, Artikel 4 Absätze 1 bis 4 und 9 sowie Artikel 5 der Richtlinie 89/656/EWG;

b) die Hinweise des bzw. der Sicherheits- und Gesundheitsschutzkoordinatoren zu berücksichtigen.

(2) Zum Schutz der Sicherheit und der Gesundheit auf der Baustelle haben Arbeitgeber, die selbst eine berufliche Tätigkeit auf der Baustelle ausüben,

a) sinngemäß folgende Vorschriften einzuhalten:
   i) Artikel 13 der Richtlinie 89/391/EWG,
   ii) Artikel 4 der Richtlinie 89/655/EWG und die einschlägigen Bestimmungen im Anhang derselben Richtlinie,
   iii) Artikel 3, Artikel 4 Absätze 1 bis 4 und 9 sowie Artikel 5 der Richtlinie 89/656/EWG;

b) die Hinweise des bzw. der Sicherheits- und Gesundheitskoordinatoren zu berücksichtigen.

Artikel 11
Unterrichtung der Arbeitnehmer

(1) Unbeschadet des Artikels 10 der Richtlinie 89/391/EWG werden die Arbeitnehmer und/oder ihre Vertreter über alle Maßnahmen unterrichtet, die in bezug auf ihre Sicherheit und den Schutz ihrer Gesundheit auf der Baustelle zu ergreifen sind.

(2) Die Angaben müssen für die betreffenden Arbeitnehmer verständlich sein.

Artikel 12
Anhörung und Beteiligung der Arbeitnehmer

Die Anhörung und die Beteiligung der Arbeitnehmer und/oder ihrer Vertreter in den durch die Artikel 6, 8 und 9 abgedeckten Bereichen erfolgen gemäss Artikel 11 der Richtlinie 89/391/EWG, wobei immer, wenn dies angesichts des Ausmaßes des Risikos und des Umfangs der Baustelle erforderlich erscheint, eine angemessene Abstimmung zwischen den Arbeitnehmern bzw. Vertretern der Arbeitnehmer der Unternehmen, die auf der Baustelle tätig sind, vorzusehen ist.

Artikel 13
Änderung der Anhänge

(1) Änderungen der Anhänge I, II und III werden vom Rat nach dem Verfahren des Artikels 118a des Vertrages vorgenommen.

(2) Rein technische Anpassungen des Anhangs IV unter Berücksichtigung

- der im Hinblick auf die technische Harmonisierung und Normung erlassenen Richtlinien über zeitlich begrenzte oder ortsveränderliche Baustellen und/oder
- des technischen Fortschritts, der Entwicklung der internationalen Vorschriften oder Spezifikationen oder des Wissensstandes auf dem Gebiet der zeitlich begrenzten oder ortsveränderlichen Baustellen

werden nach dem Verfahren des Artikels 17 der Richtlinie 89/391/EWG vorgenommen.

Artikel 14
Schlussbestimmungen

(1) Die Mitgliedstaaten erlassen die erforderlichen Rechts- und Verwaltungsvorschriften, um dieser Richtlinie bis spätestens 31. Dezember 1993 nachzukommen.

Sie setzen die Kommission unverzüglich davon in Kenntnis.

(2) Wenn die Mitgliedstaaten Vorschriften nach Absatz 1 erlassen, nehmen sie in den Vorschriften selbst oder durch einen Hinweis bei der amtlichen Veröffentlichung auf diese Richtlinie Bezug. Die Mitgliedstaaten regeln die Einzelheiten der Bezugnahme.

(3) Die Mitgliedstaaten teilen der Kommission den Wortlaut der innerstaatlichen Rechtsvorschriften mit, die sie in dem unter diese Richtlinie fallenden Gebiet bereits erlassen haben oder erlassen.

(4) Die Mitgliedstaaten erstatten der Kommission alle vier Jahre Bericht über die Anwendung der Bestimmungen dieser Richtlinie in der Praxis unter Hinweis auf den Standpunkt der Sozialpartner. Die Kommission unterrichtet hierüber das Europäische Parlament, den Rat, den Wirtschafts- und Sozialausschuss und den Beratenden Ausschuss für Sicherheit, Arbeitshygiene und Gesundheitsschutz am Arbeitsplatz.

(5) Die Kommission legt dem Europäischen Parlament, dem Rat und dem Wirtschafts- und Sozialausschuss in regelmäßigen Abständen einen Bericht über die Anwendung der Richtlinie unter Berücksichtigung der Absätze 1 bis 4 vor.

Artikel 15

Diese Richtlinie ist an die Mitgliedstaaten gerichtet.

Geschehen zu Luxemburg am 24. Juni 1992.

Anhang I

Nichterschöpfende Liste von Hoch- und Tiefbauarbeiten nach Artikel 2 Buchstabe a)

1. Aushub
2. Erdarbeiten
3. Bauarbeiten im engeren Sinne
4. Errichtung und Abbau von Fertigbauelementen
5. Einrichtung oder Ausstattung
6. Umbau
7. Renovierung
8. Reparatur
9. Abbauarbeiten
10. Abbrucharbeiten
11. Wartung
12. Instandhaltungs-, Maler- und Reinigungsarbeiten
13. Sanierung

Anhang II

Nichterschöpfende Liste der Arbeiten, die mit besonderen Gefahren für Sicherheit und Gesundheit der Arbeitnehmer verbunden sind, nach Artikel 3 Absatz 2 Unterabsatz 2

1. Arbeiten, bei denen die Arbeitnehmer der Gefahr des Verschüttetwerdens, des Versinkens oder des Absturzes ausgesetzt sind, die durch die Art der Tätigkeit, die angewandten Verfahren oder die Umgebungsbedingungen am Arbeitsplatz bzw. auf der Baustelle verstärkt wird.
2. Arbeiten, bei denen die Arbeitnehmer chemischen oder biologischen Stoffen ausgesetzt sind, die entweder eine besondere Gefahr für die Sicherheit und die Gesundheit der Arbeitnehmer darstellen oder für die gesetzlich eine Gesundheitsüberwachung vorgeschrieben ist.
3. Arbeiten mit ionisierenden Strahlungen, die die Festlegung von Kontroll- oder Überwachungsbereichen im Sinne der Richtlinie 80/836/Euratom erfordern.
4. Arbeiten in der Nähe von Hochspannungsleitungen.
5. Arbeiten, bei denen die Gefahr des Ertrinkens besteht.
6. Brunnenbau, unterirdische Erdarbeiten und Tunnelbau.
7. Arbeiten mit Tauchergeräten.
8. Arbeiten in Druckkammern.
9. Arbeiten, bei denen Sprengstoff eingesetzt wird.
10. Errichtung oder Abbau von schweren Fertigbauelementen.

Anhang III

Inhalt der Vorankündigung nach Artikel 3 Absatz 3 Unterabsatz 1

1. Datum der Mitteilung: ....
2. Genauer Standort der Baustelle: ....
3. Bauherr(en) (Name(n) und Anschrift(en)): ....
4. Art des Bauwerks: ....
5. Bauleiter (Name(n) und Anschrift(en)): ....
6. Sicherheits- und Gesundheitsschutzkoordinator(en) während der Vorbereitungsphase des Bauprojekts (Name(n) und Anschrift(en)): ....
7. Sicherheits- und Gesundheitsschutzkoordinator(en) während der Ausführungsphase des Bauwerks (Name(n) und Anschrift(en)): ....
8. Voraussichtlicher Termin für den Beginn der Arbeiten auf der Baustelle: ....
9. Voraussichtliche Dauer der Arbeiten auf der Baustelle: ....
10. Voraussichtliche Höchstzahl von Beschäftigten auf der Baustelle: ....
11. Zahl der voraussichtlich auf der Baustelle tätigen Unternehmen und Selbständigen: ....
12. Angabe der bereits ausgewählten Unternehmen: ....

Anhang IV

Mindestvorschriften für Sicherheit und Gesundheitsschutz auf Baustellen

nach Artikel 9 Buchstabe a) und Artikel 10 Absatz 1 Buchstabe a) Ziffer i)

Vorbemerkung

Die Anforderungen dieses Anhangs gelten immer dann, wenn die Merkmale der Baustelle oder der Tätigkeit, die Umstände oder eine entsprechende Gefahr dies erfordern.

Als Räume im Sinne dieses Anhangs gelten auch Baubaracken.

Teil A

Allgemeine Mindestvorschriften für Arbeitsstätten auf Baustellen

1 Standsicherheit und Festigkeit

1.1 Materialien, Ausrüstungen und ganz allgemein alle Elemente, die durch Ortsveränderung die Sicherheit und die Gesundheit der Arbeitnehmer beeinträchtigen können, müssen auf eine geeignete und sichere Art und Weise stabilisiert werden.

1.2 Der Zugang zu Flächen aus Werkstoffen, die keine ausreichende Festigkeit bieten, ist nur zulässig, wenn Ausrüstungen oder geeignete Vorrichtungen zur Verfügung gestellt werden, die eine sichere Ausführung der Arbeit ermöglichen.

2 Energieverteilungsanlagen

2.1 Die Anlagen müssen so konzipiert, installiert und eingesetzt werden, dass von ihnen keine Brand- und Explosionsgefahr ausgeht und dass die Personen in angemessener Weise vor den Gefahren eines Stromschlags durch direkten oder indirekten Kontakt geschützt sind.

2.2 Bei Konzeption, Installation und Auswahl von Material und Schutzvorrichtungen sind Art und Stärke der verteilten Energie, die äußeren Einwirkungsbedingungen und die Fachkenntnisse der Personen zu berücksichtigen, die Zugang zu Teilen der Anlage haben.

3 Fluchtwege und Notausgänge

3.1 Fluchtwege und Notausgänge müssen frei von Hindernissen bleiben und auf möglichst kurzem Weg in einen sicheren Bereich führen.

3.2 Alle Arbeitsplätze müssen bei Gefahr von den Arbeitnehmern schnell und in größter Sicherheit verlassen werden können.

3.3 Anzahl, Anordnung und Abmessungen der Fluchtwege und Ausgänge richten sich nach Nutzung, Einrichtung und Abmessungen der Baustelle und der Räume sowie nach der höchstmöglichen Anzahl der dort anwesenden Personen.

3.4 Fluchtwege und Notausgänge als solche sind gemäss den innerstaatlichen Bestimmungen zur Umsetzung der Richtlinie 77/576/EWG zu kennzeichnen.

Diese Kennzeichnung muss ausreichend dauerhaft und an geeigneten Stellen angebracht sein.

3.5 Fluchtwege und Notausgänge sowie die dorthin führenden Durchgänge und Türen dürfen nicht durch Gegenstände versperrt werden, so dass sie jederzeit ungehindert benutzt werden können.

3.6 Notausgänge und Fluchtwege, bei denen eine Beleuchtung notwendig ist, müssen für den Fall, dass die Beleuchtung ausfällt, über eine ausreichende Sicherheitsbeleuchtung verfügen.

4 Brandmeldung und -bekämpfung

4.1 Je nach Merkmalen der Baustelle und nach Abmessungen und Nutzung der Räume, vorhandenen Einrichtungen, physikalischen und chemischen Eigenschaften der vorhandenen Substanzen oder Materialien sowie der höchstmöglichen Anzahl der anwesenden Personen müssen eine ausreichende Anzahl von geeigneten Feuerlöscheinrichtungen und, soweit erforderlich, Brandmelde- und Alarmanlagen vorgesehen werden.

4.2 Diese Feuerlöscheinrichtungen und Brandmelde- und Alarmanlagen müssen regelmäßig überprüft und instandgehalten werden.

In regelmäßigen Abständen sind geeignete Versuche und Übungen durchzuführen.

4.3 Nichtselbständige Feuerlöscheinrichtungen müssen leicht zu erreichen und zu handhaben sein. Sie sind gemäß den innerstaatlichen Bestimmungen zur Umsetzung der Richtlinie 77/576/EWG zu kennzeichnen.

Diese Kennzeichnung muss ausreichend dauerhaft und an geeigneten Stellen angebracht sein.

5 Lüftung

Unter Berücksichtigung der Arbeitsverfahren und der körperlichen Beanspruchung der Arbeitnehmer ist dafür zu sorgen, dass ausreichend gesundheitlich zuträgliche Atemluft vorhanden ist.

Wird eine Lüftungsanlage benutzt, so muss sie in betriebsbereitem Zustand gehalten werden, und die Arbeitnehmer dürfen keinem gesundheitsschädigenden Luftzug ausgesetzt sein.

Ein Kontrollsystem muss jede Störung anzeigen, falls dies für die Gesundheit der Arbeitnehmer erforderlich ist.

6 Arbeit unter besonderen Gefahren

6.1 Die Arbeitnehmer dürfen keinem schädigenden Geräuschpegel und keiner äußeren Schadeinwirkung (z. B. Gase, Dämpfe, Stäube) ausgesetzt werden.

6.2 Wenn Arbeitnehmer einen Bereich betreten müssen, in dem die Luft einen giftigen oder schädlichen Stoff bzw. unzureichend Sauerstoff enthält oder entzündbar sein kann, ist die Luft in diesem Bereich zu überwachen und sind geeignete Maßnahmen zu treffen, um jeglicher Gefahr vorzubeugen.

6.3 Ein Arbeitnehmer darf auf keinen Fall allein in einem Bereich arbeiten, in dem hinsichtlich der Luft erhöhte Gefahr besteht.

Er muss zumindest ständig von außen überwacht werden, und es sind alle geeigneten Vorkehrungen zu treffen, um eine wirksame und sofortige Hilfeleistung zu ermöglichen.

7 Temperatur

Während der Arbeitszeit muss unter Berücksichtigung der angewandten Arbeitsmethoden und der körperlichen Beanspruchung der Arbeitnehmer eine Temperatur herrschen, die für den menschlichen Organismus angemessen ist.

8 Natürliche und künstliche Beleuchtung der Arbeitsplätze, der Räume und der Verkehrswege auf der Baustelle

8.1 Arbeitsplätze, Räume und Verkehrswege müssen soweit wie möglich über genügend Tageslicht verfügen und nachts sowie bei schlechtem Tageslicht auf geeignete und ausreichende Weise künstlich beleuchtet werden; gegebenenfalls sind stoßsichere tragbare Lichtquellen zu benutzen.

Durch die für die künstliche Beleuchtung verwendete Farbe darf die Wahrnehmung von Signalen oder Warnschildern nicht gestört oder beeinflusst werden.

8.2 Die Beleuchtung der Räume, Arbeitsplätze und Verkehrswege muss so angebracht sein, dass aus der Art der vorgesehenen Beleuchtung keine Unfallgefahr für die Arbeitnehmer entsteht.

8.3 Räume, Arbeitsplätze und Verkehrswege, bei denen die Arbeitnehmer bei Ausfall der künstlichen Beleuchtung in besonderem Masse Gefahren ausgesetzt sind, müssen eine ausreichende Sicherheitsbeleuchtung haben.

9 Türen und Tore

9.1 Schiebetüren müssen gegen Ausheben und Herausfallen gesichert sein.

9.2 Türen und Tore, die sich nach oben öffnen, müssen gegen Herabfallen gesichert sein.

9.3 Türen und Tore im Verlauf von Fluchtwegen müssen angemessen gekennzeichnet sein.

9.4 In unmittelbarer Nähe von Toren, die vorwiegend für den Fahrzeugverkehr bestimmt sind, müssen gut sichtbar gekennzeichnete und stets zugängliche Türen für den Fußgängerverkehr vorhanden sein, es sei denn, der Durchgang für Fußgänger ist ungefährlich.

9.5 Kraftbetätigte Türen und Tore müssen ohne Gefährdung der Arbeitnehmer bewegt werden können.

Sie müssen mit gut erkennbaren und leicht zugänglichen Notabschalteinrichtungen ausgestattet und auch von Hand zu öffnen sein, sofern sie sich bei Stromausfall nicht automatisch öffnen.

10 Verkehrswege – Gefahrenbereiche

10.1 Verkehrswege, einschließlich Treppen, festangebrachte Steigleitern und Laderampen, müssen so berechnet, angeordnet, gestaltet und bemessen sein, dass sie nach ihrem Bestimmungszweck leicht und sicher begangen oder befahren werden können und in der Nähe beschäftigte Arbeitnehmer nicht gefährdet werden.

10.2 Die Bemessung der Verkehrswege, die dem Personen- und/oder Güterverkehr dienen, einschließlich der Verkehrswege für Be- und Entladearbeiten, muss sich nach der Zahl der möglichen Benutzer und der Art der Tätigkeit richten.

Werden Beförderungsmittel auf Verkehrswegen verwendet, so müssen für andere Benutzer ein ausreichender Sicherheitsabstand oder geeignete Schutzvorrichtungen vorgesehen werden.

Die Wege müssen klar gekennzeichnet sein und regelmäßig überprüft und gewartet werden.

10.3 Verkehrswege für Fahrzeuge müssen an Türen, Toren, Durchgängen, Durchfahrten und Treppenauftritten in ausreichendem Abstand vorbeiführen.

10.4 Befinden sich auf der Baustelle Bereiche mit beschränktem Zutritt, so müssen diese Bereiche mit Vorrichtungen ausgestattet sein, die unbefugte Arbeitnehmer am Betreten dieser Bereiche hindern.

Zum Schutz der Arbeitnehmer, die zum Betreten der Gefahrenbereiche befugt sind, müssen entsprechende Vorkehrungen getroffen werden.

Die Gefahrenbereiche müssen gut sichtbar gekennzeichnet sein.

11 Laderampen

11.1 Laderampen sind den Abmessungen der transportierten Lasten entsprechend auszulegen.

11.2 Laderampen müssen mindestens einen Abgang haben.

11.3 Bei Laderampen müssen die Arbeitnehmer gegen Abstürze gesichert sein.

12 Bewegungsfläche am Arbeitsplatz

Die Fläche des Arbeitsplatzes ist so vorzusehen, dass die Arbeitnehmer bei ihrer Tätigkeit unter Berücksichtigung der erforderlichen Ausrüstungen und Geräte über genügend Bewegungsfreiheit verfügen.

13 Erste Hilfe

13.1 Der Arbeitgeber hat sicherzustellen, dass jederzeit Erste Hilfe geleistet werden kann und entsprechend ausgebildetes Personal zur Verfügung steht.

Es sind Maßnahmen zu treffen, um den Abtransport von Arbeitnehmern, die von einem Unfall oder plötzlichem Unwohlsein betroffen sind, zur ärztlichen Behandlung sicherzustellen.

13.2 Wenn die Größe der Baustelle oder die Art der Tätigkeiten es erfordert, sind eine oder mehrere Räumlichkeiten für die Erste Hilfe vorzusehen.

13.3 Die Räumlichkeiten für die Erste Hilfe müssen mit den erforderlichen Erste-Hilfe-Einrichtungen und -Materialien ausgestattet und leicht für Personen mit Krankentragen zugänglich sein.

Sie sind entsprechend den einzelstaatlichen Rechtsvorschriften zur Umsetzung der Richtlinie 77/576/EWG zu kennzeichnen.

13.4 Die erforderlichen Mittel für die Erste Hilfe müssen außerdem überall dort aufbewahrt werden, wo die Arbeitsbedingungen dies erforderlich machen.

Die Aufbewahrungsstellen müssen als solche gekennzeichnet und gut erreichbar sein.

An einer deutlich gekennzeichneten Stelle müssen Anschrift und Telefonnummer des örtlichen Rettungsdienstes angegeben sein.

14 Sanitärräume

14.1 Umkleideräume, Kleiderschränke

14.1.1 Den Arbeitnehmern sind geeignete Umkleideräume zur Verfügung zu stellen, wenn sie bei ihrer Tätigkeit besondere Arbeitskleidung tragen müssen und es ihnen aus Gründen der Sicherheit oder der Schicklichkeit nicht zugemutet werden kann, sich an anderer Stelle umzuziehen.

Die Umkleideräume müssen leicht zugänglich, ausreichend groß und mit Sitzgelegenheiten ausgestattet sein.

14.1.2 Die Umkleideräume müssen ausreichend bemessen sein und über Einrichtungen verfügen, damit jeder Arbeitnehmer gegebenenfalls seine Arbeitskleidung trocknen sowie seine Kleidung und persönlichen Gegenstände unter Verschluss aufbewahren kann.

Falls die Umstände (z. B. gefährliche Arbeitsstoffe, Feuchtigkeit, Schmutz) dies erfordern, muss es möglich sein, persönliche Kleidung und Gegenstände getrennt von der Arbeitskleidung aufzubewahren.

14.1.3 Für Männer und Frauen sind getrennte Umkleideräume einzurichten, bzw. es ist eine getrennte Benutzung der Umkleideräume vorzusehen.

14.1.4 Wenn Umkleideräume nicht im Sinne von Nummer 14.1.1. erster Absatz erforderlich sind, muss für jeden Arbeitnehmer eine Kleiderablage vorhanden sein, damit er seine Kleidung und persönlichen Gegenstände unter Verschluss aufbewahren kann.

14.2 Duschen und Waschgelegenheiten

14.2.1 Den Arbeitnehmern sind in ausreichender Zahl geeignete Duschen zur Verfügung zu stellen, wenn die Art der Tätigkeit oder die Pflege der Gesundheit dies erfordern.

Für Männer und Frauen sind getrennte Duschräume einzurichten, bzw. es ist eine getrennte Benutzung der Duschräume vorzusehen.

14.2.2 Die Duschräume müssen ausreichend bemessen sein, damit jeder Arbeitnehmer sich entsprechend den hygienischen Erfordernissen ungehindert waschen kann.

Die Duschen müssen fließendes kaltes und warmes Wasser haben.

14.2.3 Wenn Duschen nach Nummer 14.2.1. erster Absatz nicht erforderlich sind, müssen geeignete Waschgelegenheiten mit (erforderlichenfalls warmem) fließendem Wasser in ausreichender Zahl in der Nähe des Arbeitsplatzes und der Umkleideräume vorhanden sein.

Für Männer und Frauen sind getrennte Waschgelegenheiten einzurichten, bzw. es ist eine getrennte Benutzung der Waschgelegenheiten vorzusehen, wenn dies aus Gründen der Schicklichkeit erforderlich ist.

14.2.4 Sind Duschräume oder Waschgelegenheiten und Umkleideräume getrennt, muss zwischen diesen Räumen eine bequeme Verbindung bestehen.

14.3 Toiletten und Handwaschbecken

Den Arbeitnehmern sind in der Nähe der Arbeitsplätze Pausenräume, Umkleideräume und Duschen bzw. Waschgelegenheiten, besondere Räume mit einer ausreichenden Zahl von Toiletten und Handwaschbecken zur Verfügung zu stellen.

Für Frauen und Männer sind getrennte Toilettenräume einzurichten, bzw. es ist eine getrennte Benutzung der Toiletten vorzusehen.

15 Pausenräume und/oder Unterbringungsmöglichkeiten

15.1 Den Arbeitnehmern sind leicht erreichbare Pausenräume und/oder Unterbringungsmöglichkeiten zur Verfügung zu stellen, wenn Sicherheits- oder Gesundheitsgründe, insbesondere wegen der Art der ausgeübten Tätigkeit oder der Anzahl der im Betrieb beschäftigten Personen und der Abgelegenheit der Baustelle dies erfordern.

15.2 Die Pausenräume und/oder Unterbringungsmöglichkeiten müssen ausreichend bemessen und der Zahl der Arbeitnehmer entsprechend mit Tischen und Stühlen ausgestattet sein.

15.3 Sind solche Räume nicht vorhanden, sind den Arbeitnehmern andere Einrichtungen zur Verfügung zu stellen, damit sie sich dort während Arbeitsunterbrechungen aufhalten können.

15.4 Ortsfeste Unterbringungsmöglichkeiten, die nicht nur ausnahmsweise benutzt werden, müssen mit einer ausreichenden

Anzahl von Sanitäreinrichtungen, einem Essraum und einem Aufenthaltsraum ausgestattet sein.

Die Räume sind entsprechend der Anzahl der Arbeitnehmer mit Betten, Schränken, Tischen und Stühlen auszustatten; bei der Zuteilung der Räume ist gegebenenfalls die Anwesenheit von weiblichen und männlichen Arbeitnehmern zu berücksichtigen.

15.5 In den Pausenräumen und/oder Unterbringungsmöglichkeiten sind geeignete Maßnahmen zum Schutz der Nichtraucher vor Belästigung durch Tabakrauch vorzusehen.

16 Schwangere und stillende Mütter

Schwangere und stillende Mütter müssen sich unter geeigneten Bedingungen hinlegen und ausruhen können.

17 Behinderte Arbeitnehmer

Die Arbeitsstätten sind gegebenenfalls behindertengerecht zu gestalten.

Dies gilt insbesondere für Türen, Verbindungswege, Treppen, Duschen, Waschgelegenheiten und Toiletten, die Behinderte benutzen, sowie für Arbeitsplätze, an denen Behinderte unmittelbar tätig sind.

18 Verschiedene Bestimmungen

18.1 Die unmittelbare Umgebung und die Grenze der Baustelle sind klar sichtbar und als solche erkennbar zu kennzeichnen und zu gestalten.

18.2 Die Arbeitnehmer müssen auf der Baustelle über Trinkwasser und gegebenenfalls über ein anderes geeignetes, alkoholfreies Getränk in ausreichender Menge in den benutzten Räumen sowie in der Nähe der Arbeitsplätze verfügen.

18.3 Die Arbeitnehmer müssen

- über Einrichtungen verfügen, um ihre Mahlzeiten unter zufriedenstellenden Bedingungen einnehmen zu können;
- gegebenenfalls über Einrichtungen verfügen, um ihre Mahlzeiten unter zufriedenstellenden Bedingungen zubereiten zu können.

Teil B

Besondere Mindestvorschriften für Arbeitsplätze auf Baustellen

Vorbemerkung

Wenn besondere Situationen es erfordern, ist die Einteilung der Mindestanforderungen in zwei Abschnitte, wie sie nachstehend aufgeführt sind, als solche nicht als verbindlich anzusehen.

Abschnitt I
Baustellenarbeitsplätze innerhalb von Räumen

1 Standsicherheit und Festigkeit

Die Räume müssen eine der Nutzungsart entsprechende Konstruktion und Festigkeit aufweisen.

2 Türen von Notausgängen

Türen von Notausgängen müssen in Fluchtrichtung aufschlagen.

Die Türen von Notausgängen müssen so geschlossen sein, dass sie leicht und unverzüglich von jeder Person, die sie im Notfall benutzen muss, zu öffnen sind.

Schiebe- und Drehtüren sind als Nottüren nicht zulässig.

3 Lüftung

Bei Klimaanlagen und mechanischen Belüftungseinrichtungen ist sicherzustellen, dass die Arbeitnehmer keinem störenden Luftzug ausgesetzt sind.

Ablagerungen und Verunreinigungen, die unmittelbar zu einer Gefährdung der Gesundheit der Arbeitnehmer durch Verschmutzung der eingeatmeten Luft führen können, müssen rasch beseitigt werden.

4 Temperatur

4.1 In Pausen-, Bereitschafts-, Sanitär-, Kantinen- und Sanitätsräumen muss die Temperatur dem spezifischen Nutzungszweck der Räume entsprechen.

4.2 Fenster, Oberlichter und Glaswände müssen je nach Art der Arbeit und Nutzung des Raums eine Abschirmung gegen übermäßige Sonneneinstrahlung ermöglichen.

5 Natürliche und künstliche Beleuchtung

Die Arbeitsstätten müssen soweit wie möglich über genügend Tageslicht verfügen und mit Vorrichtungen für eine geeignete künstliche Beleuchtung zur Gewährleistung der Sicherheit und zum Schutz der Gesundheit der Arbeitnehmer ausgerüstet sein.

6 Fußböden, Wände und Decken der Räume

6.1 Die Fußböden der Räume dürfen keine Unebenheiten, Löcher oder gefährlichen Neigungen aufweisen; sie müssen fest, trittsicher und rutschfest sein.

6.2 Die Oberfläche der Fußböden, Decken und Wände der Räume muss so beschaffen sein, dass sie sich den hygienischen Erfordernissen entsprechend reinigen und erneuern lässt.

6.3 Durchsichtige oder lichtdurchlässige Wände, insbesondere Ganzglaswände, in Räumen oder in der Nähe von Arbeitsplätzen und Verkehrswegen müssen deutlich gekennzeichnet sein und aus Sicherheitsmaterial bestehen oder so gegen die Arbeitsplätze und Verkehrswege abgeschirmt sein, dass die Arbeitnehmer nicht mit den Wänden in Berührung kommen und beim Zersplittern der Wände nicht verletzt werden können.

7 Fenster und Oberlichter der Räume

7.1 Fenster, Oberlichter und Lüftungsvorrichtungen müssen sich von den Arbeitnehmern sicher öffnen, schließen, verstellen und feststellen lassen.

Sie dürfen in geöffnetem Zustand keine Gefahr für die Arbeitnehmer darstellen.

7.2 Fenster und Oberlichter müssen in Verbindung mit der Einrichtung konzipiert oder mit Vorrichtungen versehen sein, die es ermöglichen, sie ohne Gefährdung der die Reinigung durchführenden Arbeitnehmer sowie der anwesenden Arbeitnehmer zu reinigen.

8 Türen und Tore

8.1 Lage, Anzahl, Werkstoffe und Abmessungen von Türen und Toren müssen sich nach der Art und Nutzung der Räume richten.

8.2 Durchsichtige Türen müssen in Augenhöhe gekennzeichnet sein.

8.3 Schwingtüren und -tore müssen durchsichtig sein oder Sichtfenster haben.

8.4 Bestehen durchsichtige oder lichtdurchlässige Flächen von Türen und Toren nicht aus Sicherheitsmaterial und ist zu befürchten, dass sich Arbeitnehmer beim Zersplittern der Flächen verletzen können, so sind diese Flächen gegen Eindrücken zu schützen.

9 Verkehrswege

Soweit aufgrund der Nutzung und Einrichtung der Räume zum Schutz der Arbeitnehmer erforderlich, müssen die Begrenzungen der Verkehrswege gekennzeichnet sein.

10 Besondere Anforderungen an Rolltreppen und Rollsteige

Rolltreppen und Rollsteige müssen sicher funktionieren.

Sie müssen mit den notwendigen Sicherheitsvorrichtungen ausgestattet sein.

Sie müssen durch gut erkennbare und leicht zugängliche Notabschalteinrichtungen stillgesetzt werden können.

11 Raumabmessungen und Luftraum der Räume

Arbeitsräume müssen eine ausreichende Grundfläche und Höhe aufweisen, so dass die Arbeitnehmer ohne Beeinträchtigung ihrer Sicherheit, ihrer Gesundheit oder ihres Wohlbefindens ihre Arbeit verrichten können.

Abschnitt II
Baustellenarbeitsplätze außerhalb von Räumen

1 Standsicherheit und Festigkeit

1.1 Ortsveränderliche oder ortsfeste Arbeitsplätze an erhöhten oder tieferliegenden Standorten müssen standsicher und stabil sein; zu berücksichtigen sind dabei

- die Zahl der dort beschäftigten Arbeitnehmer,
- die höchstmögliche Belastung sowie die Verteilung der Lasten,
- etwaige äußere Einwirkungen.

Wenn die tragenden und die sonstigen Teile dieser Arbeitsplätze selbst nicht standsicher sind, ist ihre Standsicherheit durch geeignete und sichere Befestigungsvorrichtungen zu gewährleisten, um jede zufällige bzw. ungewollte Ortsveränderung des gesamten bzw. eines Teils des Arbeitsplatzes zu verhindern.

1.2 Standsicherheit und Festigkeit müssen in geeigneter Weise überprüft werden, insbesondere nach einer etwaigen Veränderung der Höhe bzw. der Tiefe des Arbeitsplatzes.

2 Energieverteilungsanlagen

2.1 Die Energieverteilungsanlagen auf der Baustelle, insbesondere die äußeren Einwirkungen ausgesetzten Anlagen, müssen regelmäßig überprüft und instandgehalten werden.

2.2 Die vor Beginn der Arbeiten auf der Baustelle vorhandenen Anlagen müssen identifiziert, überprüft und klar gekennzeichnet werden.

2.3 Vorhandene elektrische Freileitungen müssen nach Möglichkeit außerhalb des Baustellengeländes verlegt oder freigeschaltet werden.

Ist dies nicht möglich, so sind Abschrankungen oder Hinweise anzubringen, damit Fahrzeuge und Einrichtungen von diesen Leitungen ferngehalten werden.

Geeignete Warneinrichtungen und eine hängende Abschirmung sind vorzusehen, wenn Baustellenfahrzeuge die Leitungen unterqueren müssen.

3 Witterungseinflüsse

Die Arbeitnehmer müssen gegen Witterungseinflüsse, die ihre Sicherheit und ihre Gesundheit beeinträchtigen können, geschützt werden.

4 Herabfallen von Gegenständen

Die Arbeitnehmer müssen durch kollektive Schutzmittel gegen das Herabfallen von Gegenständen geschützt werden, wenn dies technisch möglich ist.

Material und Ausrüstung müssen so angeordnet bzw. gestapelt werden, dass sie nicht verrutschen oder umstürzen können.

Gegebenenfalls müssen auf der Baustelle überdachte Durchgänge vorgesehen werden, oder der Zugang zu Gefahrenbereichen muss ausgeschlossen werden.

5 Absturz

5.1 Abstürze müssen durch Vorrichtungen verhindert werden, insbesondere durch solide Geländer, die hoch genug sind und mindestens aus einer Fußleiste, einem Handlauf und einer Mittelleiste bestehen, oder durch eine gleichwertige Alternativlösung.

5.2 Arbeiten an erhöhten Standorten dürfen grundsätzlich nur mit Hilfe geeigneter Einrichtungen oder mit kollektiven Schutzmitteln wie Geländern, Plattformen oder Auffangnetzen durchgeführt werden.

Ist die Verwendung dieser Einrichtungen aufgrund der Art der Arbeiten ausgeschlossen, so sind geeignete Zugangsmöglichkeiten vorzusehen und Sicherheitsgeschirr oder andere verankerte Sicherheitsausrüstungen zu verwenden.

6 Gerüste und Leitern

6.1 Jedes Gerüst muss in sachgerechter Weise so entworfen, gebaut und instandgehalten werden, dass es nicht einstürzt oder sich plötzlich bewegt.

6.2 Arbeitsplattformen, Laufstege und Gerüsttreppen müssen so gebaut, bemessen, geschützt und verwendet werden, dass niemand abstürzt oder von herabfallenden Gegenständen getroffen werden kann.

6.3 Gerüste müssen von einer sachkundigen Person überprüft werden

a) vor ihrer Inbetriebnahme,

b) danach in regelmäßigen Abständen sowie

c) nach einem Umbau, nach zeitweiliger Nichtbenutzung, nach Unwettern oder Erdbeben oder jedem anderen Umstand, durch den ihre Haltbarkeit oder Standfestigkeit beeinträchtigt werden könnte.

6.4 Leitern müssen eine ausreichende Festigkeit besitzen und ordnungsgemäß instandgehalten werden.

Sie müssen sachgerecht an den entsprechenden Stellen und bestimmungsgemäß verwendet werden.

6.5 Fahrgerüste müssen gegen unbeabsichtigtes Verfahren gesichert sein.

7 Hebezeuge

7.1 Hebezeuge und Hebezubehör, einschließlich der wesentlichen Bestandteile, Befestigungen, Verankerungen und Abstützungen, müssen

a) sachgerecht entworfen und gebaut sein und eine für ihren Verwendungszweck ausreichende Festigkeit besitzen;

b) ordnungsgemäß aufgestellt und verwendet werden;

c) betriebsfähig gehalten werden;

d) gemäss den geltenden Rechtsvorschriften überprüft und regelmäßigen Prüfungen und Kontrollen unterzogen werden;

e) von qualifizierten Arbeitnehmern, die eine angemessene Schulung erhalten haben, bedient werden.

7.2 Auf Hebezeugen und Hebezubehör muss der Wert für die höchstzulässige Belastung deutlich sichtbar angegeben sein.

7.3 Hebezeuge und Hebezubehör dürfen nur bestimmungsgemäß eingesetzt werden.

8 Fahrzeuge, Erdbaumaschinen und Förderzeuge

8.1 Alle Fahrzeuge, Erdbaumaschinen und Förderzeuge müssen

a) unter weitestgehender Berücksichtigung ergonomischer Grundsätze sachgerecht entworfen und gebaut sein;

b) betriebsfähig gehalten werden;

c) ordnungsgemäß eingesetzt werden.

8.2 Fahrer und Bediener von Fahrzeugen, Erdbaumaschinen und Förderzeugen müssen besonders geschult sein.

8.3 Es müssen Vorkehrungen getroffen werden, um zu verhindern, dass Fahrzeuge, Erdbaumaschinen und Förderzeuge in Ausschachtungen oder ins Wasser stürzen.

8.4 Gegebenenfalls müssen Erdbaumaschinen und Förderzeuge mit solchen Aufbauten ausgerüstet sein, die den Fahrer bei einem Umstürzen der Maschine vor dem Erdrücktwerden und die ihn vor herabfallenden Gegenständen schützen.

9 Anlagen, Maschinen, Ausrüstungen

9.1 Anlagen, Maschinen und Ausrüstungen, einschließlich Handwerkszeug mit und ohne Motor, müssen

a) unter weitestgehender Berücksichtigung ergonomischer Grundsätze sachgerecht entworfen und gebaut sein;

b) betriebsfähig gehalten werden;

c) ausschließlich für zweckgemäße Arbeiten verwendet werden;

d) von angemessen geschulten Arbeitnehmern bedient werden.

9.2 Anlagen und Geräte unter Druck müssen gemäss den geltenden Rechtsvorschriften überprüft und regelmäßigen Prüfungen und Kontrollen unterzogen werden.

10 Ausschachtungen, Brunnenbau, unterirdische Arbeiten, Tunnelbau, Erdarbeiten

10.1 Bei Ausschachtungen, Brunnenbau, unterirdischen oder Tunnelbauarbeiten müssen geeignete Sicherheitsvorkehrungen getroffen werden, die

a) in einer geeigneten Verschalung bzw. Abschrägung bestehen;

b) Gefahren im Zusammenhang mit dem Sturz von Personen, dem Herabfallen von Material oder Gegenständen oder dem Eindringen von Wasser vermeiden;

c) eine ausreichende Lüftung an allen Arbeitsplätzen gewährleisten, damit für Atemluft gesorgt ist, die nicht gefährlich oder gesundheitsschädlich ist;

d) es ermöglichen, dass sich die Arbeitnehmer im Brandfall oder beim Eindringen von Wasser oder Material in Sicherheit bringen können.

10.2 Vor Beginn der Erdarbeiten müssen Messungen durchgeführt werden, um die Gefährdung durch unterirdisch verlegte Kabel und andere Versorgungsleitungen festzustellen und auf ein Mindestmass zu verringern.

10.3 Die Ausschachtung muss über sichere Wege betreten und verlassen werden können.

10.4 Aushub, Material und in Bewegung befindliche Fahrzeuge müssen von Ausschachtungen ferngehalten werden; gegebenenfalls müssen geeignete Abschrankungen angebracht werden.

11 Abbrucharbeiten

Wenn der Abbruch eines Gebäudes oder eines Bauwerks eine Gefährdung bewirken kann,

a) müssen geeignete Vorsichtsmassnahmen getroffen

b) und sachgemäße Arbeitsverfahren angewandt werden;

c) dürfen die Arbeiten nur unter Aufsicht einer fachkundigen Person geplant und durchgeführt werden.

12 Stahl- oder Betonkonstruktionen, Schalungen und schwere Fertigbauteile

12.1 Stahl- oder Betonkonstruktionen sowie Teile hiervon, Schalungen, Fertigbauteile oder vorläufige Träger sowie Abstützungen dürfen nur unter Aufsicht einer fachkundigen Person auf- oder abgebaut werden.

12.2 Zum Schutz der Arbeitnehmer gegen Gefahren aufgrund fehlender Festigkeit oder vorübergehender Instabilität eines Bauwerks sind ausreichende Vorsichtsmassnahmen zu treffen.

12.3 Schalungen, vorläufige Träger und Abstützungen müssen so entworfen, berechnet, angebracht und instandgehalten werden, dass sie den möglicherweise auf sie einwirkenden Beanspruchungen sicher standhalten können.

13 Spundwände und Senkkästen

13.1 Spundwände und Senkkästen sind

a) sachgerecht aus geeignetem, stabilem Material mit hinreichender Festigkeit zu bauen;

b) mit einer angemessenen Vorrichtung auszustatten, damit sich die Arbeitnehmer beim Eindringen von Wasser und Material retten können.

13.2 Bau, Instellungbringen, Umbau oder Abbau einer Spundwand oder eines Senkkastens dürfen nur unter Aufsicht einer fachkundigen Person erfolgen.

13.3 Spundwände und Senkkästen müssen in regelmäßigen Abständen von einer sachkundigen Person kontrolliert werden.

14 Dacharbeiten

14.1 In den Fällen, in denen dies zur Gefahrenvorbeugung erforderlich ist, oder wenn die Dachhöhe oder Dachneigung die von den Mitgliedstaaten festgelegten Werte überschreiten, müssen kollektive Schutzmassnahmen gegen den Absturz von Arbeitnehmern bzw. das Herabfallen von Werkzeugen und sonstigen Gegenständen sowie von Baustoffen getroffen werden.

14.2 Wenn die Arbeitnehmer auf Dächern oder sonstigen Flächen aus nicht durchtrittsicherem Material oder in deren Nähe arbeiten müssen, müssen Vorbeugungsmassnahmen getroffen werden, um ein versehentliches Begehen der nicht durchtrittsicheren Flächen und ein Abstürzen zu verhindern.

4 Die deutsche Baustellenverordnung

Verordnung über Sicherheit und Gesundheitsschutz auf Baustellen (Baustellenverordnung – BaustellV) Vom 10. Juni 1998 (BGBl. I S. 1283)

§ 1
Ziele; Begriffe

(1) Diese Verordnung dient der wesentlichen Verbesserung von Sicherheit und Gesundheitsschutz der Beschäftigten auf Baustellen.

(2) Die Verordnung gilt nicht für Tätigkeiten und Einrichtungen im Sinne des § 2 des Bundesberggesetzes.

(3) Baustelle im Sinne dieser Verordnung ist der Ort, an dem ein Bauvorhaben ausgeführt wird. Ein Bauvorhaben ist das Vorhaben, eine oder mehrere bauliche Anlagen zu errichten, zu ändern oder abzubrechen.

§ 2
Planung der Ausführung des Bauvorhabens

(1) Bei der Planung der Ausführung eines Bauvorhabens, insbesondere bei der Einteilung der Arbeiten, die gleichzeitig oder nacheinander durchgeführt werden, und bei der Bemessung der Ausführungszeiten für diese Arbeiten, sind die allgemeinen Grundsätze nach § 4 des Arbeitsschutzgesetzes zu berücksichtigen.

(2) Für jede Baustelle, bei der

1. die voraussichtliche Dauer der Arbeiten mehr als 30 Arbeitstage beträgt und auf der mehr als 20 Beschäftigte gleichzeitig tätig werden, oder
2. der Umfang der Arbeiten voraussichtlich 500 Personentage überschreitet,

ist der zuständigen Behörde spätestens zwei Wochen vor Einrichtung der Baustelle eine Vorankündigung zu übermitteln, die mindestens die Angaben nach Anhang I enthält.

Die Vorankündigung ist sichtbar auf der Baustelle auszuhängen und bei erheblichen Änderungen anzupassen.

(3) Ist für eine Baustelle, auf der Beschäftigte mehrerer Arbeitgeber tätig werden, eine Vorankündigung zu übermitteln, oder werden auf einer Baustelle, auf der Beschäftigte mehrerer Arbeitgeber tätig werden, besonders gefährliche Arbeiten nach Anhang II ausgeführt, so ist dafür zu sorgen, dass vor Einrichtung der Baustelle ein Sicherheits- und Gesundheitsschutzplan erstellt wird. Der Plan muss die für die betreffende Baustelle anzuwendenden Arbeitsschutzbestimmungen erkennen lassen und besondere Maßnahmen für die besonders gefährlichen Arbeiten nach Anhang II enthalten. Erforderlichenfalls sind bei Erstellung des Planes betriebliche Tätigkeiten auf dem Gelände zu berücksichtigen.

§ 3
Koordinierung

(1) Für Baustellen, auf denen Beschäftigte mehrerer Arbeitgeber tätig werden, sind ein oder mehrere geeignete Koordinatoren zu bestellen. Der Bauherr oder der von ihm nach § 4 beauftragte Dritte kann die Aufgaben des Koordinators selbst wahrnehmen.

(2) Während der Planung der Ausführung des Bauvorhabens hat der Koordinator

1. die in § 2 Abs. 1 vorgesehenen Maßnahmen zu koordinieren,
2. den Sicherheits- und Gesundheitsschutzplan auszuarbeiten oder ausarbeiten zu lassen und
3. eine Unterlage mit den erforderlichen, bei möglichen späteren Arbeiten an der baulichen Anlage zu berücksichtigenden Angaben zu Sicherheit und Gesundheitsschutz zusammenzustellen.

(3) Während der Ausführung des Bauvorhabens hat der Koordinator

1. die Anwendung der allgemeinen Grundsätze nach § 4 des Arbeitsschutzgesetzes zu koordinieren,
2. darauf zu achten, dass die Arbeitgeber und die Unternehmer ohne Beschäftigte ihre Pflichten nach dieser Verordnung erfüllen,
3. den Sicherheits- und Gesundheitsschutzplan bei erheblichen Änderungen in der Ausführung des Bauvorhabens anzupassen oder anpassen zu lassen,
4. die Zusammenarbeit der Arbeitgeber zu organisieren und
5. die Überwachung der ordnungsgemäßen Anwendung der Arbeitsverfahren durch die Arbeitgeber zu koordinieren.

§ 4
Beauftragung

Die Maßnahmen nach § 2 und § 3 Abs. 1 Satz 1 hat der Bauherr zu treffen, es sei denn, er beauftragt einen Dritten, diese Maßnahmen in eigener Verantwortung zu treffen.

§ 5
Pflichten der Arbeitgeber

(1) Die Arbeitgeber haben bei der Ausführung der Arbeiten die erforderlichen Maßnahmen des Arbeitsschutzes insbesondere in Bezug auf die

1. Instandhaltung der Arbeitsmittel,
2. Vorkehrungen zur Lagerung und Entsorgung der Arbeitsstoffe und Abfälle, insbesondere der Gefahrstoffe,
3. Anpassung der Ausführungszeiten für die Arbeiten unter Berücksichtigung der Gegebenheiten auf der Baustelle,
4. Zusammenarbeit zwischen Arbeitgebern und Unternehmern ohne Beschäftigte,
5. Wechselwirkungen zwischen den Arbeiten auf der Baustelle und anderen betrieblichen Tätigkeiten auf dem Gelände, auf dem oder in dessen Nähe die erstgenannten Arbeiten ausgeführt werden,

zu treffen sowie die Hinweise des Koordinators und den Sicherheits- und Gesundheitsschutzplan zu berücksichtigen.

(2) Die Arbeitgeber haben die Beschäftigten in verständlicher Form und Sprache über die sie betreffenden Schutzmaßnahmen zu informieren.

(3) Die Verantwortlichkeit der Arbeitgeber für die Erfüllung ihrer Arbeitsschutzpflichten wird durch die Maßnahmen nach den §§ 2 und 3 nicht berührt.

§ 6
Pflichten sonstiger Personen

Zur Gewährleistung von Sicherheit und Gesundheitsschutz der Beschäftigten haben auch die auf einer Baustelle tätigen Unternehmer ohne Beschäftigte die bei den Arbeiten anzuwendenden Arbeitsschutzvorschriften einzuhalten. Sie haben die Hinweise des Koordinators sowie den Sicherheits- und Gesundheitsschutzplan zu berücksichtigen. Die Sätze 1 und 2 gelten auch für Arbeitgeber, die selbst auf der Baustelle tätig sind.

§ 7
Ordnungswidrigkeiten und Strafvorschriften

(1) Ordnungswidrig im Sinne des § 25 Abs. 1 Nr. 1 des Arbeitsschutzgesetzes handelt, wer vorsätzlich oder fahrlässig

1. entgegen § 2 Abs. 2 Satz 1 in Verbindung mit § 4 der zuständigen Behörde eine Vorankündigung nicht, nicht richtig, nicht vollständig oder nicht rechtzeitig übermittelt oder
2. entgegen § 2 Abs. 3 Satz 1 in Verbindung mit § 4 nicht dafür sorgt, dass vor Einrichtung der Baustelle ein Sicherheits- und Gesundheitsschutzplan erstellt wird.

(2) Wer durch eine im Absatz 1 bezeichnete vorsätzliche Handlung Leben oder Gesundheit eines Beschäftigten gefährdet, ist nach § 26 Nr. 2 des Arbeitsschutzgesetzes strafbar.

§ 8
Inkrafttreten

(1) Diese Verordnung tritt am ersten Tage des auf die Verkündung folgenden Kalendermonats in Kraft.

(2) Für Bauvorhaben, mit deren Ausführung bereits vor dem 1. Juli 1998 begonnen worden ist, bleiben die bisherigen Vorschriften maßgebend.

Anhang I

1. Ort der Baustelle,
2. Name und Anschrift des Bauherrn,
3. Art des Bauvorhabens,
4. Name und Anschrift des anstelle des Bauherrn verantwortlichen Dritten,
5. Name und Anschrift des Koordinators,
6. voraussichtlicher Beginn und voraussichtliche Dauer der Arbeiten,
7. voraussichtliche Höchstzahl der Beschäftigten auf der Baustelle,
8. Zahl der Arbeitgeber und Unternehmer ohne Beschäftigte, die voraussichtlich auf der Baustelle tätig werden,
9. Angabe der bereits ausgewählten Arbeitgeber und Unternehmer ohne Beschäftigte.

Anhang II

Besonders gefährliche Arbeiten im Sinne des § 2 Abs. 3 sind:

1. Arbeiten, bei denen die Beschäftigten der Gefahr des Versinkens, des Verschüttetwerdens in Baugruben oder in Gräben mit einer Tiefe von mehr als 5 m oder des Absturzes aus einer Höhe von mehr als 7 m ausgesetzt sind,
2. Arbeiten, bei denen die Beschäftigten explosionsgefährlichen, hochentzündlichen, krebserzeugenden (Kategorie 1 oder 2), erbgutverändernden, fortpflanzungsgefährdenden oder sehr giftigen Stoffen und Zubereitungen im Sinne der Gefahrstoffverordnung oder biologischen Arbeitsstoffen der Risikogruppen 3 und 4 im Sinne der Richtlinie 90/679/EWG des Rates vom 26. November 1990 über den Schutz der Arbeitnehmer gegen Gefährdung durch biologische Arbeitsstoffe bei der Arbeit (ABl. EG Nr. L 374 S. 1) ausgesetzt sind.
3. Arbeiten mit ionisierenden Strahlungen, die die Festlegung von Kontroll- und Überwachungsbereichen im Sinne der Strahlenschutz- sowie im Sinne der Röntgenverordnung erfordern,
4. Arbeiten in einem geringeren Abstand als 5 m von Hochspannungsleitungen,
5. Arbeiten, bei denen die unmittelbare Gefahr des Ertrinkens besteht,
6. Brunnenbau, unterirdische Erdarbeiten und Tunnelbau,
7. Arbeiten mit Tauchgeräten,
8. Arbeiten in Druckluft,
9. Arbeiten, bei denen Sprengstoff oder Sprengschnüre eingesetzt werden,
10. Aufbau oder Abbau von Massivbauelementen mit mehr als 10 t Einzelgewicht.

5 Arbeits- und Gesundheitsschutzorganisation

Die ideale innerbetriebliche Struktur für den Gesundheitsschutz sieht in dem Arbeitgeber den hauptverantwortlichen Organisator für den Arbeitsschutz. Ihn unterstützend berät die Fachkraft für Arbeitssicherheit (SIFA), die Sicherheitsbeauftragten und die Mitglieder des Betriebsrates/Personalrates.

Das Arbeitsschutzgesetz geht davon aus, dass durch den dynamischen, raschen Wandel der Technik und damit auch der Arbeitsumgebung eine ständige Anpassung der Arbeitsschutzmaßnahmen zu erfolgen hat. Diese Anpassung kann aber nur gewährleistet werden, wenn Arbeitgeber und Beschäftigte verstärkt und kooperativ zusammenarbeiten. Dies ist die Basis für einen präventiven Arbeitsschutz.

Diese bisher bestehenden Pflichten der Arbeitgeber und Beschäftigten bleiben durch das neue Arbeitsschutzgesetz unberührt.

Der Arbeitgeber ist der Hauptverantwortliche für den Arbeitsschutz im Betrieb. Er trifft alle sicherheitsrelevanten Entscheidungen und ist für deren Umsetzung und Überwachung verantwortlich. Sinngemäß ist der Bauherr ein Unternehmer und Arbeitgeber auf Zeit.

Zu den gesetzlich vorgeschriebenen **Pflichten der Arbeitgeber** gehören:

- Der Arbeitgeber sorgt für die betriebliche Organisation der Arbeitssicherheit und stellt die dafür erforderlichen Mittel zur Verfügung.
- Der Arbeitgeber trifft Maßnahmen für die Sicherheit und die Gesundheit der Beschäftigten. Er überprüft sie auf ihre Wirksamkeit und passt sie erforderlichenfalls den sich ändernden Gegebenheiten an. Er hat für die Verbesserung von Sicherheit und Gesundheitsschutz der Beschäftigten zu sorgen.
- Der Arbeitgeber ermittelt die Gefährdungen für jeden Arbeitsplatz. Die Beurteilung ist je nach Art der Tätigkeit durchzuführen. Arbeitsplätze können bei der Gefährdungsermittlung zusammengefasst werden, sofern gleichartige Arbeitsbedingungen und Tätigkeiten vorliegen. Die Gefährdungsermittlung ist zu protokollieren.
- Der Arbeitgeber bekämpft Gefahren wirksam und somit an der Quelle. Dabei wird als Maßstab für die Sicherheitsvorkehrungen

der Stand der Technik gesetzt. Kosten für Maßnahmen im Bereich der Arbeitssicherheit darf der Arbeitgeber den Beschäftigten nicht auferlegen.

- Der Arbeitgeber trägt dafür Sorge, dass die Beschäftigten den Mitwirkungspflichten im Bereich des Gesundheitsschutzes nachkommen können.
- Der Arbeitgeber fördert durch entsprechende Motivation der Beschäftigten deren Eigenverantwortlichkeit.
- Die Beschäftigten müssen über die Gefahren bei der Arbeit während ihrer Arbeitszeit ausreichend und angemessen unterwiesen werden. Dabei hat die Unterweisung vor Aufnahme der Tätigkeit zu erfolgen. Veränderungen in der Arbeit, wie z.B. Neueinstellung, Veränderungen im Arbeitsbereich, bei unsicherem Verhalten, Einführung neuer Arbeitsmittel oder einer neuen Technologie, bei aktuellem Anlass (Unfall, Beinahe-Unfall) sollen als Anlass für eine Unterweisung genutzt werden. Darüber hinaus müssen die Unterweisungen mindestens in den vorgeschriebenen Zeitabständen wiederholt werden.
- Der Arbeitgeber hat nach §7 ArbSchG „Übertragung von Aufgaben“ und § 13 (2) „Verantwortliche Personen“ die Möglichkeit, Aufgaben, aber auch Verantwortlichkeiten, an andere geeignete Personen oder Institutionen zu übergeben.

Der Erfolg des betrieblichen Gesundheitsschutzes ist maßgeblich auch von der Mitwirkung der Beschäftigten abhängig. Auch für sie gelten gesetzlich vorgeschriebene Verantwortlichkeiten:

- Die Beschäftigten sorgen gemäß den Unterweisungen des Arbeitgebers für ihre Gesundheit und Sicherheit aktiv und initiativ.
- Die Beschäftigten tragen auch für die Sicherheit und Gesundheit der Personen Sorge, die von ihren Handlungen oder Unterlassungen betroffen sind.
- Die Beschäftigten verwenden die Arbeitsmittel und Schutzausrüstungen bestimmungsgemäß sicher.
- Die Beschäftigten teilen Gefährdungen unverzüglich dem Arbeitgeber oder dem zuständigen Vorgesetzten mit. Darüber hinaus unterstützen sie die Fachkräfte für Arbeitssicherheit und die Betriebsärzte bei ihrer Tätigkeit und teilen ihnen gleichfalls Gefährdungen mit.

Die konkrete Umsetzung der genannten Pflichten für die Arbeitgeber (Bauherr) und Beschäftigten regelt die Baustellenverordnung.

Baustellen sind im Gegensatz zu stationären Betrieben nur vorübergehend errichtete Arbeitsstätten. Hier wechseln die Arbeitsplätze und auch die Arbeitsbedingungen ständig. Auf Baustellen wirken verschiedene Unternehmen mit oft wechselnden Beschäftigten. Unteraufträge sind die betriebliche Regel. Die Auswahl der Unternehmen wird meistens bauherrenseitig durchgeführt.

Unternehmen und ihre Beschäftigten haben somit mit anderen Unternehmen und Personen zu kooperieren, mit denen sie möglicherweise vorher keine geschäftliche Berührung hatten. Der entsprechende Koordinationsbedarf ist somit vorhanden.

Hinsichtlich der Beschäftigten wird mit der Verordnung der Versuch unternommen, alle Beschäftigten auf der Baustelle zu erfassen. Somit wird ein besonderes Augenmerk auf die Unternehmer ohne Beschäftigte geworfen. Dieser von der BG nicht erfasste Personenkreis soll somit über die Baustellenverordnung einen gleichwertigen Schutz wie alle anderen Beschäftigten auf der Baustelle haben.

Die jeweilige Gewerbeaufsicht der einzelnen Bundesländer ist „zuständige Behörde" für die Baustellenverordnung. Eine Ausnahme stellt Hamburg, in diesem Bundesland nimmt die Bauaufsicht diese Aufgabe wahr.

Innerhalb der betrieblichen Arbeits- und Gesundheitsschutzorganisation der Baustellen haben Architekten und Ingenieure keine gesonderte Rolle. Allerdings unterliegen sie, wie auch alle am Bau Beteiligten, hinsichtlich dieser Aspekte einer vorgeschriebenen Hinweispflicht.

Folgende Situation lag in einem betrieblichen Fall vor, bei dem eine Glasfassade nicht ohne zusätzliche Sicherheitsmaßnahmen zu reinigen war. Das zunächst beauftragte Reinigungsunternehmen weigerte sich nach Rücksprache mit seiner Berufsgenossenschaft, ohne Zusatzmaßnahmen den Auftrag zu erledigen.

Der Bauherr konnte und wollte auch eine andere Reinigungsfirma nicht ohne Hinweis auf diese Problematik beauftragen, da er wegen seiner Kenntnis über die Situation im Falle eines Unfalls das zivilrechtliche und strafrechtliche Risiko nunmehr zu tragen hatte.

Der Bauherr hat sich zunächst an den Architekten mit dem Vorwurf gewandt, dass dieser die spätere Unterhaltung des Bauwerks unberücksichtigt liess und somit die Zusatzkosten für den späteren Umbau zu tragen habe.

Letztendlich haben die Kosten die Versicherung des Architekten als auch die der beauftragten Glasbaufirma übernommen. Dass die Glasbaufirma sich an den anfallenden Kosten beteiligen musste, mag überraschen, doch bei diesem Sachverhalt greift die Hinweispflicht. Die Glasbaufirma war dazu verpflichtet, offensichtliche Mängel, die ihr in der Ausschreibung hätten auffallen müssen, an den Auftraggeber zu melden. Die Sicherheitsmängel in Hinblick auf spätere Wartungsarbeiten sind stets auch einzubeziehen.

Im Rahmen der Hinweispflicht müssen Architekten und Ingenieure bei Tätigwerden für die Bauherren auf deren Verpflichtung aus der BaustellV hinweisen. Wenn der Architekt oder Ingenieur dieser Informationspflicht nicht nachgeht, so hat er gegebenenfalls die zivilrechtlichen und strafrechtlichen Folgen zu tragen. Der Architekt oder Ingenieur braucht jedoch die Koordination selbst nicht zwingend als Leistung anzubieten. Er muss jedoch im Rahmen seiner Arbeit den Bauherren mindestens aufklärend informieren.

Die Tätigkeit des Koordinators ist allerdings keine in der HOAI bislang vorgesehene Leistung. Dementsprechend sind die entsprechenden Risiken nicht ohne weiteres bei evtl. vorliegenden Berufs- oder Unternehmenshaftpflichtversicherungen mit einbezogen. Einige Versicherungen beziehen inzwischen die aus der Tätigkeit der Koordination entsprechend der BaustellV sich ergebenden Risiken ohne zusätzliche Kosten für ihre Versicherten mit ein, wenn eine anerkannte Qualifizierung zum Sicherheitskoordinator auf Baustellen erfolgreich absolviert worden ist.

Darüber hinaus haben mehrere Versicherungen angefangen, die Sicherheitsorganisation der Baustellen bei der Bewertung der Risiken beitragswirksam einzubeziehen. Dies betrifft auch die Bestellung seitens der Bauherren und die Tätigkeit der Koordinatoren sowie das Vorliegen der von der BaustellV vorgesehenen Dokumente.

Zuwiderhandlung oder Nichtbefolgung von Arbeitsschutznormen bzw. von Anordnungen der Aufsichtsbehörden geben der Gewerbeaufsicht die Möglichkeit, Verstöße zu ahnden.

Ordnungswidrigkeiten sind fahrlässige, als auch vorsätzliche Handlungen. Zu Straftaten werden Handlungen, wenn sie z.B. wiederholt gegen vollziehbare Anordnungen erfolgen oder zur Gefährdung von Beschäftigten durch fahrlässiges oder vorsätzliches Handeln führen.

Neben den zivilrechtlichen Folgen sind für den Bauherrn auch die strafrechtlichen Konsequenzen wegen mangelhafter Sicherheitsorganisation auf der Baustelle zu berücksichtigen. Dieses Risiko deckt keine Versicherung. In jedem Fall trägt der Bauherr einen Teil der Schuld, wenn er nicht für die Sicherheit auf seiner Baustelle gesorgt hat und somit seine gesetzliche Organisationspflicht verletzt hat.

Der öffentliche Bauherr hat allerdings diese Verpflichtung bereits auf der Basis der EU-Richtlinie 92/57/EWG seit dem 1. Januar 1994.

Die Pflichten der Bauherren gemäß der Baustellenverordnung lassen sich wie folgt zusammenfassen:

- Berücksichtigung der allgemeinen Grundsätze nach § 4 des Arbeitsschutzgesetzes bei der Planung der Ausführung des Bauvorhabens.
- Vorankündigung der Bauarbeiten gegenüber der zuständigen Behörde (Landesamt für Arbeitsschutz, Gesundheitsschutz und technische Sicherheit Berlin) zwei Wochen vor Errichtung der Baustelle, wenn die Baustelle eine bestimmte Größe (20 oder mehr Beschäftigte arbeiten mehr als 30 Arbeitstage, oder der Umfang der Arbeiten überschreitet 500 Personentage) erreicht.
- Bestellung von Sicherheits- und Gesundheitsschutzkoordinatoren auch für kleine Baustellen, wenn gefährliche Arbeiten durchgeführt werden.
- Erstellung eines Sicherheits- und Gesundheitsschutzplanes (SIGE-PLAN), wenn mehrere Arbeitgeber mit Arbeiten beauftragt sind, das Bauvorhaben eine bestimmte Größe übersteigt, und wenn gefährliche Arbeiten durchgeführt werden.
- Erstellung einer Unterlage für spätere Arbeiten am Bauwerk, wenn mehrere Arbeitgeber beauftragt werden.

Für ein kleineres Einfamilienhaus ist eine Vorankündigung an die zuständige Behörde nicht zwingend vorgeschrieben. Werden jedoch gefährliche Arbeiten ausgeführt, z.B. Tätigkeiten in einer Höhe von mehr als 7 Meter, muss ein Sicherheits- und Gesundheitsschutzplan erstellt werden. Dies bedeutet, dass zwar kein Koordinator bestellt werden muss, dieser aber doch möglicherweise indirekt zur Erstellung des in diesem Fall vorgeschriebenen SIGEPLANs einbezogen wird.

Was bedeutet die Baustellenverordnung für die Struktur-, Prozess- und Ergebnisqualität auf dem Bau?

Die Strukturqualität beschreibt die Rahmenbedingungen, die notwendig sind, um den vereinbarten Leistungsprozess zu erbringen. Der Aufgabenbereich des Sicherheits- und Gesundheitsschutzkoordinators beschränkt sich lediglich auf die Koordination und beinhaltet nicht die Ausführung und Aufsicht der Sicherheitsmaßnahmen.

Der Koordinator ist somit nur ein „Zwangsberater" für den Bauherren. In dieser Funktion koordiniert er Aufgaben, bei denen die Verantwortung für die Ausführung bei den jeweiligen Unternehmen am Bau liegen, ohne dass er eine Ausführungspflicht und Anweisungskompetenz besitzt. Er agiert mit der geliehenen Autorität des Bauherren. Der Koordinator ist darüber hinaus verpflichtet, den Bauherren auf Sicherheitsmängel bei der beauftragten Firma hinzuweisen. Der Bauherr entscheidet dann, wie er auf diesen Hinweis reagieren will.

Beim Bauvorhaben gibt es zwei Phasen: Die Planungsphase und die Ausführungsphase. Erfahrungsgemäss wird sich schwerpunktmäßig auf die Ausführungsphase konzentriert, wobei oftmals die das spätere Sicherheitsniveau der Baustelle bestimmende Planungsphase vernachlässigt wird. Gerade in der Planungsphase kann der Koordinator jedoch Kosten für den Bauherren einsparen, da die Baustelle noch nicht eingerichtet ist und mögliche Korrekturen in dieser Phase nicht so kostspielig sind wie eine Änderung nach bereits erfolgter Ausführung.

Äußerungen wie „der Kran ist hier fehl am Platz", „dies oder jenes ist nicht abgesichert" und „das Gerüst ist gerade gestern abgebaut worden und ich kann meine Arbeit ohne Gerüst nicht ausführen" sind auf der Baustelle viel zu oft zu hören. Um diese Unstimmigkeiten zu reduzieren, ist es sinnvoll, sich bereits in der Planungsphase über mögliche auftretende Schwierigkeiten und Gefahrensituationen für die Arbeit Gedanken zu machen. Aus diesem Grund wird vorgeschrieben, dass vorab bei der Planung auch berücksichtigt und dokumentiert werden muss, welche Tätigkeiten wann als gefährlich einzuschätzen sind und wie die entsprechenden Schutzmaßnahmen zur Abwehr von Gefahren auszusehen haben.

Etwa ein Drittel der tödlichen Unfälle auf deutschen Baustellen könnten entsprechend einer Analyse dieser Unfälle bei Vorliegen eines Sicherheits- und Gesundheitsschutzplanes und bei Einsatz eines Koordinators entsprechend der BaustellV vermieden werden. Schon diese damit verbundenen Kosten für die Baufirmen bzw. für das Bauvorhaben betragen mehr als die Kosten von 0,3 – 1 % der Bausumme, die die Koordination nach der BaustellV als Honorar erhält. Bereits die sicherheitsbedingten Verzögerungen (Unfälle, nachträgliche Maßnahmen usw.) werden auf ca. 0,2% der Bausumme geschätzt. Empfehlungen zur Honorarermittlung für die Sicherheits- und Gesundheitsschutzkoordinatoren befinden sich im Kap. 12.8 dieses Buches.

Die Prozessqualität beinhaltet die Planung, Strukturierung und den Ablauf der zu erbringenden Leistungen. Sowohl die Prozessqualität, als auch die Frage nach der Bauausführung sollte nicht nur in der Planungsphase, sondern auch in der Ausführungsphase in den Sicherheits- und Gesundheitsschutzplan eingehen. Die BaustellV sieht vor, dass der Sicherheits- und Gesundheitsschutzplan (SIGEPLAN) den beteiligten Unternehmen zur Verfügung gestellt werden muss bzw., dass diese jederzeit darauf zurückgreifen können. Der SIGEPLAN sollte im Bauleiterbüro ausliegen und muss laufend aktualisiert werden. Die Ankündigung muss öffentlich zugänglich sein und witterungsbeständig an den Baustellen aushängen. Dies kann z.B. durch eine laminierte Kopie, die in jedem Copy-Shop erhältlich ist und an einer zentralen, bauöffentlichen Stelle ausgehängt werden.

Dieses bedeutet für die beteiligten Firmen, dass der Zugang zu der jeweils aktuellen Fassung des Sicherheits- und Gesundheitsschutzplans sichergestellt ist. Evtl. Diskussionen über verschiedenen Wissensstand werden vermieden. Wenn beispielsweise der Baukran oder das Gerüst schon abgebaut sind, diverse Arbeiten aber noch nicht abgeschlossen sind und aus Sicherheitsgründen für Ersatz gesorgt werden muss, kommt es am Bau immer wieder zu Auseinandersetzungen darüber, wer finanziell dafür aufkommen muss. Alle diese Kosten wurden bislang direkt oder indirekt vom Bauherren getragen. Mit der BaustellV besteht nun die Chance, diese zusätzlichen Kosten einzusparen.

Die Ergebnisqualität spiegelt den Zielerreichungsgrad der gesamten Leistungserbringung wider. Zu den Tätigkeiten des Koordinators gehören ausdrücklich nicht nur die Erstellung des SIGEPLANs und die allgemeine Koordination des Sicherheits- und Gesundheitsschutzes, sondern auch die Erstellung einer sogenannten Unterlage für die Sicherheit der späteren Wartung und Instandhaltung. Hierüber hat der Bauherr eine angemessene Dokumentation zu erhalten. Diese hat er nach Abschluss des Bauvorhabens evtl. späteren Eigentümern und Nutzern zu übergeben.

Die Bauherren können erfahrungsgemäß bei sachgerechter Leistung der Koordinatoren Einsparungen von über 1% der Bausumme erzielen.

6 Die vier betrieblichen Koordinatoren

6.1 Fachkraft für Arbeitssicherheit (ASiG und VBG 122/BGV A6)

§ 5 ASiG *(Auszug)*
Bestellung von Fachkräften für Arbeitssicherheit

(1) Der Arbeitgeber hat Fachkräfte für Arbeitssicherheit (Sicherheitsingenieure, -techniker, -meister) schriftlich zu bestellen und ihnen die in § 6 genannten Aufgaben zu übertragen....

§ 6 ASiG *(Auszug)*
Aufgaben der Fachkräfte für Arbeitssicherheit

Die Fachkräfte für Arbeitssicherheit haben die Aufgabe, den Arbeitgeber beim Arbeitsschutz und bei der Unfallverhütung in allen Fragen der Arbeitssicherheit einschließlich der menschengerechten Gestaltung der Arbeit zu unterstützen. Sie haben insbesondere

(1) den Arbeitgeber und die sonst für den Arbeitsschutz und die Unfallverhütung verantwortlichen Personen zu beraten, insbesondere bei

(a) der Planung, Ausführung und Unterhaltung von Betriebsanlagen und von sozialen und sanitären Einrichtungen,

(b) der Beschaffung von technischen Arbeitsmitteln und der Einführung von Arbeitsverfahren und Arbeitsstoffen,

(c) der Auswahl und Erprobung von Körperschutzmitteln,

(d) der Gestaltung der Arbeitsplätze, des Arbeitsablaufs, der Arbeitsumgebung und in sonstigen Fragen der Ergonomie....

(4) darauf hinzuwirken, dass sich alle im Betrieb Beschäftigten den Anforderungen des Arbeitsschutzes und der Unfallverhütung entsprechend verhalten....

VBG 121 (BGV A6) „Sicherheitsingenieure und andere Fachkräfte für Arbeitssicherheit"

§ 2
Bestellung

(1) Der Unternehmer hat Sicherheitsingenieure oder andere Fachkräfte für Arbeitssicherheit zur Wahrnehmung der in § 6 des Gesetzes über Betriebsärzte, Sicherheitsingenieure und andere Fachkräfte für Arbeitssicherheit (Arbeitssicherheitsgesetz) bezeichneten Aufgaben für die sich aus den Merkmalen der nachstehenden Tabelle ergebenden Einsatzzeiten schriftlich zu bestellen....

Die Bestellung einer SIFA erfolgt durch den Arbeitgeber in Absprache mit dem Betriebsrat/Personalrat. Die SIFA soll dem Unternehmer in Fragen des Arbeitsschutzes beratend zur Seite stehen und im Betrieb überwachende und aufklärende Tätigkeiten ausüben. Die Fachkraft für Arbeitssicherheit (SIFA) ist dem Unternehmer als dessen Berater direkt unterstellt. Die Aufgaben der SIFA umfassen alle Bereiche des Arbeitsschutzes. Ausgeweitet wurden diese Aufgaben auf die Unterstützung des Arbeitgebers bei der Beurteilung der Arbeitsbedingungen und damit auf die Gefährdungserhebung und die Entwicklung von Maßnahmen.

Die SIFA besitzt gegenüber den anderen Beschäftigten des Unternehmens keine Weisungsbefugnis.

6.2 Koordinator für betriebliche Aufträge (VBG 1/BGV A1)

VBG 1 „Allgemeine Vorschriften"

§ 5
Vergabe von Aufträgen

Erteilt der Unternehmer den Auftrag,

1. Einrichtungen zu planen, herzustellen, zu ändern oder instandzusetzen,
2. Technische Arbeitsmittel oder Arbeitsstoffe zu liefern,
3. Arbeitsverfahren zu planen oder zu gestalten,

so hat er dem Auftragnehmer schriftlich aufzugeben, die in §2 Abs.1 Sätze 1 und 2 bezeichneten Vorschriften und Regelungen zu beachten...

§ 6
Koordinierung von Arbeiten

(1) Vergibt der Unternehmer Arbeiten an andere Unternehmer, dann hat er, soweit dies zur Vermeidung einer möglichen gegenseitigen Gefährdung erforderlich ist, eine Person zu bestimmen, die die Arbeiten aufeinander abstimmt. Er hat dafür zu sorgen, dass diese Person Weisungsbefugnis gegenüber seinen Auftragnehmern und deren Beschäftigten hat.

(2) Übernimmt der Unternehmer Aufträge, deren Durchführung zeitlich und örtlich mit Aufträgen anderer Unternehmer zusammenfällt, so ist er verpflichtet, sich mit den anderen Unternehmern abzustimmen, soweit dies zur Vermeidung einer gegenseitigen Gefährdung erforderlich ist.

Diese UVV geht von erhöhtem Risiko aus, wenn Aufträge durch Dritte ausgeführt werden. Während die innerbetriebliche Sicherheits- und Gesundheitsschutzorganisation mit der Funktion der Fachkraft für Arbeitssicherheit geregelt ist, bedeutet die Beauftragung von Dritten, dass deren Sicherheitsstandard einen zeitlich begrenzten Einfluss auf die betriebliche Situation des Auftraggebers hat.

Darüber hinaus kommen Akteure arbeitsbedingt zusammen, die möglicherweise bislang über keine Erfahrung einer Zusammenarbeit verfügen.

Die koordinierende Person erhält mit dieser UVV Weisungsbefugnisse gegenüber den Auftragnehmern und deren Beschäftigten.

Bei der Vergabe und der Übernahme von Aufträgen, die mit einem Einsatz in Fremdbetrieben verbunden sind, haben sich Auftraggeber und Auftragnehmer über Maßnahmen zur Arbeitssicherheit und dem Gesundheitsschutz abzustimmen. Auf der Grundlage dieser Maßnahmen sind den MitarbeiterInnen die entsprechenden Anweisungen zu erteilen. Hierbei sind folgende Grundsätze zu beachten:

- *Hauptverantwortlich für die Arbeitssicherheit bleibt stets der Arbeitgeber der Beschäftigten. Dies bedeutet beim Einsatz von Arbeitnehmern in Fremdbetrieben, dass die Verantwortung beim Auftragnehmer verbleibt.*

- *Der Auftraggeber als Unternehmer des Fremdbetriebes ist um so stärker in die Verantwortung für die Arbeitssicherheit auch der betriebsfremden Arbeitnehmer eingebunden, je mehr seine betrieblichen Verhältnisse besondere Maßnahmen der Arbeitssicherheit erforderlich machen und je umfangreicher Weisungsrechte hinsichtlich der Ausführung der Arbeiten vom Auftragnehmer auf den Auftraggeber vertraglich übertragen werden.*

Der Koordinator ist vom Auftraggeber zu bestimmen. Er stimmt die einzelnen Arbeiten aufeinander ab. Dafür benötigt der Koordinator Weisungsbefugnis gegenüber den Auftragnehmern und deren Beschäftigten. Er trifft Festlegungen über die Verwendung und Benutzung von Einrichtungen und persönlicher Schutzausrüstung sowie über Zutritts- und Aufenthaltsverbote, über Regelungen für die Durchführung gefährlicher Arbeiten, z.B. mit Brand- und Explosionsgefahren, sowie über den Umgang mit Gefahrstoffen.

6.3 Koordinator für Altlasten

Umgang mit Gefahrstoffen (VBG 91/BGV B1)

§ 1
Geltungsbereich

Diese Unfallverhütungsvorschrift gilt für den Umgang mit Gefahrstoffen. Unbeschadet der nachfolgenden Bestimmungen gelten die Vorschriften der Gefahrstoffverordnung über den Umgang mit Gefahrstoffen zum Schutz der Versicherten als Unfallverhütungsvorschrift entsprechend mit Ausnahme der Regelungen über die arbeitsmedizinische Vorsorge. Über Erlaubnisse und Ausnahmebewilligungen nach der Gefahrstoffverordnung entscheidet die zuständige Behörde. Anzeige-, Vorlage- und Benachrichtigungspflichten nach der Gefahrstoffverordnung bestehen nur gegenüber der zuständigen Behörde.

§ 2
Auskunftspflichten

Der Unternehmer hat der Berufsgenossenschaft auf Verlangen alle für den Umgang mit Gefahrstoffen bedeutsamen Angaben zu machen.

§ 3
Beauftragung von Fremdunternehmen beim Umgang mit krebserzeugenden oder erbgutverändernden Gefahrstoffen

(1) Erteilt ein Unternehmer, der mit krebserzeugenden oder erbgutverändernden Gefahrstoffen umgeht oder umgegangen ist, Aufträge an Fremdunternehmer, hat er dafür zu sorgen, dass im Hinblick auf krebserzeugende oder erbgutverändernde Gefahrstoffe

1. die mit den Arbeiten verbundenen Gefahren ermittelt und beurteilt werden,
2. ein Arbeitsablaufplan erstellt wird,
3. die erforderlichen Schutzmassnahmen für Versicherte und Versicherte der Fremdunternehmer festgelegt werden,
4. die Verantwortungsbereiche aller beteiligten Versicherten einschließlich der von Fremdunternehmern abgegrenzt und festgelegt werden,
5. alle Arbeitsabläufe überwacht werden,
6. die bei Zwischenfällen erforderlichen Maßnahmen getroffen werden, einschließlich der Festlegung von Flucht- und Rettungswegen, sowie
7. alle Maßnahmen und Festlegungen in gemeinsamen schriftlichen Aufzeichnungen mit den Fremdunternehmern festgehalten werden.
8. Entsprechendes gilt, wenn durch die Tätigkeit des Fremdunternehmers Gefahren durch krebserzeugende oder erbgutverändernde Stoffe entstehen können.

(2) Der Unternehmer hat in Abstimmung mit den Fremdunternehmern einen fachkundigen Verantwortlichen (Koordinator) schriftlich zu bestellen. Er hat den Koordinator gegenüber allen beteiligten Versicherten mit Weisungsbefugnis auszustatten. Er hat den Koordinator allen beteiligten Versicherten bekanntzumachen.

(3) Der Unternehmer hat sicherzustellen, dass Arbeiten ständig durch Aufsichtführende überwacht werden. Er hat dafür zu sorgen, dass alle Aufsichtführenden nur mit der schriftlichen Zustimmung des Koordinators benannt werden.

(4) Der Unternehmer hat dafür zu sorgen, dass die beteiligten Versicherten nur mit einer schriftlichen Erlaubnis durch den Koordinator tätig werden, in der die erforderlichen Schutzmaßnahmen aufzu-

führen sind. Es genügt eine einmal erteilte Erlaubnis, in der der Umfang dieser Arbeiten, die erforderlichen Schutzmaßnahmen und die Namen der Versicherten schriftlich festgehalten sind, wenn Fremdunternehmer sich wiederholende Arbeiten unter gleichen stoff- und verfahrensspezifischen Bedingungen ausführen.

(5) Der Unternehmer hat im Einvernehmen mit dem Fremdunternehmer sicherzustellen, dass die festgelegten Schutzmaßnahmen durchgeführt werden.

6.4 Sicherheits- und Gesundheitsschutzkoordinator (BaustellV)

Die BaustellV fordert in § 3 (1) von dem Bauherrn die Bestellung eines „geeigneten" Koordinators. Über die Frage der Eignung herrschte über längere Zeit Unklarheit, was den Bundesminister für Arbeit und Sozialordnung (BMA) veranlasst hat, eine entsprechende Hilfe für die Bauherren zu veröffentlichen, die anbei im Wortlaut wiedergegeben wird.

Hilfe für den Bauherrn: Bestellung eines geeigneten Koordinators

Vorwort des BMA

Die Bauwirtschaft, eine der wichtigsten Branchen der europäischen Wirtschaft, hat die schlechteste Unfallbilanz. Auf Baustellen in Deutschland ist die Unfallhäufigkeit mehr als doppelt so hoch wie im Durchschnitt der gewerblichen Wirtschaft. Unfälle auf Baustellen haben im Vergleich zu den Unfällen in anderen Wirtschaftszweigen meist deutlich schwerere Folgen. Um Leben und Gesundheit der Beschäftigten auf Baustellen zu schützen, muss mehr getan werden.

Als Veranlasser eines Bauvorhabens tragen private und öffentliche Bauherren die oberste Verantwortung für das gesamte Bauvorhaben.

Deshalb sind sie Adressaten der Verordnung über Sicherheit und Gesundheitsschutz auf Baustellen (Baustellenverordnung). Diese Verordnung hat das Ziel, Sicherheit und Gesundheitsschutz der Beschäftigten auf Baustellen wesentlich zu verbessern. Dem dient u.a. die in § 3 enthaltene Verpflichtung für den Bauherrn, in bestimmten Fällen einen oder mehrere Koordinatoren zu bestellen.

Diese „Hilfe" soll den Bauherrn bei der Auswahl und Beauftragung eines fachlich und persönlich geeigneten Koordinators sowie bei der Kontrolle der Tätigkeit des eingesetzten Koordinators unterstützen und ihm helfen, die erforderliche Koordination wirtschaftlich und seiner Verantwortung entsprechend zu veranlassen. Beispielhaft werden auch die Aufgaben des Koordinators dargestellt, die diesem übertragen werden sollten.

Zur Unterstützung der Einführung und Anwendung der Baustellenverordnung hat das Bundesministerium für Arbeit und Sozialordnung ein Aktionsprogramm initiiert, an dem Bund, Länder, Berufsgenossenschaften, Sozialpartner und Fachverbände mitwirken.

Diese Hilfe für den Bauherrn entstand unter Federführung des Bundesministeriums für Arbeit und Sozialordnung und stellt den gemeinsamen Standpunkt der am Aktionsprogramm beteiligten Seiten dar.

Wann muss ein Koordinator bestellt werden?

Der Bauherr hat je nach Art und Umfang des Bauvorhabens einen, gegebenenfalls auch mehrere **Koordinatoren für die Planung der Ausführung sowie für die Ausführung zu bestellen**, wenn zu erwarten ist, dass auf der Baustelle Beschäftigte mehrerer Arbeitgeber tätig werden. Die Größe des Bauvorhabens spielt dabei keine Rolle; entscheidend ist, ob Beschäftigte mehrerer Arbeitgeber tätig werden. Der Einsatz von Nachunternehmern, d.h. von Firmen, die Teilleistungen, z.B. die Elektroinstallation, im Rahmen des Gesamtbauvorhabens selbständig ausführen, bedeutet das Vorhandensein mehrerer Arbeitgeber.

Die **Bestellung** muss so **rechtzeitig** erfolgen, dass die während der Planung der Ausführung des Bauvorhabens zu erfüllenden Aufgaben des Koordinators erledigt werden können.

Welche Aufgaben hat der Koordinator?

Der Koordinator als Fachexperte hat die Aufgabe, den Bauherrn sowie Planer, Architekten und ausführende Baubetriebe bei ihrer Zusammenarbeit hinsichtlich der Einbindung von Sicherheit und Gesundheitsschutz in die verschiedenen Bauphasen zu unterstützen und zu beraten. Er hat durch sein Fachwissen dazu beizutragen, das Bauvorhaben, den Bauablauf und die späteren Arbeiten an der baulichen Anlage zu jeder Zeit sicher zu gestalten.

Aufgaben des Koordinators während der Planung der Ausführung des Bauvorhabens

Einbinden von Sicherheit und Gesundheitsschutz in das Organisations- und Führungskonzept zur Bauausführung

Entwickeln von Maßnahmen zum Schutz vor Gefährdungen durch und bei der Zusammenarbeit mehrerer Arbeitgeber

Entwickeln von Maßnahmen zur gemeinsamen Nutzung sicherheitstechnischer Einrichtungen sowie von Einrichtungen für den Gesundheitsschutz	**S I G E P L A N**
Einordnen von Sicherheit und Gesundheitsschutz in ein Konzept für spätere Arbeiten an der baulichen Anlage	**Unterlage**

Nachfolgend sind die wichtigsten Einzelaufgaben des Koordinators bei der Planung der Ausführung des Bauvorhabens zusammengestellt.

- Berücksichtigung der allgemeinen Grundsätze nach § 4 Arbeitsschutzgesetz bei der Planung (siehe Anlage), Aufzeigen von Möglichkeiten zur Vermeidung von Sicherheits- und Gesundheitsrisiken

- Ausarbeiten (oder ausarbeiten lassen) des Sicherheits- und Gesundheitsschutzplanes, Abstimmen der Sicherheits- und Gesundheitsschutzmaßnahmen mit dem Bauherrn bzw. den von ihm beauftragten Planern
- Feststellen sicherheits- und gesundheitsschutzrelevanter Wechselwirkungen zwischen Arbeiten auf der Baustelle und anderen betrieblichen Tätigkeiten oder Einflüssen auf oder in der Nähe der Baustelle
- Mitwirken bei der Planung der Baustelleneinrichtung
- Beraten bei der Planung bleibender sicherheitstechnischer Einrichtungen für die spätere Wartung und Instandsetzung und Zusammenstellen der Unterlage mit den erforderlichen Angaben für die sichere und gesundheitsgerechte Durchführung späterer Arbeiten
- Hinwirken auf das Berücksichtigen von Sicherheits- und Gesundheitsschutzmaßnahmen in Ausschreibungen und Vergabeunterlagen, Mitwirken bei der Prüfung der Angebote
- Beratung bei der Terminplanung, insbesondere bei der Abstimmung von Bauausführungszeiten, um Gefahren, die durch ein zeitliches Nebeneinander hervorgerufen werden können, zu vermeiden
- Mitwirken beim Erstellen der Vorankündigung und deren Übermittlung an die zuständige Behörde (Gewerbeaufsichtsamt/Amt für Arbeitsschutz)
- Falls mehrere Koordinatoren beauftragt sind, ist eine intensive Abstimmung notwendig, insbesondere wenn die Koordination während der Planung der Ausführung und während der Ausführung von unterschiedlichen Koordinatoren wahrgenommen wird

Aufgaben des Koordinators während der Ausführung des Bauvorhabens

Organisieren und Koordinieren der Zusammenarbeit der bauausführenden Unternehmen hinsichtlich Sicherheit und Gesundheitsschutz im Bauablauf

Überprüfen der Einhaltung der Sicherheits- und Gesundheitsschutzmaßnahmen bei der Zusammenarbeit der bauausführenden Unternehmen

Fortschreiben und Anpassen des Sicherheits- und Gesundheitsschutzplanes und gegebenenfalls der Unterlage für spätere Arbeiten an der baulichen Anlage

Nachfolgend sind die wichtigsten Einzelaufgaben des Koordinators bei der Ausführung des Bauvorhabens zusammengestellt.

- Aushängen und gegebenenfalls Anpassen der Vorankündigung
- Bekanntmachen, Anpassen und Fortschreiben des Sicherheits- und Gesundheitsschutzplanes sowie Hinwirken auf seine Einhaltung und auf die Umsetzung der erforderlichen Arbeitsschutzmaßnahmen durch die beteiligten Unternehmen
- Information und gegebenenfalls Vorbesprechung mit allen Auftragnehmern (einschließlich Nachunternehmern) mit eingehender Erläuterung der Maßnahmen für Sicherheit und Gesundheitsschutz
- Koordinierung des Zusammenwirkens der bauausführenden Unternehmen hinsichtlich Sicherheit und Gesundheitsschutz und der Anwendung der allgemeinen Grundsätze nach § 4 Arbeitsschutzgesetz
- Hinwirken auf die Einhaltung einer Baustellenordnung und eines Baustelleneinrichtungsplanes (soweit diese vorhanden sind) hinsichtlich der Vermeidung gegenseitiger Gefährdungen

- Berücksichtigung sicherheits- und gesundheitsschutzrelevanter Wechselwirkungen zwischen Arbeiten auf der Baustelle und anderen betrieblichen Tätigkeiten oder Einflüssen auf oder in der Nähe der Baustelle. Achten auf Absicherung der Baustelle mit dem Ziel der Vermeidung gegenseitiger Gefährdungen
- Fortführung und Fertigstellung der Unterlage mit den erforderlichen Angaben für die sichere und gesundheitsgerechte Durchführung späterer Arbeiten
- Organisation und Durchführung von Sicherheitsbesprechungen und -begehungen und Auswerten der Ergebnisse

Wer kommt als Koordinator in Frage?

Der Bauherr oder ein von ihm beauftragter Dritter haben folgende Möglichkeiten:

Sie übernehmen die Koordinatorenfunktion selbst, wenn sie über die erforderliche Eignung verfügen.

oder

Sie bestellen einen Koordinator (z.B. einen am Bau Beteiligten oder einen externen Dienstleister), der über die erforderliche Eignung verfügt.

Je nach Art und Komplexität der Baumaßnahme können Architekten, Ingenieure, Techniker oder Meister als geeignet angesehen werden.

Dieser Personenkreis kann entweder ausschließlich oder zusätzlich zu bereits anderen Aufgaben in Planung oder Ausführung mit den Aufgaben der Koordination nach der Baustellenverordnung beauftragt werden.

In jedem Fall muss ein Koordinator in seiner Person die Gewähr bieten, daß er sich dieser Aufgabe ausreichend und mit dem gebotenem Nachdruck widmet.

Abhängig von Art und Umfang des Bauvorhabens kann auch die Bestellung mehrerer Koordinatoren erforderlich sein; in diesem Fall ist eine Abgrenzung der Aufgaben und Befugnisse vorzunehmen.

Nicht zulässig ist die pauschale Übertragung der Aufgaben des Koordinators durch den Bauherrn auf eines der bauausführenden Unternehmen im Rahmen üblicher Ausschreibungen von Bauleistungen, da zum Zeitpunkt der Auftragsvergabe ein Teil dieser Koordinationsaufgaben bereits erfüllt sein muss.

Welche Voraussetzungen muss der Koordinator mitbringen?

Koordinatoren müssen über Kenntnisse und Erfahrungen im Baufach und zum Arbeitsschutz im Baubereich verfügen. Sie können diese Kenntnisse und Erfahrungen im Rahmen einer baufachlichen beruflichen Ausbildung (z. B. als Architekt oder Ingenieur oder Techniker oder Meister) bzw. im Rahmen einer Ausbildung auf dem Gebiet des Arbeitsschutzes (z. B. als Fachkraft für Arbeitssicherheit mit baufachlicher Tätigkeit) sowie im Verlaufe einer mehrjährigen praktischen Tätigkeit im Baubereich (z. B. in der Vorplanung, Entwurfsplanung, Genehmigungsplanung, Bauausführung) und im Arbeitsschutz auf Baustellen erworben haben. Sie müssen außerdem über Kenntnisse der speziellen, einem Koordinator obliegenden Tätigkeiten, Aufgaben und Verpflichtungen verfügen.

Diese Kenntnisse der Koordination können durch Teilnahme an Lehrgängen erworben werden.

Der Bauherr sollte sich vom Vorhandensein der Kenntnisse und Erfahrungen, z. B. anhand von Lehrgangsbescheinigungen, Zeugnissen oder Referenzen, überzeugen.

Die dem Koordinator abzuverlangenden Kenntnisse und Fähigkeiten hängen von der Art und dem Umfang des Bauvorhabens und vom Zeitpunkt seines Einsatzes (Planung der Ausführung/Ausführung des Bauvorhabens) ab.

Beispiele:

1. Kleinere Häuser, einfache Werkstattgebäude, Anliegerstraßen in Neubaugebieten, planmäßig vorbeugende Instandhaltungsmaßnahmen der Versorgungsunternehmen an Anlagen der Wasser-, Gas- und Stromversorgung.
   - geringe Planungserfordernisse
   - nur wenige beteiligte Unternehmen
   - geringe bauartspezifische Anforderungen
   - meist kein Sicherheits- und Gesundheitsschutzplan erforderlich

Erforderliche Kenntnisse und Fähigkeiten des Koordinators:

baufachlich:	Architekt, Ingenieur, Techniker, Meister
arbeitsschutzfachlich:	Fachkraft für Arbeitssicherheit oder nachweisbare Kenntnisse und Erfahrungen in der Anwendung der Arbeitsschutzvorschriften auf entsprechenden Baustellen
Erfahrungen:	Erfahrungen (ca. 2 Jahre) in Planung und/oder Ausführung, je nach Koordinationsaufgabe
Koordinierung:	bauvorhabenbezogene Kenntnisse und Erfahrungen der speziellen, einem Koordinator nach BaustellV obliegenden Aufgaben, Tätigkeiten und Verpflichtungen

2. Mehrfamilienwohnhäuser, Wohnhaussiedlungen, Bürohausbauten mittlerer Größe, Kanalbaumaßnahmen, Regenrückhaltebecken, einzelne Brückenbauwerke, innerörtliche Straßen mit mittleren verkehrstechnischen Anforderungen
   - umfangreiche Planungserfordernisse (z. B. mehrere Fachplaner)
   - grobe bauartspezifische Differenzierung
   - viele beteiligte Unternehmen

   Erforderliche Kenntnisse und Fähigkeiten des Koordinators:

baufachlich:	Architekt, Ingenieur für die Ausführungsphase: auch Techniker/ Meister
arbeitsschutzfachlich:	Fachkraft für Arbeitssicherheit oder nachweisbare umfassende Kenntnisse und Erfahrungen in der Anwendung der Arbeitsschutzvorschriften auf entsprechenden Baustellen
Erfahrungen:	Projektspezifische Erfahrungen (ca. 3 Jahre) in Planung und/oder Ausführung, je nach Koordinationsaufgabe
Koordinierung:	Bauvorhabenbezogene Kenntnisse und Erfahrungen der speziellen, einem Koordinator nach BaustellV obliegenden Aufgaben, Tätigkeiten und Verpflichtungen

3. Flughäfen, Kraftwerke, Industrieanlagen, Krankenhäuser, Tunnelbauwerke, Bahnneubaustrecken, Talbrücken, Talsperrenbauten, in-

nerörtliche Straßen mit hohen verkehrstechnischen Anforderungen oder in schwieriger städtebaulicher Situation

- sehr hohe Planungsanforderungen
- umfangreiche und komplexe Bauaufgaben
- bauartspezifische Spezialanforderungen
- sehr viele beteiligte Unternehmen

Erforderliche Kenntnisse und Fähigkeiten des Koordinators:

baufachlich:	Architekt, Ingenieur
arbeitsschutzfachlich:	Fachkraft für Arbeitssicherheit oder nachweisbare umfassende Kenntnisse und Erfahrungen in der Anwendung der Arbeitsschutzvorschriften auf Großbaustellen
Erfahrungen:	umfangreiche projektspezifische Erfahrungen (ca. 5 Jahre) in Planung und/oder Ausführung, je nach Koordinationsaufgabe
Koordinierung:	bauvorhabenbezogene Kenntnisse und Erfahrungen der speziellen, einem Koordinator nach BaustellV obliegenden Aufgaben, Tätigkeiten und Verpflichtungen

Zu den erforderlichen Kenntnissen und Fähigkeiten eines Koordinators können je nach Art und Umfang des Bauvorhabens folgende gehören:

Baufachliche Kenntnisse

z. B. über

- Funktionelle, technische und organisatorische Planung, Konstruktion von baulichen Anlagen
- Standsicherheit baulicher Anlagen
- Bautechnische Regelwerke
- Baustoffe
- Bauverfahren, Baumethoden
- Ausbau und Installation
- Ausführungsplanung
- Bauausführung, Baustelleneinrichtungsplanung, Bauablaufplanung, Baustellenordnung, Baubetrieb

- Bauüberwachung
- das Betreiben und das Unterhalten baulicher Anlagen

Arbeitsschutzfachliche Kenntnisse

Grundkenntnisse zu Sicherheit und Gesundheitsschutz in jedem Fall über

- Allgemeine Grundsätze des Arbeitsschutzes gemäß Arbeitsschutzgesetz § 4
- Ermittlung und Beurteilung von Gefährdungen
- Organisation des Arbeitsschutzes auf der Baustelle.

Weitere Kenntnisse (je nach Art und Umfang des Bauvorhabens) u.a. auf der Basis staatlicher und berufsgenossenschaftlicher Vorschriften über

- Maßnahmen zum Schutz des Lebens und der Gesundheit der Beschäftigten auf Baustellen, z. B.
  - Vermeidung von Absturzgefahren
  - Standsicherheit von Böden und Vermeidung von Einsturzgefahren
  - Eignung, Einsatz und Standsicherheit von Gerüsten
  - Vermeidung von Gefährdungen durch Elektrizität
  - Brand- und Explosionsschutz
  - Vermeidung von Gefährdungen durch Gefahrstoffe, Kontaminierungen und sonstige gesundheitsgefährdende Stoffe
  - Sichere Montage von Fertigteilen
  - Sicherungsmaßnahmen für die Baustellentransporte und den Personenverkehr auf der Baustelle und in den angrenzenden Bereichen, einschließlich Baustellenaus- und -zufahrten
  - Sicherer Einsatz von Maschinen und Geräten
  - Einrichtungen der ersten Hilfe auf Baustellen
  - Schutz vor Witterungseinflüssen
  - Schutz vor Lärm und Vibration
  - Sozialeinrichtungen auf Baustellen

Sofern im Zuge einer Baumaßnahme Arbeiten durchgeführt werden, die in Anhang II der Baustellenverordnung als besonders gefährliche Arbeiten bezeichnet sind, muß der Koordinator über ausreichende

Kenntnisse zur Vermeidung solcher Gefährdungen verfügen, die durch diese besonders gefährlichen Arbeiten entstehen können.

Spezielle Koordinationskenntnisse

Kenntnisse zur Baustellenverordnung:

- Sinn und Zweck der BaustellV sowie ihre Stellung im Arbeitsschutzsystem
- Anwendungsbereich der BaustellV
- Inhaltliche Anforderungen der BaustellV
- Aufgaben und Pflichten des Koordinators, seine rechtliche Stellung im Verhältnis zum Bauherrn und zu den anderen am Bau Beteiligten
- Zweck und Inhalte der Vorankündigung, des SiGe-Planes und der Unterlage
- Instrumente der Koordinierung

Der Koordinator benötigt Kenntnisse und Fähigkeiten zum Vorgehen, zur Erstellung der und zum Umgang mit den erforderlichen Dokumenten (z.B. Sicherheits- und Gesundheitsschutzplan), zur Nutzung von Methoden (z.B. Projektmanagement) sowie zur Kooperation mit den verschiedenen Partnern (z.B. Gesprächs- und Verhandlungsführung, Teamfähigkeit, Konfliktbewältigung).

Siehe auch Projekt der Bundesanstalt für Arbeitsschutz und Arbeitsmedizin „Anforderungsprofil für Koordinatoren/Koordinatorinnen für Sicherheit und Gesundheitsschutz gemäß Baustellenverordnung".

Was ist bei der Bestellung und beim Einsatz von Koordinatoren zu berücksichtigen?

Es liegt im Interesse des Bauherrn, im Zusammenhang mit der Auswahl und der Bestellung von Koordinatoren auf folgende Aspekte zu achten und folgende Pflichten wahrzunehmen:

- Sorgfältige Auswahl und rechtzeitige Bestellung geeigneter Personen
- Übertragung der Aufgaben und sich daraus ableitender Befugnisse
- Schaffung von Voraussetzungen zur Erfüllung der Aufgaben

- Überprüfung, ob der Koordinator die ihm übertragenen Aufgaben wahrnimmt

Der Koordinator sollte schriftlich bestellt werden. Zu regeln sind insbesondere der Umfang seiner Leistungen, die erforderliche Einsatzzeit, gegebenenfalls seine Befugnisse und der Versicherungsschutz.

7 Die Arbeitsinstrumente der Baustellenverordnung

Vorankündigung größerer Bauvorhaben bei der Behörde

- wenn Dauer > 30 Arbeitstage und Beschäftigte an einzelnen Tagen > 20
- wenn Umfang > 500 Personentage

Bestellung eines oder mehrerer geeigneter **Koordinatoren**

- wenn Beschäftigte mehrerer Arbeitgeber auf der Baustelle tätig sind

Erstellung eines **Sicherheits- und Gesundheitsschutzplans** (SIGEPLAN)

- wenn eine Vorankündigung erforderlich wird und Beschäftigte mehrerer Arbeitgeber tätig werden
- wenn besonders gefährliche Arbeiten ausgeführt und Beschäftigte mehrerer Arbeitgeber tätig werden.

Zusammenstellung einer **Unterlage**

- wenn Beschäftigte mehrerer Arbeitgeber tätig werden

Sicherheits- und Gesundheitsschutzkoordination auf Baustellen	Der Sicherheitskoordinator	

Abb. 9: *Instrumente der BaustellV*

7.1 Die Vorankündigung

Die Vorankündigung ist die verbindliche Aussage und Erklärung des Bauherrn, die BaustellV zu kennen und die Absicht zu haben, nach ihrem Inhalt vorzugehen.

Die Vorankündigung hat mindestens die im Anhang 1 der BaustellV aufgelisteten Informationen zu enthalten. Die meisten zuständigen Behörden orientieren sich am Muster entsprechend der Erläuterungen zur BaustellV vom 15. Januar 1999 (siehe Kap. 8 dieses Buches). Einige zuständige Behörden erfragen durch ihre Musterformblätter zusätzliche Informationen (siehe Software bitBau unter Kap. 11 dieses Buches).

Die Vorankündigung muss spätestens zwei Wochen vor Errichtung der Baustelle, kann aber auch zu einem sehr frühen Stadium der zuständigen Behörde übermittelt werden. Je früher dies erfolgt, desto unsicherer sind die darin erhaltenen Angaben.

Der Bauherr hat die Vorankündigung nach seinem Wissensstand zur Vermeidung einer Ordnungswidrigkeit nach § 7 der BaustellV richtig, vollständig und rechtzeitig zu übermitteln.

Die BaustellV geht davon aus, dass Änderungen des Baubetriebs dazu führen, dass die Inhalte der Vorankündigung überarbeitet werden müssen. Dabei ist es für den Bauherrn entscheidend zu beurteilen, ob für ihn wegen dieser Änderungen neue zusätzliche oder andere Koordinierungsaufgaben hinsichtlich Sicherheit und Gesundheitsschutz auf seiner Baustelle entstehen.

Die Vorankündigung stellt die Basis für die Aufstellung des Sicherheits- und Gesundheitskonzeptes jeder Baustelle dar.

Die Vorankündigung ist mit der Unterschrift des Bauherrn oder des von ihm beauftragten Dritten zu versehen und der für den Standort der Baustelle zuständigen Gewerbeaufsicht (in Hamburg Bauaufsicht) zu übermitteln. Dies kann auf dem Postwege oder auch fernschriftlich (Fax, e-mail) erfolgen.

Die Liste der zuständigen Behörden mit Anschrift und Kommunikationsnummern befindet sich im Kap. 12.7 dieses Buches sowie sind in der Software bitBau enthalten und werden laufend mit Hilfe des Internet aktualisiert (siehe hierzu auch Kap. 11.2 dieses Buches).

An

(zuständige Behörde)
- Anschrift siehe Rückseite -

Vorankündigung
gemäss § 2 der Verordnung über Sicherheit und Gesundheitsschutz auf Baustellen (Baustellenverordnung - BaustellV)

1. Bezeichnung und Ort der Baustelle: ....
   Strasse/Nr.: ....
   PLZ/Ort: ....

2. Name und Anschrift des Bauherren:
   ....
   ....
   ....

3. Name und Anschrift des anstelle des Bauherren verantwortlichen Dritten:
   ....
   ....
   ....

4. Art des Bauvorhabens:

   ....

5. Koordinator(en) (sofern erforderlich) mit Anschrift und Telefon, ggf. Fax, e-mail

   - für die Planung der Ausführung: ....

   - für die Ausführung des Bauvorhabens: ....

6. Voraussichtl. Beginn u. Ende der Arbeiten:
   von .... bis ....

7. Voraussichtl. Höchstzahl der gleichzeitig Beschäftigten auf der Baustelle: ....

8. Voraussichtliche Zahl der Arbeitgeber:
   ....

9. Voraussichtl. Zahl der Unternehmer ohne Beschäftigte: ....

10. Bereits ausgewählte Arbeitgeber und Unternehmer ohne Beschäftigte:

    1. ....
    2. ....
    3. ....
    4. ....
    5. ....
    6. ....
    7. ....
    8. ....
    9. ....
    10. ....

    (weitere Angaben ggf. als Anlage)

....
(Ort/Datum) (Name) (Unterschrift)

(Bauherr oder anstelle des Bauherren verantwortlicher Dritter)

Abb. 10: *Muster-Vorankündigung entsprechend der Erläuterungen zur BaustellV vom 15. Januar 1999*

Baustellenvorankündigung

Absender	Empfänger
Wayss & Freytag AG Rheinallee 9 40549 Düsseldorf Tel. 0211-50280 Fax 0211-5028213	Staatliches Amt für Arbeitschutz Viktoriastr. 52 41061 Mönchengladbach Tel. 02161-8150 Fax 02161-815199

Vorankündigung einer Baustelle gemäß § 2 Abs. 2 Baustellenverordnung (BaustellV) vom 10. Juni 1998

1. Anschrift der Baustelle

Straße und Nr.	Hammer Landstr. 91
PLZ und Ort	41460 Neuss

2. Name und Anschrift des Bauherren

Name und Vorname	Grundstücksgesellschaft Kessel Neuss
Straße und Nr.	Hammer Landstr. 89
PLZ und Ort	41460 Neuss
Telefon	
Telefax	

3. Art und Bezeichnung des Bau- und/oder Abbruchvorhabens

Neubau Büro- und Verwaltungsgebäude

4. Verantwortlicher Dritter im Sinne des § 4 BaustellV

Verantwortlicher Dritter anstelle des Bauherren mit Name und Anschrift

Name und Vorname	Wayss & Freytag AG
Straße und Nr.	Rheinallee 9
PLZ und Ort	40549 Düsseldorf
Telefon	0211-50280
Telefax	0211-5028213

Seite 1

erstellt mit bitBau

Abb. 11: *Vorankündigung (erstellt mit bitBau)*

Baustellenvorankündigung

5. Verantwortlicher Koordinator

5.1 Verantwortlicher Koordinator für den Sicherheits- und Gesundheitsschutz **während der Planung der Ausführung (Ausführungsplanung) des Bau- und/oder Abbruchvorhabens** (§ 3 Abs. 2 BaustellV)

Verantwortlicher Koordinator anstelle des Bauherren oder des verantwortlichen Dritten mit Name und Anschrift

Name und Vorname	Institut für Arbeitswissenschaft GmbH
Straße und Nr.	Auguste-Viktoria-Str. 2
PLZ und Ort	24103 Kiel
Telefon	0431-26385
Telefax	0431-26399

5.2 Verantwortlicher Koordinator für den Sicherheits- und Gesundheitsschutz **während der Ausführung des Bau- und/oder Abbruchvorhabens** (§ 3 Abs. 3 BaustellV)

siehe Planungsphase

6. Termine

6.1 Voraussichtlicher Beginn der Arbeiten auf der Baustelle	01. April 1999
6.2 Voraussichtliche Dauer der Arbeiten auf der Baustelle	31. Mai 2000
7. Voraussichtliche Höchstanzahl der gleichzeitig auf der Baustelle Beschäftigten	70

8. Anzahl der Arbeitgeber/Selbständige

8.1 Anzahl der Arbeitgeber, die voraussichtlich auf der Baustelle tätig werden	25
8.2 Anzahl der Unternehmer/Selbständige ohne Beschäftigte, die voraussichtlich auf der Baustelle tätig werden	10 (geschätzt)

9. Anschrift Arbeitgeber/Selbständige

9.1 Name und Anschrift der bereits ausgewählten Arbeitgeber

s. Anlage

9.2 Name und Anschrift der bereits ausgewählten Unternehmer/Selbständige ohne Beschäftigte

__________, den __________ ______________________________

(Ort) (Datum) (Unterschrift des Bauherrn oder des Verantwortlichen Dritten nach § 4 BaustellV)

Seite 2

erstellt mit bitBau

Abb. 11 (Fortsetzung): *Vorankündigung (erstellt mit bitBau)*

7.2 Der SIGEPLAN

Ziele des SIGEPLANs sind

- Verbesserung der Information des Bauherrn über den Arbeits- und Gesundheitsschutz auf seiner Baustelle und Schaffung einer qualifizierten Basis zur inhaltlichen Diskussion mit den an der Baustelle beteiligten Akteuren
- Die Sensibilisierung aller an der Baustelle Beschäftigten, auch der Selbständigen (Unternehmen ohne Beschäftigte) für Fragen des Arbeits- und Gesundheitsschutzes
- Verbesserung der Akzeptanz der vereinbarten Maßnahmen als Hilfsmittel zur Prävention von Störungen aller Art
- Förderung der Funktion des Koordinators als bereichsübergreifenden Fachpersönlichkeit

Zum Inhalt des SIGEPLANs gehören

- Auflistung der für die betreffende Baustelle relevanten Vorschriften für Arbeitssicherheit und Gesundheitsschutz
- Darstellung gewerkspezifischer Gefährdungen, insbesondere bei besonders gefährlichen Arbeiten nach Anhang 2 der BaustellV
- Vermeidung des Übersehens von Gefährdungen
- Darstellung gegenseitiger Gefährdungen, die bei örtlicher und zeitlicher Zusammenarbeit zweier oder mehrerer Gewerke auftreten können
- Darstellung von Gefährdungen für den Baustellenbetrieb in Objekten mit gleichzeitig laufender Produktion oder Dienstleistungsbetrieb
- Auflistung geeigneter technischer und organisatorischer Maßnahmen zur Gefahrenabwehr mit Darstellung der zeitlichen und örtlichen Verfügbarkeit
- Hinweise auf Positionen im Leistungsverzeichnis, Pläne und Anweisungen

Als Mindestanforderungen an den SIGEPLAN gilt, dass er in der Vorbereitungs- und Objektplanungsphase erstellt wird und somit eine Grundlage für die Ausschreibungen für das Bauvorhaben darstellt. Erste Entwürfe des SIGEPLANs werden in früher Planungsphase erstellt und unter Beteiligung der dort beteiligten Akteure fortgeschrieben.

Der SIGEPLAN liegt somit vor, bevor der Bauzeitenplan erarbeitet wird. Der SIGEPLAN beinhaltet eine Auflistung der Gefahren durch die jeweils beteiligten Gewerke. Diese Gefahren werden in zeitlichen Abläufen dargestellt . Darüber hinaus ist es sinnvoll, auch Vor- und Nacharbeiten des Gewerkes zeitlich als Gefahrenpotentiale zu erfassen. Erkenntnisse aus dem SIGEPLAN werden für die Ausschreibungen herangeführt.

Eine Basis-Aufstellung von Gewerken und ihren Gefährdungen wird herangezogen (wie auch von der Software bitBau angeboten wird), muss aber für die betreffende Baustelle angepasst werden.

Der SIGEPLAN sichert die Koordinierung der notwendigen Sicherheitseinrichtungen für die beteiligten Gewerke. Diese werden im Rahmen der Ausschreibungen beteiligt und können durch ihre Hinweise einen Beitrag leisten, sowohl die Sicherheit und den Gesundheitsschutz auf der Baustelle zu verbessern als auch die Baukosten zu minimieren. Dies kann insbesondere erreicht werden, wenn technische Schutzmaßnahmen (Gerüste, Verbau usw.) zunächst für jedes Gewerk separat ermittelt, dann aber aufeinander abgestimmt werden (Nutzungsdauer, Gerüstklasse, Verbauart usw.) Die so ermittelten, gemeinsam genutzten Sicherheitseinrichtungen sind mit ihrer Einsatzdauer zu erfassen und zu dokumentieren.

Der SIGEPLAN wird in fünf Arbeitsschritten ausgearbeitet:

1. Bestandsaufnahme (Baugenehmigung, Bauvorhabenbeschreibung, Gutachten, Pläne, etc.) sowie gewerkspezifische Gefährdungsbeurteilung mit Hilfe dieses Leitfadens
2. Übernahme eines groben Bauzeitenplans in den SIGEPLAN in Form von Gefährdungsplan
3. Beurteilung gegenseitiger Gefährdungen, die sich aus örtlicher und zeitlicher Nähe der Beschäftigten verschiedener Gewerke ergeben
4. Koordinierung der notwendigen Sicherheitseinrichtungen
5. Vorschläge zu den Ausschreibungstexten des Leistungsverzeichnisses

Sicherheits- und Gesundheitsschutz-koordination auf Baustellen	Der Sicherheitskoordinator	

Abb. 12: *Die fünf Schritte des SIGEPLANs*

Mit Einrichtung der Baustelle muss der SIGEPLAN entsprechend § 2(3) der BaustellV vorliegen. Dieser braucht zunächst nicht – wie die Vorankündigung – der zuständigen Behörde übermittelt zu werden, sondern hat den beteiligten Akteuren der Baustelle zugänglich zu sein. Erfahrungsgemäß überprüft die zuständige Behörde bei Routinerevisionen der Baustellen, bei Verdachtsanlässen und bei Unfallereignissen den SIGEPLAN und seine praktische Umsetzung.

Während der Ausführungsphase wird der SIGEPLAN fortgeführt. Wenn z.B. durch zeitliche Verschiebungen der Tätigkeiten neue gegenseitige Gefährdungen mehrerer Gewerke aus zeitlicher oder örtlicher Abhängigkeit zu erwarten sind, so hat der Koordinator den für den Bauablauf zuständigen Beteiligten der Baustelle Änderungen des Bauablaufs anzuregen. Das Ergebnis ist dann in den SIGEPLAN aufzunehmen.

Der SIGEPLAN unterliegt keiner Norm, Form und Größe. Er soll aber praxisnah und handlich sein. Gerade in dieser Hinsicht ist auf die Kopierfähigkeit des SIGEPLAN mit der Zielsetzung seiner kostengünstigen Vervielfältigung und Übermittlung (Fax) und auf die Vermeidung einer Mehrfarbigkeit zu achten. Dafür haben sich zielführende DIN A4 bzw. DIN A3 Ausdrucke des SIGEPLAN betrieblich bewährt.

SIGEPLAN für das Bauvorhaben BAB A7

Bauphase - Bauablauf

Gewerk	Gefährdung	Lösung	1999																	
			4	5	6	7	8	9	10	11	12	13	14	15	16	17	18	19	20	21
Baustellenvorbereitung	Verkehr BAB	Verkehrsplan	x	x																
Baustellenvorbereitung	Verkehr BAB	Totalsperre	x	x																
Baustellenvorbereitung	Verkehr BAB	Schutzwand	x	x																
Erdarbeiten	Baugruben	geböschte Wände 60°	x	x	x	x	x													
Erdarbeiten	Baugruben	verbaut mit Spundwand	x	x	x	x	x													
Erdarbeiten	Baustellenverkehr	verbaut mit Spundwand		x																
Erdarbeiten	Baustellenverkehr	Schutzwand		x	x	x														
Stahlbetonarbeiten / Montagearbeiten	hochgelegene Arbeitsplätze Überbau	Seitenschutz		x	x	x	x	x	x	x										
Stahlbetonarbeiten / Montagearbeiten	hochgelegene Arbeitsplätze Überbau	Fanggerüst		x	x	x	x	x	x	x	x	x								
Stahlbetonarbeiten / Montagearbeiten	Überbau-Zugang	Treppenturm						x	x	x	x	x	x							
Stahlbetonarbeiten / Montagearbeiten	Pfeiler	Arbeitsgerüst										x								
Stahlbetonarbeiten / Montagearbeiten	Widerlager	Arbeitsgerüste											x	x	x					
Stahlbetonarbeiten / Montagearbeiten	FT Montage	Arbeitsgerüste											x	x	x					
Stahlbetonarbeiten / Montagearbeiten	FT Montage	Montageanweisung											x	x	x					
Stahlbetonarbeiten / Montagearbeiten	Großflächenschalung	Stellpläne														x				
Metallbauarbeiten	hochgelegene Arbeitsplätze	Seitenschutz							x	x	x	x	x							
Metallbauarbeiten	hochgelegene Arbeitsplätze	Fanggerüst							x	x	x	x	x							
Metallbauarbeiten	hochgelegene Arbeitsplätze	Treppenturm							x	x	x	x	x							
Installationsarbeiten	hochgelegene Arbeitsplätze	Arbeitsgerüste																x	x	x
Installationsarbeiten	hochgelegene Arbeitsplätze	Hubarbeitsbühne																	x	x

Gemeinsam genutzte Sicherheitseinrichtungen

	4	5	6	7	8	9	10	11	12	13	14	15	16	17	18	19	20	21
Arbeitsgerüste											x	x	x			x	x	x
Fanggerüst		x	x	x	x	x	x	x	x	x	x							
Schutzwand	x	x																
Seitenschutz		x	x	x	x	x	x	x	x	x	x							
Treppenturm	x	x				x	x	x	x	x	x							

Abb. 13: *SIGEPLAN (erstellt mit bitBau)*

7.3 Die Unterlage

Die Immobilie ist bei gewerblichen Objekten lediglich ein Teil der innerbetrieblichen Wertschöpfungskette. Hierbei aber auch bei privater Nutzung wird zunehmend nach Wegen gesucht, einen wirtschaftlich optimalen Umgang durch eine geplante Wartung und Instandhaltung zu erzielen.

Rund ein Viertel der Gesamtkosten – bezogen auf die Standzeit- entfallen auf die Erstellung, drei Viertel müssen für die Bewirtschaftung und damit auch zu einem erheblichen Teil auf die Wartung und Instandhaltung aufgebracht werden.

Darüber hinaus zwingt die derzeitige Struktur des Immobilienmarktes Bauherren und Bauwirtschaft, sowohl die Erstellungs- als auch die Instandhaltungskosten erheblich zu senken.

Die BaustellV legt mit der Vorgabe zur Erstellung einer Unterlage für spätere sichere Arbeiten am Bauwerk den Grundstein zur Planung der Kostenreduktion bei Verbesserung der Sicherheit und des Gesundheitsschutzes der Beschäftigten.

Zum Inhalt der Unterlage gehören

- Dokumentation des Bauwerks
- Auflistung der bei den Wartungs- und Instandhaltungsarbeiten zu erwartenden Gefährdungen
- Übersicht über die am Bauwerk vorzusehenden sicherheitstechnischen Einrichtungen für die Durchführung von Wartungs- und Instandhaltungsarbeiten incl. der bei Bedarf vorgesehenen Standorte zur Aufbewahrung dieser Einrichtungen und Informationen über ihren bestimmungsgemäßen Einsatz und Pflege/Überwachung
- Liste der zur sicheren Ausführung der Wartungs- und Instandhaltungsarbeiten einzusetzenden Hilfsmittel

Unterlage für die Unterhaltung des Bauwerkes

Anlagen- bzw. Bauteil	Arbeiten Art	Arbeiten Häufigkeit	Gefährdung	Sicherheitstechnische Einrichtung Maßnahme	Plan-Nr.	Position im LV	Bemerkung Hinweise
1				2	3	4	
Bestandsaufnahme und Ermittlung der zu erwartenden späteren Arbeiten und deren Häufigkeit			Gefährdungsbeurteilung und Auswahl sicherheitstechnischer Einrichtungen		Planung und zeichnerische Darstellung der sicherheitstechnischen Einrichtungen	Ausschreibungstexte / LV	

Sicherheits- und Gesundheitsschutzkoordination auf Baustellen	Der Sicherheitskoordinator	

Abb. 14: *Schematische Darstellung der Unterlage entsprechend der Erläuterungen zur BaustellV vom 15. Januar 1999*

Unterlage für das Bauvorhaben BAB A7

Anlagen bzw. Bauteil	Arbeiten	Häufigkeit	Gefährdung	sicherheitstechnische Einrichtung / Maßnahme	Plan-Nr.	Position im LV	Anmerkung
Abwasserleitungen	Revision	jährlich	Absturz	Begehbare Schächte			
Außenbeleuchtung	Reinigung Lampen	2 x jährlich	Absturz	Hubarbeitsbühne			Alle technischen Angaben zur Hubarbeitsbühne sind auf den Plänen
Dach	Dachrinnenreinigung	jährlich	Absturz	Hubarbeitsbühne			Alle technischen Angaben zur Hubarbeitsbühne sind auf den Plänen
Dach	Schornsteinfegerarbeiten	2 x jährlich	Absturz	Dachausstieg Tritte und Standplatz			
Dach	Zugang	2 x jährlich	Absturz	Steigleitern innen			
Fassaden	Reinigung	alle 4 Jahre	Absturz	Hubarbeitsbühne			Alle technischen Angaben zur Hubarbeitsbühne sind auf den Plänen
Gesamtanlage	Erdarbeiten	nach Bedarf	Stromschlag	Bestandspläne	Ordner V		
Hohe Räume	Fenster reinigen	1 x monatlich	Absturz	Anlegeleiter			Standplatzhöhe ca. 4,5 m
Hohe Räume	Haustechnik revidieren	2 x jährlich	Absturz	Fahrgerüste			Standplatzhöhe max. 4,5 m
Hohe Räume	Leuchten reinigen	alle 4 Jahre	Absturz	Anlegeleiter			Standplatzhöhe ca. 3,5 m

Planungsfertiger : Werner Müller

Seite 1

Abb. 15: *Unterlage (erstellt mit bitBau)*

8 Verordnungstext, Erläuterungen und Kommentare

§ 1
Ziele; Begriffe

(1) Diese Verordnung dient der wesentlichen Verbesserung von Sicherheit und Gesundheitsschutz der Beschäftigten auf Baustellen.

Erläuterung zur Verordnung vom 15. Januar 1999

Die Erläuterung zur BaustellV (Fassung: 15. Januar 1999) dient als Hilfe für eine erfolgreiche Anwendung der Instrumente der Baustellenverordnung.

Sie stellt den gemeinsamen Standpunkt einer Arbeitsgruppe aus Vertretern

- des Bundesministeriums für Arbeit und Sozialordnung und der Bundesanstalt für Arbeitsschutz und Arbeitsmedizin
- der obersten Arbeitsschutzbehörden der Länder
- der IG Bauen-Agrar-Umwelt
- der Bauberufsgenossenschaften
- der Tiefbau-Berufsgenossenschaft
- des Hauptverbandes der deutschen Bauindustrie
- des Zentralverbandes des deutschen Baugewerbes
- der Bundesarchitektenkammer
- der Bundesingenieurkammer
- des Verbandes beratender Ingenieure

dar.

Im Vergleich zu anderen Wirtschaftszweigen sind Beschäftigte im Baubereich einem besonders hohen Unfall- und Gesundheitsrisiko ausgesetzt. Die Unfallquoten, insbesondere auch die der Unfälle mit tödlichem Ausgang oder schweren Verletzungen, sind mehr als doppelt so hoch wie im Durchschnitt aller Wirtschaftszweige.

Besondere Gefahrensituationen ergeben sich auf Baustellen aus den sich ständig ändernden Verhältnissen, den Witterungseinflüssen, dem Termindruck und insbesondere daraus, dass die Arbeiten von Beschäftigten verschiedener Arbeitgeber gleichzeitig oder nacheinander ausgeführt werden. Dies stellt besondere Anforderungen an die Koordination und Abstimmung bezüglich der zu treffenden Schutzmassnahmen. Zur Verbesserung der Sicherheit und des Gesundheitsschutzes der Beschäftigten auf Baustellen wurde in Umsetzung der noch umsetzungsbedürftigen Vorschriften der EG-Baustellenrichtlinie in deutsches Recht die Baustellenverordnung erlassen. Sie beruht auf § 19 des Arbeitsschutzgesetzes und trifft besondere Regelungen für die spezifischen Anforderungen auf Baustellen. Die Pflichten der Arbeitgeber und Beschäftigten nach dem Arbeitsschutzgesetz und sonstigen Rechtsvorschriften bleiben unberührt.

Als Veranlasser eines Bauvorhabens trägt der Bauherr die Verantwortung für das Bauvorhaben. Deshalb ist er zur Einleitung und Umsetzung der in der Baustellenverordnung verankerten baustellenspezifischen Arbeitsschutzmassnahmen sowohl bei der Planung der Ausführung eines Bauvorhabens als auch bei der Koordinierung der Bauausführung verpflichtet.

Die Baustellenverordnung ergänzt das deutsche Arbeitsschutzrecht um folgende Pflichten für den Bauherren:

- ***Berücksichtigung der allgemeinen Grundsätze nach § 4 Arbeitsschutzgesetz (ArbSchG)*** bei der Planung der Ausführung des Bauvorhabens,
- ***Ankündigung*** des Vorhabens bei der Behörde bei größeren Baustellen,
- ***Bestellung eines Koordinators,*** wenn mehrere Arbeitgeber auf der Baustelle tätig werden,
- ***Erarbeitung eines Sicherheits- und Gesundheitsschutzplanes*** bei größeren Baustellen und/oder bei besonders gefährlichen Arbeiten,
- Zusammenstellung einer ***Unterlage für spätere Arbeiten*** an der baulichen Anlage.

Durch diese Maßnahmen können sich für den Bauherrn positive Effekte ergeben, z.B.:

- verbesserte Kostentransparenz, indem schon in der Ausschreibung auf notwendige und gegebenenfalls gemeinsam zu nutzende Einrichtungen verwiesen wird, deren nachträgliche Berücksichtigung das Bauvorhaben verteuern würde,

- Optimierung des Bauablaufes, indem Störungen vermieden, das Terminverzugsrisiko vermindert und die Qualität der geleisteten Arbeit erhöht werden,
- Reduzierung der Kosten für spätere Wartungs- und Instandsetzungsarbeiten am Bauwerk, indem schon bei der Planung der Ausführung die erforderlichen Vorkehrungen für spätere Arbeiten berücksichtigt und in einer Unterlage für spätere Arbeiten an der baulichen Anlage dokumentiert werden.

Von der Verordnung werden grundsätzlich **Beschäftigte** in allen privaten und öffentlichen Tätigkeitsbereichen erfasst. Der Begriff **„Beschäftigte"** ist im Sinne von § 2 Abs. 2 des ArbSchG zu verstehen. Dies bedeutet, vom Anwendungsbereich werden insbesondere alle diejenigen Personen erfasst, die aufgrund einer rechtlichen Beziehung zum Arbeitgeber (u.a. Arbeitsvertrag, öffentlich-rechtliches Dienstverhältnis, Arbeitnehmerüberlassung) Arbeitsleistungen erbringen, sowie Personen, die aufgrund ihrer wirtschaftlichen Unselbständigkeit als arbeitnehmerähnliche Personen anzusehen sind.

Kommentar:

Der persönliche Anwendungsbereich der Baustellenverordnung entspricht gemäss der Ermächtigungsgrundlage (§ 19 des Arbeitsschutzgesetzes – ArbSchG) dem des Arbeitsschutzgesetzes. Von der Verordnung werden grundsätzlich Beschäftigte in allen privaten und öffentlichen Tätigkeitsbereichen erfasst. Der Begriff „Beschäftigte" ist im Sinne von § 2 Abs. 2 des ArbSchG zu verstehen; dies bedeutet, im Anwendungsbereich werden alle diejenigen Personen erfasst, die aufgrund einer rechtlichen Beziehung zum Arbeitgeber (u.a. Arbeitsvertrag, öffentlich-rechtliches Dienstverhältnis, Arbeitnehmerüberlassung) Arbeitsleistungen erbringen.

Bislang zielte das Arbeitsschutzrecht primär auf Tätigkeitsprofile und die daraus resultierenden Gefährdungen für die Menschen. Somit wurden Maßnahmen vorgeschrieben, wie das jeweilige Arbeitsschutzziel zu erreichen sei.

Die Baustellenverordnung nutzt einen ganzheitlichen Ansatz. Sie beschränkt sich nicht auf den kurativen Schutz vor den negativen Auswirkungen der Arbeit , sondern zielt auf eine „wesentliche Verbesserung von Sicherheit und Gesundheitsschutz der Beschäftigten".

Als „wesentlich" ist die Verbesserung zu bewerten, wenn die Anzahl der Arbeitsunfälle auf Bausstellen signifikant geringer wird und die

Unfallhäufigkeit sich bei der Größenordnung des Durchschnitts der gewerblichen Wirtschaft einpendelt.

Darüber hinaus beschränkt sich die Baustellenverordnung nicht nur auf eine Reduktion der Anzahl von Arbeitsunfällen und Berufskrankheiten, sondern zielt auf die Verbesserung des Gesundheitsschutzes, womit die Gesundheitsförderung in den Mittelpunkt gerät.

(2) Die Verordnung gilt nicht für **Tätigkeiten und Einrichtungen im Sinne des § 2 des Bundesberggesetzes**.

Erläuterung zur Verordnung vom 15. Januar 1999

Bei diesen in der Regel **betriebsplanpflichtigen Tätigkeiten und Einrichtungen im Sinne des § 2 des Bundesberggesetzes** handelt es sich z.B. um:

- das Aufsuchen, Gewinnen und Aufbereiten von Bodenschätzen und die damit zusammenhängende Wiedernutzbarmachung der Oberfläche,
- das Aufsuchen und Gewinnen mineralischer Rohstoffe in alten Halden,
- die Untergrundspeicherung,
- Tätigkeiten in Versuchsgruben und sonstigen bergbaulichen Versuchsanstalten,
- Einrichtungen, die überwiegend den vorstehenden Tätigkeiten dienen oder zu dienen bestimmt sind.

Kommentar:

Die BaustellV geht davon aus, dass der Bereich des Bergbaus mit einem eigenem den Arbeitsschutz betreffenden Gesetz ausreichend geregelt ist.

Durch den Bezug auf das Bundesberggesetz wird allerdings geregelt, dass sämtliche anderen Tätigkeiten der Bauwirtschaft einbezogen sind.

Erfahrungsgemäss stellt z.B. die für die Strasse zuständige Behörde anderen Unternehmen (z.B. Energieversorger, Telekommunikationsgesellschaften usw.) den Raum für möglicherweise mehrere, zeitlich sich überlappende Baustellen zur Verfügung. Jedes dieser Unternehmen betrachtet sich bislang als selbständiger Bauherr der jeweils eigenen Baustelle. Somit ergibt sich sowohl der Bedarf der Koordi-

nation der beteiligten Firmen und ihrer Beschäftigten bei unterschiedlichen Auftraggebern, wie auch der Bedarf der Koordination der Bauherren untereinander.

Die Verordnung gilt für alle anfallenden Tätigkeiten auf Baustellen. Ausgenommen vom Begriff „Baustelle“ sind Arbeiten, die unter das Bundesberggesetz fallen (wie das Gewinnen von Bodenschätzen).

Als Baustelle kann allerdings somit auch z.B. die Tätigkeit in den Werften (Schiffbaudocks) betrachtet werden. Diese Einbeziehung jeglicher Bautätigkeit in den Geltungsbereich der BaustellV führt in einigen Fällen zu noch offenem Regelungsbedarf. So ist z.B. im Bereich des Straßenbaus bei Zusammentreffen verschiedener Bauaktivitäten noch ungeklärt, wer der Bauherr und somit Normadressat der BaustellV ist.

(3) **Baustelle** im Sinne dieser Verordnung ist der Ort, an dem ein Bauvorhaben ausgeführt wird. Ein Bauvorhaben ist das Vorhaben, eine oder mehrere **bauliche Anlagen** zu errichten, **zu ändern** oder abzubrechen.

Erläuterung zur Verordnung vom 15. Januar 1999

Eine **Baustelle** ist der Ort, an dem eine oder mehrere bauliche Anlagen auf Veranlassung eines Bauherren errichtet, geändert oder abgebrochen und die dazugehörigen Vorbereitungsarbeiten durchgeführt werden.

Bauliche Anlagen sind mit dem Erdboden verbundene, aus Baustoffen oder Bauteilen hergestellte Anlagen. Eine Verbindung mit dem Erdboden besteht auch dann, wenn die Anlage durch eigene Schwere auf dem Boden ruht oder auf ortsfesten Bahnen begrenzt beweglich ist oder wenn die Anlage nach ihrem Verwendungszweck dazu bestimmt ist, überwiegend ortsfest benutzt zu werden. Zu den baulichen Anlagen zählen z.B. auch

- Aufschüttungen und Abgrabungen,
- Lagerplätze, Deponien, Abstellplätze und Ausstellungsplätze,
- Stellplätze für Kraftfahrzeuge,
- Gerüste,
- Hilfseinrichtungen zur statischen Sicherung von Bauzuständen,
- Bauwerke des Hoch- und Tiefbaus im Zusammenhang mit prozesstechnischen Anlagen.

Nicht zu den baulichen Anlagen gehören z.B. maschinentechnische Ausrüstungen.

Unter **Änderung** einer baulichen Anlage wird deren nicht unerhebliche Umgestaltung verstanden.

Hierzu gehören insbesondere die Änderung des konstruktiven Gefüges sowie die Änderung oder der Austausch wesentlicher Bauteile (z.B. Dach-, Fassaden- oder Außenputzerneuerung, Entkernung). Diese Änderungen können auch im Rahmen von größeren Instandhaltungs- einschließlich Instandsetzungs- und Sanierungsarbeiten erfolgen.

Nicht um eine Änderung von baulichen Anlagen handelt es sich bei Schönheitsreparaturen oder laufenden Bauunterhaltungsarbeiten geringen Umfangs (z.B. Innenanstrich in Wohnungen, Austausch von Bodenbelägen, Arbeiten an der Heizung, Badrenovierung, Reparatur der Verschleißschicht von Straßen).

Kommentar:

Baustellen sind Örtlichkeiten, wo an baulichen Anlagen Veränderungen vorgenommen werden bzw. diese errichtet oder abgebrochen wurden. Bauliche Anlagen sind ortsfeste oder überwiegend ortsfeste Anlagen, die mit dem Boden verbunden sind bzw. auf diesem stehen z.B.: Gerüste, Plätze (befestigte), bauzeitliche Einrichtungen zur Sicherung von statischen Zuständen. Veränderungen an baulichen Anlagen im Sinne der BaustellV sind allerdings nicht z.B. kleinere Arbeiten im inneren von Gebäuden wie Anstricharbeiten, Bodenbelagsarbeiten, Fliesenarbeiten usw. Beim Eingriff in die Primärkonstruktion eines Bauwerks liegt eine Baustelle i.S. der BaustellV vor.

Eine Baustelle besteht aus verschiedenen Phasen. Eine gewerkespezifische Unterteilung des Bauvorhabens in mehreren Baustellen ist nicht möglich. Wird allerdings an einem Bauvorhaben eine Maßnahme selbstständig geplant und auch ausgeführt, so ist diese Phase eine zeitlich selbständige Baustelle im Sinne der BaustellV. Es ist allerdings hierbei zu beachten, dass Ausschreibungen, Vergaben und sonstige Verhandlungen z.B. mit Finanzierern des Bauvorhabens oder mit Förderungs- oder Subventionierungsstellen keine Verquickung von Bauphasen aufweisen.

Bauabschnitte können selbständige, getrennte Baustellen im Sinne der BaustellV sein. Dies ist nicht nur möglich, sondern auch sinnvoll.

Dadurch kann eine überschaubare Planung der Sicherheit und des Gesundheitsschutzes auf der Baustelle erzielt werden. Die neuen Baustellen müssen allerdings die bestehenden Baustellen als Nachbarn berücksichtigen. Damit soll gesichert sein, dass Wechselwirkungen zwischen den Arbeiten auf der Baustelle und anderen betrieblichen Tätigkeiten auf dem Gelände ausreichend berücksichtigt werden (siehe dazu auch § 5 (1) 5 der BaustellV).

Eine besondere Problematik ergibt sich, wenn aus steuerrechtlichen Gründen eine Baustelle zu verschiedenen Baustellen mit mehreren Bauherren aufgeteilt wird. Dies ist z. B. der Fall, wenn bei einem Sanierungsvorhaben die Teilung und der Verkauf der Teile (Wohnungen) erfolgt und gleichzeitig die neuen Eigentümer Aufträge an identische Bauunternehmen vergeben. Die Sanierungsmassnahmen nach dem Kauf können dann unter bestimmten Bedingungen die Instandsetzungskosten als Werbungskosten absetzen.

Hinsichtlich prozesstechnischer Anlagen ist darauf zu achten, dass alle im Zusammenhang mit der Errichtung, Änderung oder Abbruch dieser Anlagen erforderlichen Arbeiten, einschließlich der Vorbereitungszeiten gemeinsam bei der Bemessung der Ausführungszeiten und der Arbeitsumfänge zu berücksichtigen sind. Darüber hinaus wird hierbei auf die notwendige CE-Konformität hingewiesen.

§ 2
Planung der Ausführung des Bauvorhabens

(1) Bei der **Planung der Ausführung eines Bauvorhabens**, insbesondere bei der Einteilung der Arbeiten, die gleichzeitig oder nacheinander durchgeführt werden, und bei der Bemessung der Ausführungszeiten für diese Arbeiten, sind die **allgemeinen Grundsätze nach § 4 des Arbeitsschutzgesetzes** zu berücksichtigen.

Erläuterung zur Verordnung vom 15. Januar 1999

Die **Planung der Ausführung eines Bauvorhabens** i.S. dieser Verordnung umfasst die für ein Bauvorhaben erforderlichen Planungsarbeiten für die Ausführung und ist in der Regel mit der Ausschreibung beendet. Die Ergebnisse dieser Planung werden bei der Ausschreibung und Vergabe berücksichtigt.

Dabei sind die **allgemeinen Grundsätze nach § 4 ArbSchG** in dem Umfang zu berücksichtigen, wie es zu dem jeweiligen Zeitpunkt erforderlich und möglich ist. Die für Baustellen in der Planung der Ausführung maßgeblichen Grundsätze sind insbesondere:

- Die Arbeit ist so zu gestalten, dass eine Gefährdung für Leben und Gesundheit möglichst vermieden und die verbleibende Gefährdung möglichst gering gehalten wird;
- Gefahren sind an ihrer Quelle zu bekämpfen;
- bei den Maßnahmen sind der Stand von Technik, Arbeitsmedizin und Hygiene sowie sonstige gesicherte arbeitswissenschaftliche Erkenntnisse zu berücksichtigen;
- Maßnahmen sind mit dem Ziel zu planen, Technik, Arbeitsorganisation, sonstige Arbeitsbedingungen, soziale Beziehungen und Einfluss der Umwelt auf den Arbeitsplatz sachgerecht zu verknüpfen;
- individuelle Schutzmaßnahmen sind nachrangig zu anderen Maßnahmen.

Diese Grundsätze sind z.B. bei der Erstellung der Baubeschreibung und der Ausschreibung der Bauleistungen zugrunde zu legen, damit die Auftragnehmer (Arbeitgeber) bereits bei der Angebotsbearbeitung sowie bei Sondervorschlägen die für die Ausführung der Arbeiten im Hinblick auf die Beachtung von Arbeitsschutzvorschriften erforderlichen Informationen erhalten und die vorgesehenen Einrichtungen und Maßnahmen berücksichtigen können. Dies gilt insbesondere für gemeinsam genutzte Arbeitsbereiche, Verkehrswege, Arbeitsmittel und Einrichtungen, z.B. Gerüste, Krane, Treppentürme, Seitenschutz, Schutzdächer, Auffangnetze, Baustellenunterkünfte, Toiletten- und Waschanlagen, Sanitätsräume bzw. Einrichtungen für die Untersuchung und Entsorgung kontaminierter Böden und Bauteile. Diese Grundsätze sind auch bei der Erstellung von Sondervorschlägen einzuhalten. Damit verbunden ist ggf. eine Anpassung des Sicherheits- und Gesundheitsschutzplanes, sofern hierdurch die allgemeinen Grundsätze nach § 4 ArbSchG berührt werden.

Grundsätzliches für eine VOB-gerechte Leistungsbeschreibung ist in VOB Teil C hier DIN 18299 enthalten. Das Standardleistungsbuch für das Bauwesen (StLB) enthält Ausschreibungstexte für Sicherheitseinrichtungen. Darüber hinaus halten andere Stellen, z.B. die Berufsgenossenschaften der Bauwirtschaft, für Bauherren und Planer nach Leistungsbereichen gegliederte Mustertexte bereit.

Kommentar:

Bereits in der Planung des Bauvorhabens hat der Bauherr die Sicherheit und den Gesundheitsschutz zu berücksichtigen. Dadurch soll gewährleistet werden, dass damit erforderliche Kosten minimiert und Mehrkosten durch Fehlplanungen vermieden werden.

Umgekehrt wird dem Bauherren die Möglichkeit vorweggenommen, während der Ausführung des Bauvorhabens sinnvolle und vorgeschriebene Maßnahmen zu umgehen bzw. nicht durchzuführen. Die Erfahrung hat gezeigt, dass nicht selten in einer späten Phase mit der Argumentation der zeitlichen und wirtschaftlichen Gefährdung des gesamten Bauvorhabens Arbeitsschutz-Maßnahmen als nicht mehr ausführbar bezeichnet werden.

Mit der Verpflichtung des Bauherrn auf die allgemeinen Grundsätze nach § 4 des Arbeitsschutzgesetzes wird er zur Gefährdungsbeurteilung für seine Baustelle verpflichtet. Der Bauherr hat somit Ursachen und Bedingungen zu ermitteln und zu bewerten, die zu Unfällen auf der Baustelle und arbeitsbedingten Gesundheitsgefahren durch die Arbeit dort führen können.

Die Gefährdungsbeurteilung hilft dem Bauherrn, zielgerichtete und wirksame Arbeitsschutzmaßnahmen zu treffen. Wenn der Bauherr die Gefährdungen auf seiner zukünftigen Baustelle kennt, kann er kosteneffektiv die entsprechend richtigen Maßnahmen als Mittel zur Verbesserung der Beschäftigten auf seiner Baustelle einsetzen.

Die Gefährdungsanalyse stellt für den Bauherrn eine ausgesprochen anspruchsvolle Pflichtaufgabe dar. Zur Erfüllung dieser Aufgabe ist er allerdings fachlich nicht alleine gelassen, sondern wird er im Normalfall den Sicherheits- und Gesundheitsschutzkoordinator hinzuziehen.

Gleichzeitig kann sich der Bauherr bzw. der Koordinator der Gefährdungsanalysen bedienen, die die am Bau beteiligten Unternehmen ohnehin im Rahmen ihrer gesetzlichen Pflicht aus dem Arbeitsschutzgesetz zu erstellen haben. Betriebe mit mehr als 10 Beschäftigten müssen seit dem 21.08.97 über schriftliche Unterlagen verfügen, aus denen die Gefährdungsanalyse ersichtlich ist.

Die Schritte für die Gefährdungsanalyse sind

1. *Gefährdungen erkennen*
2. *Gefährdungen bewerten*

3. Gefährdungen beseitigen

4. Maßnahmenwirkungen kontrollieren

Gefährdungen können erkannt werden, wenn systematisch zunächst die Planungsunterlagen und darauffolgend die Bauausführung begleitend beobachtet werden. Fragen über die Gestaltung und Einrichtung der Baustelle und der einzelnen Arbeitsplätze dort, der Gestaltung, Auswahl, Beschaffenheit und Einsatz von Maschinen, Geräten und Anlagen, des Einsatzes und Entstehung von Gefahrstoffen, der Gestaltung von Arbeits- und Fertigungsverfahren, Arbeitsabläufen und Arbeitszeit sowie der Qualifikation und Unterweisung der Beschäftigten.

Bei der Bewertung der Gefährdungen wird abgeschätzt, mit welcher Häufigkeit sie eintreten kann, welche Auswirkung diese Gefährdung auf die betroffenen Beschäftigten haben kann und wie groß insgesamt der gefährdete Personenkreis ist.

Der Vergleich mit Vorschriften, Regeln und bewährten Lösungen erleichtert die Bewertung der Gefährdungen.

Mit den Maßnahmen zur Beseitigung der Gefährdungen wird nach dem „TOP-Prinzip" vorgegangen. Zunächst soll die ***Technik*** *bzw. das Arbeitsverfahren den Schutz gewährleisten. Bei Bedarf werden sicherheitstechnische Mittel einen Beitrag leisten können. Erst wenn die Technik noch keinen ausreichenden Schutz gewährleisten kann, werden* ***organisatorische*** *Maßnahmen eingesetzt. Diese können z.B. zur räumlichen oder zeitlichen Trennung von Mensch und Gefahr führen. Erst als letztes Mittel dürfen individuelle Schutzmaßnahmen wie z.B.* ***persönliche*** *Schutzausrüstungen die Gefährdung für den Menschen beseitigen helfen.*

Bei der Gefährdungsanalyse ist der Stand von Technik, Arbeitsmedizin und Hygiene sowie sonstige gesicherte arbeitswissenschaftliche Erkenntnisse zu berücksichtigen.

Eine allgemein anerkannte Regel liegt vor, wenn die Fachleute von ihrer Richtigkeit überzeugt sind und die Regel in der Praxis angewandt wird. Als gesichert gilt eine Erkenntnis, wenn die Fachleute davon überzeugt sind, dass mit Hilfe dieser evtl. neuen Erkenntnis den Erfordernissen der Sicherheit und des Gesundheitsschutzes Rechnung getragen ist und die Erkenntnis zumindest versuchsweise in einem Betrieb erfolgreich erfüllt worden ist.

Somit liegt ein gradueller Unterschied zwischen allgemein anerkannten Regeln und den gesicherten Erkenntnissen vor.

Mit der Prüfung der Wirksamkeit sollen noch weiterhin nicht erkannte Gefahren lokalisiert werden können und eingesetzte Maßnahmen laufend den jeweiligen Erfordernissen und den neuen Erkenntnissen über Gefahren und Maßnahmenmöglichkeiten angepasst werden.

Dabei ist besonders darauf zu achten, dass die Verkehrssicherungspflicht des Bauherrn und des Bauunternehmers nicht nur gegenüber dem „berechtigten Verkehr" besteht, sondern auch gegenüber nicht berechtigten Verkehrsteilnehmern, wenn der Verkehrssicherungspflichtige erkennen kann, dass Beschränkungen der Verkehrswidmung nicht beachtet werden. Dies gilt in besonderer Weise für die Zugangssicherung gegenüber Kindern, aber auch Baustellenbesuchern, insbesondere dann, wenn dort schwerwiegende Gefährdungen bestehen. Eine Beschilderung „Unbefugten ist das Betreten der Baustelle verboten" ist somit nicht ausreichend, wenn Zuwiderhandlungen zu erkennen sind.

Die rechtzeitige Planung der Aspekte des Arbeitsschutzes und der Gesundheitsförderung ermöglicht den zielgerichteten Einbezug der einzelnen Gewerke während der Ausschreibungsphase. Dort werden den zu beauftragenden Firmen Forderungen zur sicherheitsgerechten und gefährdungsarmen Ausführung der Arbeiten gestellt.

(2) Für jede Baustelle, bei der

1. die voraussichtliche Dauer der Arbeiten mehr als 30 Arbeitstage beträgt und auf der mehr als 20 Beschäftigte **gleichzeitig tätig werden**, oder
2. der Umfang der Arbeiten voraussichtlich 500 **Personentage** überschreitet,

ist der zuständigen Behörde spätestens zwei Wochen **vor Einrichtung der Baustelle** eine **Vorankündigung** zu übermitteln, die mindestens die Angaben nach Anhang I enthält.

Die Vorankündigung ist sichtbar auf der Baustelle auszuhängen und bei erheblichen Änderungen anzupassen.

Erläuterung der Verordnung vom 15. Januar 1999

Ein **Personentag** umfasst die Arbeitsleistung einer Person über eine Arbeitsschicht.

Gleichzeitig tätig werden heißt, dass planmäßig mindestens 21 Beschäftigte auf der Baustelle im gleichen Zeitraum Arbeiten verrichten. Der Zeitraum muss eine Dauer von mehr als einer Arbeitsschicht haben.

Anlage 4 enthält eine Übersicht, in welchen Fällen eine Vorankündigung erforderlich ist.

In der Regel ist davon auszugehen, dass für ein Einfamilienhaus eine **Vorankündigung** nicht zu übermitteln ist.

Einrichtung der Baustelle heißt z. B. Freimachen des Baufeldes, Errichten des Bauzaunes, Aufbau der Baustellenunterkünfte, Toiletten- und Waschanlagen, Errichtung von Dekontaminationseinrichtungen und -anlagen.

Ein Muster für die **Vorankündigung** enthält Kap. 7.1 dieses Buches.

Der Bauherr oder ein von ihm nach § 4 beauftragter Dritter ist verantwortlich dafür, dass die Vorankündigung sichtbar so auf der Baustelle angebracht wird, dass alle Betroffenen, z.B. die Beschäftigten oder neu auf der Baustelle tätig werdende Arbeitgeber, rasch von ihrem Inhalt Kenntnis nehmen können. Dafür ist unverzichtbar, dass die Lesbarkeit der Vorankündigung, die z.B. durch Witterungseinflüsse beeinträchtigt wird, während der Bauarbeiten erhalten bleibt. Treten erhebliche Änderungen ein, ist die Vorankündigung auf der Baustelle zu aktualisieren. Eine erneute Mitteilung an die Behörde ist nicht erforderlich.

„Erhebliche Änderungen" bezogen auf den Inhalt der Vorankündigung betreffen z.B.:

- Wechsel des Bauherren oder des von ihm nach § 4 beauftragten Dritten,
- Wechsel des Koordinators,
- Verkürzung der Dauer der Bauarbeiten, sofern dadurch verstärkt gleichzeitig oder in nicht geplanter Schichtarbeit gearbeitet werden muss,
- wesentliche Erhöhung der Höchstzahl gleichzeitig Beschäftigter oder der Anzahl der Arbeitgeber oder der Anzahl der Unternehmer ohne Beschäftigte,
- Aufteilung des Auftrages von nur einem Auftragnehmer auf mehrere Firmen.

Kommentar:

Die Vorankündigung ist sichtbar an exponierter Stelle auf der Baustelle anzubringen, damit alle Betroffenen, z.B. die Beschäftigten oder neu auf der Baustelle tätig werdende Arbeitgeber rasch von ihrem Inhalt Kenntnis nehmen können. Dafür ist unverzichtbar, dass die Lesbarkeit der Vorankündigung, die z.B. durch Witterungseinflüsse beeinträchtigt wird, während der Bauarbeiten erhalten bleibt.

Treten erhebliche Änderungen bezüglich der oben genannten Angaben ein, ist die Vorankündigung zu aktualisieren.

Bei der Bemessung auf der Grundlage der zeitlichen Dauer der Baustelle ist der Begriff der Arbeitstage in der BaustellV nicht eindeutig definiert. Es können zeitlich verteilte Tage mit Arbeitstätigkeit oder Werktage gemeint sein. Die erste Alternative kann dazu führen, dass Baustellen eine insgesamt sehr lange Baudauer aufweisen können und dennoch nach dem Verordnungstext als „klein" gelten. Auch eine evtl. Ballung der Arbeitskräfte an einzelnen Tagen mit knapp unter 20 Beschäftigten entspricht nicht der Empfehlung aus der Sicht der Arbeitssicherheit, die Gefährdungen durch das Zusammenwirken von Menschen und Gefahren durch zeitliche Entflechtungen zu vermeiden.

Der Umfang von 500 Personentagen wird in der Regel von kleineren Baustellen, so auch von Einfamilienhäusern, nicht erfüllt.

Allerdings hat sich diese Regelung in der Praxis als nicht zielführend erwiesen.

Mit der Information, dass sie eine Übermittlung der Vorankündigung nicht benötigen, verbinden einige Bauherren auch die Annahme, dass für sie die BaustellV vollständig nicht zutrifft. Dies ist insoweit falsch, da in Einzelfällen alle sonstigen Pflichten des Bauherrn wie Berücksichtigung der allgemeinen Grundsätze nach §4 ArbSchG in der Planungsphase, Bestellung eines Koordinators, Erarbeitung eines SIGEPLANs sowie die Zusammenstellung der Unterlage für spätere Arbeiten an der baulichen Anlage durchhaus erforderlich sein können.

Die Bundesländer haben die zuständigen Behörden benannt. Bis auf Hamburg, wo die zuständige Behörde die Baubehörde ist, sind die Gewerbeaufsichtsämter / Ämter für Arbeitsschutz für zuständig erklärt worden.

Die Liste der zuständigen Behörden mit Anschrift und Kommunikationsnummern sind in der bitBau-Software aufgenommen und werden laufend über das Internet aktualisiert.

Von den verschiedenen zuständigen Behörden sind zum Teil unterschiedliche Muster-Formulare für Vorankündigungen ausgegeben worden. Dies ist bei der Software bit-Bau berücksichtigt.

(3) Ist für eine Baustelle, auf der Beschäftigte mehrerer Arbeitgeber tätig werden, eine Vorankündigung zu übermitteln, oder werden auf einer Baustelle, auf der Beschäftigte mehrerer Arbeitgeber tätig werden, besonders gefährliche Arbeiten nach Anhang II ausgeführt, so ist dafür zu sorgen, dass vor Einrichtung der Baustelle ein **Sicherheits- und Gesundheitsschutzplan** erstellt wird. Der Plan muss die für die betreffende Baustelle anzuwendenden Arbeitsschutzbestimmungen erkennen lassen und besondere Maßnahmen für die besonders gefährlichen Arbeiten nach Anhang II enthalten. Erforderlichenfalls sind bei Erstellung des Planes betriebliche Tätigkeiten auf dem Gelände zu berücksichtigen.

Erläuterung zur Verordnung vom 15. Januar 1999

Der Bauherr oder ein von ihm nach § 4 beauftragter Dritter ist verantwortlich dafür, dass der **Sicherheits- und Gesundheitsschutzplan** immer dann erarbeitet wird, wenn

- Beschäftigte mehrerer Arbeitgeber auf der Baustelle gleichzeitig oder nacheinander tätig werden und eine Vorankündigung an die zuständige Behörde zu übermitteln ist (größere Bauvorhaben; Schwellenwerte siehe Absatz 2)

  oder

- Beschäftigte mehrerer Arbeitgeber auf der Baustelle gleichzeitig oder nacheinander tätig werden und die nachfolgend beschriebenen besonders gefährlichen Arbeiten ausgeführt werden.

Das bedeutet, ein Sicherheits- und Gesundheitsschutzplan ist nicht notwendig, wenn lediglich Beschäftigte eines Arbeitgebers auf der Baustelle tätig werden.

Führt z.B. ein Generalunternehmer oder eine Arbeitsgemeinschaft unter einheitlicher Firmierung alle auf der Baustelle anfallenden Arbeiten nur mit eigenem Personal aus, so handelt es sich um einen Arbeitgeber.

Der Einsatz von Nachunternehmern bedeutet das Vorhandensein von mehreren Arbeitgebern.

Werden Maschinen, Geräte oder andere technische Arbeitsmittel einschließlich Personal von einem anderen Unternehmen gemietet, so werden auch dann Beschäftigte verschiedener Arbeitgeber im Sinne der Baustellenverordnung tätig, wenn das vermietende Unternehmen als selbständiger Arbeitgeber auf der Baustelle auftritt.

Besonders gefährliche Arbeiten im Sinne der Baustellenverordnung sind:

1. Arbeiten, bei denen die Beschäftigten der Gefahr des Versinkens, des Verschüttetwerdens in Baugruben oder in Gräben mit einer Tiefe von mehr als 5 m oder des Absturzes aus einer Höhe von mehr als 7 m ausgesetzt sind,
2. Arbeiten, bei denen die Beschäftigten explosionsgefährlichen, hochentzündlichen, krebserzeugenden (Kategorie 1 oder 2), erbgutverändernden, fortpflanzungsgefährdenden oder sehr giftigen Stoffen und Zubereitungen im Sinne der Gefahrstoffverordnung oder biologischen Arbeitsstoffen der Risikogruppen 3 und 4 im Sinne der Richtlinie 90/679/EWG des Rates vom 26. November 1990 über den Schutz der Arbeitnehmer gegen Gefährdung durch biologische Arbeitsstoffe bei der Arbeit (ABl. EG Nr. L 374 S. 1) ausgesetzt sind,

Arbeiten, bei denen die Beschäftigten **explosionsgefährlichen**, **hochentzündlichen**, **krebserzeugenden** (Kategorie 1 oder 2), **erbgutverändernden**, **fortpflanzungsgefährdenden** oder **sehr giftigen Stoffen und Zubereitungen** im Sinne der Gefahrstoffverordnung oder **biologischen Arbeitsstoffen der Risikogruppen 3 und 4** im Sinne der Richtlinie 90/679/ EWG des Rates vom 26. November 1990 über den Schutz der Arbeitnehmer gegen Gefährdung durch biologische Arbeitsstoffe bei der Arbeit (ABl. EG Nr. L 374 S. 1) ausgesetzt sind.

„Ausgesetzt sein bedeutet im Sinne dieser Verordnung, dass im Arbeitsbereich der Beschäftigten Stoffe freigesetzt werden, die auf einen Umgang mit Gefahrstoffen oder biologischen Arbeitsstoffen der Risikogruppen 3 und 4 zurückzuführen sind. Dies ist z.B. gegeben, wenn die Exposition der Beschäftigten über der ubiquitären Luftverunreinigung liegt oder wenn ein Kontakt zu Gefahrstoffen oder biologischen Arbeitsstoffen besteht, die über die Haut oder den Magen-Darm-Trakt aufgenommen werden können."

Stoffe und Zubereitungen sind

- **explosionsgefährlich**, wenn sie in festem, flüssigem, pastenförmigen oder gelatinösem Zustand auch ohne Beteiligung von Luftsauerstoff exotherm und unter schneller Entwicklung von Gasen reagieren können und unter festgelegten Prüfbedingungen detonieren, schnell deflagrieren oder beim Erhitzen unter teilweisem Einschluss explodieren (z.B. Peroxide wie Dibenzoylperoxid),
- **hochentzündlich,** wenn sie in flüssigem Zustand einen extrem niedrigen Flammpunkt und einen niedrigen Siedepunkt haben oder als Gase bei gewöhnlicher Temperatur und Normaldruck in Mischung mit Luft einen Explosionsbereich haben (z.B. Acetylen, Propan, Butan, Dimethylether),
- **krebserzeugend,** wenn sie beim Einatmen, Verschlucken oder Aufnahme über die Haut Krebs erregen oder die Krebshäufigkeit erhöhen können (z.B. Asbest, Azofarbstoffe, Benz[a]pyren, Buchenholzstaub, Cadmium/-verbindungen, 4,4'-Diaminodiphenylmethan, Dieselmotoremissionen in nicht ausreichend durchlüfteten Bereichen, Eichenholzstaub, Keramikfasern, Nickeloxide),
- **erbgutverändernd**, wenn sie bei Einatmen, Verschlucken oder Aufnahme über die Haut vererbbare genetische Schäden zur Folge haben oder deren Häufigkeit erhöhen können (z.B. Benz[a]pyren),
- **fortpflanzungsgefährdend**, wenn sie bei Einatmen, Verschlucken oder Aufnahme über die Haut nicht vererbbare Schäden der Nachkommenschaft hervorrufen oder deren Häufigkeit erhöhen (fruchtschädigend) oder eine Beeinträchtigung der männlichen oder weiblichen Fortpflanzungsfunktionen oder -fähigkeit zur Folge haben können (z.B. Benz[a]pyren, Blei/-verbindungen, Kohlenmonoxid, 2-Methoxyethanol, Polychlorierte Biphenyle (PCB)),
- **sehr giftig,** wenn sie in geringer Menge bei Einatmen, Verschlucken oder Aufnahme über die Haut zum Tode führen oder akute oder chronische Gesundheitsschäden verursachen können (z.B. chromhaltige ‚CKB'-Holzschutzmittel).

Biologische Arbeitsstoffe der Risikogruppe 3 i.S. der o.a. Richtlinie sind Stoffe, die eine schwere Krankheit beim Menschen hervorrufen können und eine ernste Gefahr für die Arbeitnehmer darstellen können; die Gefahr einer Verbreitung in der Bevölkerung kann bestehen, doch ist normalerweise eine wirksame Vorbeugung oder Behandlung möglich (z.B. Bacillus anthracis, der Erreger des Milzbrandes).

Biologische Arbeitsstoffe der Risikogruppe 4 i.S. der o.a. Richtlinie sind Stoffe, die eine schwere Krankheit beim Menschen hervorrufen können und eine ernste Gefahr für die Arbeitnehmer darstellen können; die Gefahr einer Verbreitung in der Bevölkerung ist unter Umständen groß; normalerweise ist eine wirksame Vorbeugung oder Behandlung nicht möglich (z.B. Ebola-Viren).

3. Arbeiten mit ionisierenden Strahlungen, die die Festlegung von Kontroll- oder Überwachungsbereichen im Sinne der Strahlenschutz- sowie im Sinne der Röntgenverordnung erfordern,

Arbeiten mit ionisierenden Strahlungen, die die Festlegung von Kontroll- oder Überwachungsbereichen im Sinne der Strahlenschutzverordnung- sowie im Sinne der Röntgenverordnung erfordern, heißt:

- **Kontroll- oder Überwachungsbereich** im Sinne der **Strahlenschutzverordnung:**

Nach § 58 Abs. 1 der Strahlenschutzverordnung sind **Kontrollbereiche** Bereiche, in denen Personen infolge des Umgangs mit radioaktiven Stoffen oder des Betriebs von Anlagen zur Erzeugung ionisierender Strahlen durch äußere oder innere Strahlenexposition im Kalenderjahr höhere Körperdosen als die Grenzwerte in der nachfolgenden Tabelle 1a **Spalte 3** bei einem Aufenthalt von 40 Stunden je Woche und 50 Wochen im Kalenderjahr erhalten können.

Tabelle 1a: *Grenzwerte[1] der Körperdosen im Kalenderjahr für beruflich strahlenexponierte Personen und Bruchteile dieser Grenzwerte in mSv*

	Grenzwerte der Körperdosen für beruflich strahlenexponierte Personen im Kalenderjahr		
Körperdosis	**Kategorie A**	**Kategorie B**	**1/10 Kategorie A**
1	2	3	4
1. Effektive Dosis, Teilkörperdosis: Keimdrüsen, Gebärmutter, rotes Knochenmark	50	15	5
2. Teilkörperdosis: Alle Organe und Gewebe, soweit nicht unter 1., 3. oder 4. genannt	150	45	15

Tabelle 1a: *Fortsetzung*

Körperdosis	Grenzwerte der Körperdosen für beruflich strahlenexponierte Personen im Kalenderjahr Kategorie A	Kategorie B	1/10 Kategorie A
1	2	3	4
3. Teilkörperdosis: Schilddrüse, Knochenoberfläche, Haut, soweit nicht unter 4. genannt	300	90	30
4. Teilkörperdosis: Hände, Unterarme, Füße, Unterschenkel, Knöchel, einschließlich der dazugehörigen Haut	500	150	50

1 Zur Berechung der effektiven Dosis bei einer Ganz- oder Teilkörperexposition werden die Äquivalentdosen der in Tab. 1b genannten Organe und Gewebe mit den Wichtungsfaktoren der Tab. 1b multipliziert und die so erhaltenen Produkte addiert. Die Summe der aus Ganz- und Teilkörperexpositionen bei äußerer und innerer Strahlenexposition errechneten Beiträge zur effektiven Dosis darf den Grenzwert der effektiven Dosis nicht überschreiten. Daneben darf die Summe der durch Ganz- und Teilkörperexpositionen bei äußerer und innerer Strahlenexposition erhaltenen Teilkörperdosen eines Körperteils den zugehörigen Grenzwert der Teilkörperdosis nicht überschreiten.

Tabelle 1b:

Organe und Gewebe	Wichtungsfaktoren
1. Keimdrüsen	0,25
2. Brust	0,15
3. rotes Knochenmark	0,12
4. Lunge	0,12
5. Schildrüse	0,03
6. Knochenoberfläche	0,03
7. andere Organe und Gewebe[2]: Blase, oberer Dickdarm, Dünndarm, Gehirn, Leber, Magen, Milz, Nebenniere, Niere, Bauchspeicheldrüse, Thymus, Gebärmutter	je 0,06

2 Zur Bestimmung des Betrages der anderen Organe und Gewebe bei der Berechnung der effektiven Dosis ist die Teilkörperdosis für jedes der 5 am stärksten strahlenexponierten anderen Organe oder Gewebe zu ermitteln. Die Strahlenexposition der übrigen Organe und Gewebe bleibt bei der Berechnung der effektiven Dosis unberücksichtigt.

Betriebliche **Überwachungsbereiche** nach § 60 Strahlenschutzverordnung sind nicht zum Kontrollbereich gehörende betriebliche Bereiche, in denen Personen infolge des Umgangs mit radioaktiven Stoffen oder des Betriebs von Anlagen zur Erzeugung ionisierender Strahlen bei dauerndem Aufenthalt im Kalenderjahr höhere Körperdosen als die Grenzwerte in der nachfolgenden Tabelle 1a **Spalte 4** erhalten können. Außerbetriebliche Überwachungsbereiche sind unmittelbar an den Kontrollbereich oder an den betrieblichen Überwachungsbereich anschließende Bereiche, in denen Personen bei dauerndem Aufenthalt im Kalenderjahr höhere Körperdosen als die in **Tabelle 2** genannten Grenzwerte erhalten können.

Tabelle 2: *Grenzwerte der Körperdosen im Kalenderjahr nach § 45 Abs. 1 der Strahlenschutzverordnung*

1. Effektive Dosis, Teilkörperdosis für Keimdrüsen, Gebärmutter, rotes Knochenmark	0,3 Millisievert
2. Teilkörperdosis für alle Organe und Gewebe, soweit nicht unter Nummer 1 oder Nummer 3 genannt	0,9 Millisievert
3. Teilkörperdosis für Knochenoberfläche, Haut	1,8 Millisievert

Tabelle 1a und Fußnote 1 und Tabelle 1b sind anzuwenden.

Nach **§ 19 der Röntgenverordnung** sind **Kontrollbereiche** die Bereiche, in denen Personen im Kalenderjahr höhere Körperdosen aus Ganzkörperexpositionen als 15 mSv erhalten können. Als betriebliche Überwachungsbereiche gelten Bereiche, in denen Personen im Kalenderjahr höhere Körperdosen aus Ganzkörperexpositionen als 5 mSv erhalten können.

4. Arbeiten in einem geringeren Abstand als 5 m von Hochspannungsleitungen,

Hochspannungsleitungen im Sinne dieser Verordnung sind nicht isolierte freiliegende Leitungen mit einer Spannung über 1 kV AC bzw. 1,5 kV DC. Der einzuhaltende Abstand von mindestens 5,00 m ist zu ermitteln zwischen der größten arbeitsbedingten Reichweite eines Menschen einschließlich Arbeitmittel oder der größten Reichweite einer eingesetzten Maschine und der spannungsführenden Leitung.

5. Arbeiten, bei denen die unmittelbare Gefahr des Ertrinkens besteht,
6. Brunnenbau, unterirdische Erdarbeiten und Tunnelbau,

Brunnenbauarbeiten sind Arbeiten zur Errichtung, Änderung, Instandhaltung oder Instandsetzung von Brunnen jeder Art, bei denen die Gefahr des Hineinfallens, des Verschüttetwerdens, des Ertrinkens, des Vergiftetwerdens oder Verpuffungsgefahr aufgrund eines explosiven Gas-Luft-Gemisches besteht.

7. Arbeiten mit Tauchgeräten,
8. Arbeiten in Druckluft,
9. Arbeiten, bei denen Sprengstoff oder Sprengschnüre eingesetzt werden,
10. Aufbau oder Abbau von Massivbauelementen mit mehr als 10 t Einzelgewicht.

Im Sicherheits- und Gesundheitsschutzplan sind die notwendigen Einrichtungen und Maßnahmen zur Erfüllung der Arbeitsschutzbestimmungen zeitlich und in ihrer Ausführung darzustellen.

Der Sicherheits- und Gesundheitsschutzplan muss bei der Planung der Ausführung des Bauvorhabens erstellt und bei der Ausführung des Bauvorhabens dem Arbeitsfortschritt und den eingetretenen Änderungen angepasst werden.

Dies bedeutet, dass bereits während der Planung der Ausführung des Bauvorhabens zu ermitteln, zu berücksichtigen und zu dokumentieren ist,

- welche Gefährdungen bei den einzelnen Arbeitsabläufen (gegliedert nach Gewerken) auftreten und ob dabei insbesondere Gefährdungen durch
  - die Beschäftigung mehrerer Arbeitgeber gleichzeitig oder nacheinander
  - anderweitige betriebliche Tätigkeiten auf dem Gelände (z. B. bei Bauarbeiten im bestehenden Betrieb)

entstehen können und

- durch welche Maßnahmen die Gefährdungen vermieden oder verringert werden können.

Mit der frühzeitigen Planung der Arbeitsschutzmaßnahmen sowie der Berücksichtigung bei der Ausschreibung kann der Bauherr

- die Gefährdungen für alle am Bau Tätigen minimieren,
- die Gefährdungen für unbeteiligte Dritte, die von der Baustelle ausgehen können, minimieren,

- Störungen im Bauablauf vermeiden,
- die Qualität der geleisteten Arbeit erhöhen und
- letztlich auch Kosten einsparen, z.B. durch gemeinsam genutzte Einrichtungen.

Der Bauherr oder ein von ihm nach § 4 beauftragter Dritter hat für die Erstellung des Sicherheits- und Gesundheitsschutzplanes zu sorgen.

Gliederung, Umfang und äußeres Erscheinungsbild eines Sicherheits- und Gesundheitsschutzplanes bleiben dem Bauherren überlassen, z.B. kann er auch die Form eines entsprechend ergänzten Bauablaufplanes haben.

Wird der Sicherheits- und Gesundheitsschutzplan für eine Baustelle, auf der Beschäftigte mehrerer Arbeitgeber tätig werden, nicht durch die Überschreitung des Schwellenwertes nach § 2 Abs. 2, sondern ausschließlich durch die Ausführung besonders gefährlicher Arbeiten nach Anhang II erforderlich, so sind im Sicherheits- und Gesundheitsschutzplan nur Maßnahmen bezüglich dieser besonders gefährlichen Arbeiten und deren Auswirkung auf die Beschäftigten der beteiligten Arbeitgeber sowie auf ggf. weitere auf der Baustelle Beschäftigte anderer Arbeitgeber festzulegen.

Zur Berücksichtigung der betrieblichen Tätigkeiten auf dem Gelände bei der Erstellung des Sicherheits- und Gesundheitsschutzplanes siehe Erläuterung zu § 5 Abs. 1 Nr. 5.

Werden Bauvorhaben auf einem oder auf unmittelbar benachbarten Grundstücken ganz oder teilweise gleichzeitig durchgeführt, hat jeder Bauherr in seinem Sicherheits- und Gesundheitsschutzplan auch Gefährdungen aus dem benachbarten Bauvorhaben zu berücksichtigen.

Die für die später auf der Baustelle tätigen Arbeitgeber und Selbstständigen relevanten Inhalte des Sicherheits- und Gesundheitsschutzplanes sollten diesen bereits für deren Angebotsbearbeitung zur Verfügung stehen. Auch sollte der Sicherheits- und Gesundheitsschutzplan auf der Baustelle während der Arbeitszeit einsehbar sein.

Bei verschiedenen Stellen, z.B. den Berufsgenossenschaften der Bauwirtschaft, liegen unverbindliche Muster sowie Leitfäden zur Erstellung eines Sicherheits- und Gesundheitsschutzplanes vor, die dort angefordert werden können.

Abb. 15a enthält eine Übersicht, in welchen Fällen ein Sicherheits- und Gesundheitsschutzplan erforderlich ist.

Aktivitäten nach der Baustellenverordnung

Baustellenbedingungen		Berücksichtigung allg. Grundsätze nach § 4 ArbSchG bei der Planung	Vorankündigung	Koordinator	SiGe-Plan	Unterlage (§ 3 Abs. 2 Nr. 3)
Arbeitnehmer	**Umfang und Art der Arbeiten**					
eines Arbeitgebers	kleiner 31 Arbeitstage und 21 Beschäftigte oder 501 Personentage	ja	nein	nein	nein	nein
eines Arbeitgebers	kleiner 31 Arbeitstage und 21 Beschäftigte oder 501 Personentage und gefährliche Arbeiten	ja	nein	nein	nein	nein
eines Arbeitgebers	größer 30 Arbeitstage und 20 Beschäftigte oder 500 Personentage	ja	ja	nein	nein	nein
eines Arbeitgebers	größer 30 Arbeitstage und 20 Beschäftigte oder 500 Personentage und gefährliche Arbeiten	ja	ja	nein	nein	nein
mehrerer Arbeitgeber	kleiner 31 Arbeitstage und 21 Beschäftigte oder 501 Personentage	ja	nein	ja	nein	ja
mehrerer Arbeitgeber	kleiner 31 Arbeitstage und 21 Beschäftigte oder 501 Personentage jedoch gefährliche Arbeiten	ja	nein	ja	nein	ja
mehrerer Arbeitgeber	größer 30 Arbeitstage und 20 Beschäftigte oder 500 Personentage	ja	ja	ja	ja	ja
mehrerer Arbeitgeber	größer 30 Arbeitstage und 20 Beschäftigte oder 500 Personentage und gefährliche Arbeiten	ja	ja	ja	ja	ja

Anmerkung: Der Einsatz von Nachunternehmen bedeutet das Vorhandensein von mehreren Arbeitgeber.

Abb. 15a: *Aktivitäten nach der Baustellenverordnung*

Für die Erstellung des Sicherheits- und Gesundheitsschutzplanes wird empfohlen, mindestens die nachfolgend genannten Arbeitsschritte auszuführen. Der Sicherheits- und Gesundheitsschutzplan ist das übersichtlich und verständlich dargestellte Ergebnis dieser Arbeitsschritte.

Arbeitsschritte	**Inhalte des Sicherheits- und Gesundheitsschutzplanes**
Planung der Ausführung	
Bestandsaufnahme zum Bauvorhaben (Beschreibung, Gutachten, Pläne, Genehmigungen etc.) und Erfassung aller Tätigkeiten (Gewerke entsprechend der vorgesehenen Bauablaufplanung; ggf. Berücksichtigung anderweitiger betrieblicher Tätigkeiten auf dem Gelände	• Auflistung aller Tätigkeiten (Gewerke) unter Berücksichtigung ihres zeitlichen Ablaufes (ggf. in Anlehnung an den Bauablaufplan, z.B. in Form eines Balkendiagramms)
Festlegung der wesentlichen tätigkeits-(gewerks-)spezifischen Maßnahmen (einschließlich der Maßnahmen für „besonders gefährliche Arbeiten" nach Anh. II). Ermittlung der Auswirkungen auf spätere Arbeiten an der baulichen Anlage für die Unterlage nach § 3 Abs. 2 Nr. 3 BaustellV.	• Erforderliche Maßnahmen, Verweis auf die anzuwendenden Arbeitsschutzbestimmungen • Verweis auf Pläne und Anweisungen
Ermittlung und Beurteilung möglicher gegenseitiger Gefährdungen, die sich aus örtlicher und zeitlicher Nähe ergeben.	• Koordinierungsmaßnahmen zur Beseitigung bzw. Minimierung der gegenseitigen Gefährdungen (z.B. Regelungen bei Schweiß- und Montagearbeiten)
Festlegung baustellenspezifischer Maßnahmen (z.B. Regelungen zur Ersten Hilfe, Rettungsmaßnahmen, Brandschutz, Verkehrs-, Flucht- und Rettungswege) und Koordinierung der erforderlichen (Sicherheits-) Einrichtungen unter Berücksichtigung des Bauablaufes (z.B. Sozialeinrichtungen, Einrichtungen zur Ersten Hilfe, Baustromverteilung, Seitenschutz, Gerüste) und ggf. vorliegender Gefährdungsbeurteilungen der beteiligten Unternehmen	• Verweis auf baustellenspezifische Regelungen • Einrichtungen, die zur Verwendung durch mehrere Gewerke geplant sind bzw. gestellt werden • Ausschreibung der gemeinsam genutzten Einrichtungen einschließlich deren Vorhaltung bzw. Überprüfung, Verweis auf Position im Leistungsverzeichnis
Ausführung	
Überprüfung der festgelegten Maßnahmen bei erheblichen Änderungen in der Bauausführung während der gesamten Planung der Ausführung sowie der Ausführung des Bauvorhabens	• Fortschreibung durch Anpassung bzw. Änderung der Angaben

Kommentar:

Der SIGEPLAN sollte auf der Baustelle während der Arbeitszeit jederzeit einsehbar sein und den auf der Baustelle tätigen Arbeitgebern und Unternehmern ohne Beschäftigten zur Verfügung gestellt werden, begleitet von einer kontinuierlichen Erläuterung in Besprechungen (z.B. Bauleiterbesprechung) und Unterweisungen (z.B. Vergabeverhandlungen).

*Bei der Erstellung des SIGEPLANs ist darauf zu achten, dass bei **jedem** Gewerk eine Überprüfung stattfindet.*

Die als besonders gefährlichen Arbeiten in einem geringeren Abstand als 5 m von Hochspannungsleitungen sollen nicht nur eingeschränkt hinsichtlich freiliegenden Leitungen betrachtet werden. Auch Hochspannungsleitungen in der Erde können für die Beschäftigten eine besondere Gefahr bedeuten und sind analog zu bewerten.

§ 3
Koordinierung

(1) Für Baustellen, auf denen Beschäftigte mehrerer Arbeitgeber tätig werden, sind ein oder mehrere **geeignete Koordinatoren** zu **bestellen**. Der Bauherr oder der von ihm nach § 4 beauftragte Dritte kann die Aufgaben des Koordinators selbst wahrnehmen.

Erläuterung zur Verordnung vom 15. Januar 1999

Geeignete Koordinatoren im Sinne der Baustellenverordnung verfügen grundsätzlich über baufachliche Kenntnisse sowie Kenntnisse auf dem Gebiet der Sicherheit und des Gesundheitsschutzes und über entsprechende Erfahrungen auf Baustellen. Ob ein Koordinator im Sinne der Baustellenverordnung geeignet ist, hängt von den Umständen des Einzelfalles ab; von Bedeutung sind insbesondere Art und Umfang des Bauvorhabens. In Abhängigkeit von Art und Umfang des Bauvorhabens können dies z.B. Architekten, Ingenieure, Techniker, Meister sein.

Einen gesonderten Qualifikationsnachweis für Koordinatoren fordert die Verordnung nicht.

Gleichwohl muss sich der Bauherr im Rahmen seiner Organisationsverantwortung von der Eignung des zu bestellenden Koordinators überzeugen.

Für die Vermittlung grundlegender Kenntnisse zur Koordination in der Planung der Ausführung und bei der Ausführung des Bauvorhabens werden durch die Bundesanstalt für Arbeitsschutz und Arbeitsmedizin gemeinsam mit den Ländern und den Berufsgenossenschaften der Bauwirtschaft Vorlagen für Kurse erarbeitet, die sich an Bauherren, Mitarbeiter von Architektur- und Ingenieurbüros, Bauunternehmer usw. richten und den Lehrgangsträgern zur Verfügung gestellt werden.

Bereits jetzt bieten die Berufsgenossenschaften der Bauwirtschaft für Personen mit bestimmten Ausgangsvoraussetzungen ein Konzept zur Wissensvermittlung mit Blick auf die Anwendung der Instrumente der Baustellenverordnung an.

Ein **Koordinator** muss immer dann **bestellt werden**, wenn absehbar ist, dass Beschäftigte von mindestens zwei Arbeitgebern gleichzeitig oder nacheinander auf der Baustelle tätig werden. Die Bestellung muss so rechtzeitig erfolgen, dass die während der Planung der Ausführung des Bauvorhabens zu erfüllenden Aufgaben des Koordinators angemessen erledigt werden können. Beim Bau von Eigenheimen nur in Nachbarschaftshilfe besteht keine Pflicht zur Bestellung eines Koordinators.

Die Aufgaben des oder der Koordinatoren können auch vom Bauherren oder einem von ihm nach § 4 beauftragten Dritten selbst wahrgenommen werden.

Anlage 4 enthält eine Übersicht, in welchen Fällen ein Koordinator erforderlich ist.

Kommentar:

Die BaustellV hat das Ziel, Sicherheit und Gesundheitsschutz der Beschäftigten auf Baustellen wesentlich zu verbessern.

Diesem Ziel dient unter anderem die in § 3 der BaustellV enthaltene Verpflichtung für den Bauherrn, in bestimmten Fällen eine/n oder mehrere Koordinatoren/Koordinatorinnen zu bestellen.

- Bestellung des Sicherheits- und Gesundheitsschutzkoordinators
- Erstellung eines Sicherheits- und Gesundheitsschutzplanes (SIGEPLAN)
- Erstellen einer Unterlage
- Vorankündigung der Bauarbeiten gegenüber den zuständigen Behörden

Sicherheits- und Gesundheitsschutz-koordination auf Baustellen	Der Sicherheitskoordinator	

Abb. 16: *Organisationsaufgaben des Bauherrn.*

Die Pflicht zur Bestellung eines Koordinators entsteht , wenn auf einer Baustelle Beschäftigte von mehr als einem Arbeitgeber oder Unternehmer ohne Beschäftigte tätig sind. Der Einsatz von Nachunternehmen bedeutet das Vorhandensein mehrerer Arbeitgeber. Bei Generalübernehmer und Generalunternehmer kann in der betrieblichen Praxis davon ausgegangen werden, dass immer mehrere Arbeitgeber auf der Baustelle tätig sind. Nur bei einer einheitlichen Firmierung handelt es sich um einen Arbeitgeber. Dies ist nicht bei Arbeitsgemeinschaften (ARGE) zur Durchführung von Bauvorhaben der Fall.

Darüber hinaus arbeiten auf Baustellen auch andere Personen, als nur Beschäftigte von Unternehmen des Handwerks, z.B. Beschäftigte von Architektur- und Ingenieurbüros, von Sachverständigen- und Beratungsunternehmen usw. Auch diese Personen können zumindest durch andere Handwerker gefährdet werden und gelten entsprechend als Beschäftigte von unterschiedlichen Unternehmen bzw. als Unternehmer ohne Beschäftigte.

Der Koordinator ist eine Persönlichkeit, wie sie in Kap. 6.4 dieses Buches beschrieben wird.

Es können mehrere Koordinatoren benannt werden, sowohl für die Planung der Ausführung und für die Ausführung des Bauvorhabens als auch für eine dieser Phasen

Dem Koordinator obliegt im Rahmen der vom Bauherrn übertragenen Aufgaben:

- die Auswahl der anzuwendenden Sicherheitsbestimmungen
- die Erstellung des SIGEPLANs
- die Vorankündigung und ihr öffentlicher Aushang (auf der Baustelle allgemein zugänglich, z. B. im Bauleiterbüro)

Sicherheits- und Gesundheitsschutzkoordination auf Baustellen	Der Sicherheitskoordinator	

Abb. 17: *Bestellung des Koordinators*

Wenn ein Eigenbau nur mit Nachbarschaftshilfe erstellt wird, ist ein Koordinator nicht erforderlich. Dabei wirkt der Bauherr als Arbeitgeber aller in Nachbarschaftshilfe Beschäftigten und hat alle aus dieser Funktion resultierenden Verpflichtungen im Sinne des Arbeits- und Gesundheitsschutzes zu erfüllen. Bei Hinzuziehung eines weiteren Arbeitgebers entsteht selbstverständlich die Notwendigkeit der Koordination und somit der Bedarf für einen Koordinator.

Bei der Auswahl des Koordinators kann der Bauherr einen oder mehrere Koordinatoren bestellen oder sich selbst als Koordinator ernennen. Dieses trifft auch auf einen evtl. nach § 4 BaustellV beauftragten Dritten zu.

Als Koordinator können auch ohnehin am Bau Beteiligte bestellt werden, wenn sie geeignet sind und die Aufgabe zeitlich und organisatorisch wahrnehmen können. Die Bestellung kann an eine oder mehrere Personen erfolgen, die beim Bauherrn beschäftigt sind (z.B. bei einer Wohnungsbaugenossenschaft oder beim öffentlichen Bauherrn) oder an ein Dienstleistungsunternehmen, das die Tätigkeit mit geeigneten Koordinatoren anbietet, oder an freiberuflich tätige Personen.

Die Bestellung eines Koordinators ist eine gesetzlich festgelegte Pflicht. Zur Rechtssicherheit der Beteiligten ist eine schriftliche Bestellung unerlässlich. Entsprechendes Muster zur Bestellung enthält Kap. 10.1 dieses Buches. Darin sind bei Bestellung mehrerer Koordinatoren die Abgrenzung der Aufgaben und Kompetenzen zu beschreiben sowie der Leistungsumfang, die Befugnisse, eine evtl. Vergütung sowie eine evtl. Haftungseinschränkung festzulegen.

Die Tätigkeit des Koordinators ist eine Dienstleistung. Er ist ein „Zwangsberater" des Bauherrn. Der Bauherr muss den Koordinator bestellen (oder sich selbst, wenn er dazu geeignet ist) wofür er vom Koordinator nicht nur die Erklärung, sondern auch die Lösung der Sicherheits- und Gesundheitsschutzprobleme auf der Baustelle erwarten kann.

Der Koordinator ist lediglich Berater des Bauherrn und kann somit lediglich Mängel melden und Vorschläge zur Verbesserung des Arbeits- und Gesundheitsschutzes auf der Baustelle unterbreiten. Die Entscheidungsgewalt liegt voll bei dem Bauherrn. Folgt der Bauherr den Empfehlungen des Koordinators nicht oder stellt er Mängel nicht ab, auf die ihn der Koordinator hingewiesen hat, trägt er als Bauherr die Verantwortung.

Als Berater des Bauherrn muss der Koordinator auch Schriftstücke selbst oder durch Dritte erstellen (SIGEPLAN) oder zusammenstellen (Unterlage) lassen. Diese hat er bei seiner Beratung mit dem Bauherrn zu erläutern.

Der Bauherr ist verpflichtet, die Dienstleistung des von ihm ausgewählten und eingesetzten Koordinators anzunehmen. Die Auswahl hat sorgfältig stattzufinden. Der Zeitpunkt der Bestellung des Koordinators ist im Sinne eines integrierten Arbeits- und Gesundheitsschutzes so rechtzeitig zu wählen, dass Planungsprozesse noch im Gange sind. Nachträgliche, kostenaufwendige Änderungen sollen vermieden werden. Mit Abgabe der Vorankündigung an die zuständige Behörde nach § 2(2) BaustellV spätestens zwei Wochen vor Einrichtung der Baustelle erfolgt auch die Nennung der Koordinatoren.

Im Rahmen seiner Organisationsverantwortung hat der Bauherr dem Koordinator Aufgaben zuzuweisen und ihm Befugnisse in Übereinstimmung mit den wahrzunehmenden Aufgaben zu übertragen. Der Bauherr muss für den Koordinator die Voraussetzungen zur Erfüllung seiner Aufgaben schaffen und die Tätigkeit sowie die Erfüllung der Aufgaben regelmäßig überwachen.

Der Umfang der Beratungsleistung ist im Rahmen der Bestellung zu beschreiben. Sollte dieser Umfang eng gefasst sein, so kann davon ausgegangen werden, dass der verbleibende Umfang der Koordinierungsleistung und somit das Haftungsrisiko beim Bauherrn selbst verbleibt.

Hat er sich entschieden, einen Koordinator einzusetzen, der fachlich nicht geeignet ist, haftet der Bauherr selbst für ggf. auftretende Mängel.

Der Koordinator soll als Experte für sicheres und gesundheitsgerechtes Zusammenwirken die Planer, Architekten und die ausführenden Baubetriebe zu allen entsprechenden Fragen der Verhütung von Unfällen und arbeitsbedingten Gesundheitsgefahren einschl. der menschengerechten Gestaltung der Arbeit bei der Zusammenarbeit unterstützen und beraten. Er soll präventiv und aktiv tätig sein und somit seine Fachverantwortung als Berater für den Bauherrn mit folgendem Grundverständnis wahrnehmen:

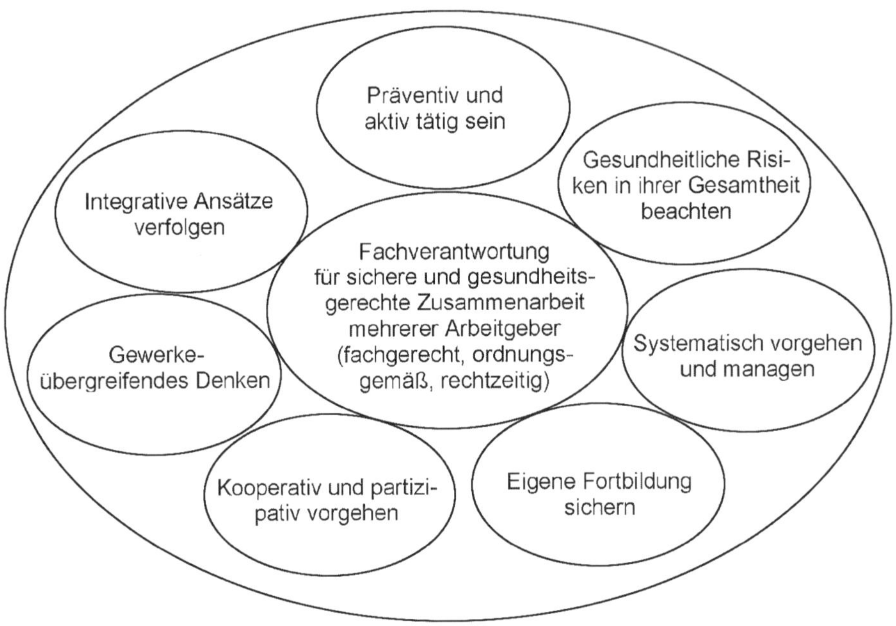

Abb. 18: *Aufgaben als Berater des Bauherrn (Quelle: BAuA/BMA)*

Die Berufsgenossenschaften der Bauwirtschaft haben nach eigenen Grundsätzen Lehrgänge zur Vermittlung der Fachkunde der Koordinatoren anerkannt. Diese Lehrgänge werden von verschiedenen Lehrgangsträgern bundesweit angeboten.

Hinweise und Ausbildungsmöglichkeiten entnehmen Sie den entsprechenden Seiten im Internet unter http://www.der-Sicherheitskoordinator.de

(2) Während der **Planung der Ausführung des Bauvorhabens** hat der Koordinator

1. die in § 2 Abs. 1 vorgesehenen Maßnahmen zu koordinieren,
2. den Sicherheits- und Gesundheitsschutzplan auszuarbeiten oder ausarbeiten zu lassen und
3. eine **Unterlage** mit den erforderlichen, bei möglichen späteren Arbeiten an der baulichen Anlage zu berücksichtigenden Angaben zu Sicherheit und Gesundheitsschutz zusammenzustellen.

Erläuterung zur Verordnung vom 15. Januar 1999

Die **Planung der Ausführung eines Bauvorhabens** *i.S. dieser Verordnung* umfasst die für ein Bauvorhaben erforderlichen Planungsarbeiten für die Ausführung und ist in der Regel mit der Ausschreibung beendet.

Der Koordinator wirkt bereits zu diesem Zeitpunkt z.B. darauf hin, dass

- die für die einzelnen Gewerke vorgesehenen Sicherheitsmaßnahmen aufeinander abgestimmt sind und im Sicherheits- und Gesundheitsschutzplan zusammengestellt werden,
- auch bei der Bemessung der Ausführungszeiten die allgemeinen Grundsätze nach § 4 ArbSchG berücksichtigt werden,
- die in der Regel für eine Vielzahl von Gewerken gemeinsam nutzbaren sicherheitstechnischen Einrichtungen gesondert ausgeschrieben werden. Dazu steht z.B. eine Musterausschreibungsmappe der Berufsgenossenschaften der Bauwirtschaft zur Verfügung. Soweit alternative Lösungen in Frage kommen, berät der Koordinator den Bauherrn oder die Ausschreibenden hinsichtlich der Auswirkungen,
- Gefahrstoffe durch Anwendung von Ersatzverfahren oder Ersatzstoffen vermieden werden,
- für Erdarbeiten Untersuchungen bezüglich erdverlegter Kabel, Rohrleitungen etc. durchgeführt werden und, soweit erforderlich, Standsicherheitsnachweise in Auftrag gegeben werden,
- bei Sonderkonstruktionen, z.B. Fassaden, die keine Gerüstverankerungen entsprechend der Regelausführung ermöglichen, oder

Dachflächen, die nicht begehbar sind, besondere Sicherheitseinrichtungen eingeplant und ausgeschrieben werden,
- bei Montagearbeiten Montageanweisungen vorliegen,
- bei Abbrucharbeiten Abbruchpläne vorhanden und Abbruchverantwortliche bestellt sind,
- sicherheitstechnische Einrichtungen für die Instandhaltung baulicher Anlagen eingeplant werden, z.B. für die Reinigung von Glasflächen, für Schornsteinfegerarbeiten und für Reparaturen an Dächern.

Mit der in § 3 Abs. 2 Nr. 3 geforderten **Unterlage** soll bereits vor der Ausschreibung der Bauleistungen ein Konzept für sichere und gesundheitsgerechte spätere Arbeiten an der baulichen Anlage, z.B. Wartungs- und Instandsetzungsarbeiten, aufgestellt werden.

Die Unterlage ist bei Änderungen in der Planung und/oder Ausführung anzupassen, wenn sich diese Änderungen auf die Durchführung späterer Arbeiten auswirken können.

Nach Beendigung des Bauvorhabens wird sie dem Bauherrn übergeben. Die Berufsgenossenschaften der Bauwirtschaft haben einen Leitfaden zur Erstellung der Unterlage entwickelt (Beispiel für den Aufbau einer Unterlage siehe Abb. 16).

Der Bauherr erhält durch die Unterlage Informationen, z.B. über sicherheitstechnische Einrichtungen und deren Nutzungsmöglichkeiten.

Kommentar:

Die Tätigkeiten des Koordinators werden hierbei sprachlich eindeutig beschrieben.

Die Koordination der vorgesehenen Maßnahmen erfordert vom Koordinator eine ausgesprochene soziale Kompetenz. Er wirkt aktiv und bestimmend ein. Den SIGEPLAN kann er selbst oder durch Dritte erstellen (lassen). Hinsichtlich der Unterlage wird der Koordinator unterstützend wirken und diese zusammenstellen. Hierbei werden die am Bau Beteiligten als Beschäftigte oder Lieferanten den erheblichen inhaltlichen Beitrag leisten. Darauf sollte der Bauherr im Rahmen der Vergabevereinbarungen achten.

(3) Während der Ausführung des Bauvorhabens hat der Koordinator

1. die Anwendung der allgemeinen Grundsätze nach § 4 des Arbeitsschutzgesetzes zu koordinieren,
2. darauf zu achten, dass die Arbeitgeber und die Unternehmer ohne Beschäftigte ihre Pflichten nach dieser Verordnung erfüllen,
3. den Sicherheits- und Gesundheitsschutzplan bei erheblichen Änderungen in der Ausführung des Bauvorhabens anzupassen oder anpassen zu lassen,
4. die Zusammenarbeit der Arbeitgeber zu organisieren und
5. die Überwachung der ordnungsgemäßen Anwendung der Arbeitsverfahren durch die Arbeitgeber zu koordinieren.

Erläuterung zur Verordnung vom 15. Januar 1999

Der Koordinator wirkt bei örtlichen und/oder zeitlichen Überschneidungen des Einsatzes einzelner Unternehmen auf der Baustelle u.a. darauf hin, dass

- die Arbeitsschutzmassnahmen der einzelnen Unternehmen aufeinander abgestimmt sind,
- gemeinsam genutzte Sicherungseinrichtungen in ordnungsgemäßem Zustand sind,
- Gefahrenstellen gekennzeichnet sind,
- gemeinsam genutzte elektrische Anlagen und Betriebsmittel den elektrotechnischen Regeln entsprechend auf ihren ordnungsgemäßen Zustand geprüft sind,
- die Sicherheit von gemeinsam genutzten Gerüsten nachgewiesen ist,
- Wechselwirkungen zu betrieblichen Tätigkeiten auf dem Gelände berücksichtigt werden,
- der bei der Planung der Ausführung erstellte Sicherheits- und Gesundheitsschutzplan berücksichtigt und aktualisiert wird.

Kommentar:

Die Tätigkeiten des Koordinators werden im Text der BaustellV eindeutig beschrieben.

Während die Anwendung der Grundsätze zu koordinieren ist, wird bei der Frage der Erfüllung der Pflichten seitens der Arbeitgeber und der Unternehmer ohne Beschäftigte (in der Regel keine Erfassung durch die BG) eine Achtsamkeit erwartet, keinesfalls aber eine Kontrolle oder Vorgabe/Einwirkung.

Auch hinsichtlich der Überwachung der ordnungsgemäßen Anwendung der Arbeitsverfahren durch die Arbeitgeber verbleibt dem Koordinator eine koordinierende Funktion.

Der Koordinator fordert die jeweiligen Gefährdungsanalysen der beteiligten Unternehmen an, die diese im Rahmen des Arbeitsschutzgesetzes ohnehin zu erstellen haben. Daraus kann er dann gegenseitige Gefährdungen erfassen, ggf. ergänzen und daraufhin den SIGE-PLAN anpassen.

Die einzelnen, auf einer Baustelle beschäftigten Arbeitgeber führen gleichzeitig oder nacheinander verschiedene Arbeiten (verschiedene Gewerke oder evt. auch mehrere Arbeitgeber für gleiche Gewerke bei Grossbaustellen) aus. Die Einhaltung der Arbeitsschutzvorschriften innerhalb eines Unternehmens und die Vermeidung von Gefährdungen durch die eigene Arbeit waren bereits mit dem ASiG und den entsprechenden Unfallverhütungsvorschriften (VBG 122 und 123, siehe auch dazu Kap. 6.1 dieses Buches) mit Hilfe der vorgeschriebenen innerbetrieblichen sicherheitstechnischen (SIFA) und arbeitsmedizinischen Organisation (Betriebsärztliche Betreuung) geregelt. Hierbei hat die BaustellV nichts geändert.

§ 4
Beauftragung

Die Maßnahmen nach § 2 und § 3 Abs. 1 Satz 1 hat der Bauherr zu treffen, es sei denn, er **beauftragt einen Dritten**, diese Maßnahmen in eigener Verantwortung zu treffen.

Erläuterung zur Verordnung vom 15. Januar 1999

Bei den in § 2 und § 3 Abs. 1 Satz 1 geforderten Maßnahmen handelt es sich vornehmlich um

- die Beachtung der allgemeinen Grundsätze nach § 4 des Arbeitsschutzgesetzes,
- die Übermittlung der Vorankündigung,
- die Erstellung eines Sicherheits- und Gesundheitsschutzplanes sowie
- die Bestellung eines oder mehrerer Koordinatoren.

Dritte, die mit der Durchführung dieser Maßnahmen **beauftragt** werden, können z.B. Generalunternehmer, Ingenieur- oder Architekturbüros oder Unternehmen, die mit der Errichtung einer baulichen Anlage einschließlich Planung und Ausführung beauftragt wurden, sein.

Die Beauftragung muss rechtzeitig eingereicht werden und sollte schriftlich erfolgen.

Die Beauftragung kann sich auf einen Teil der vorgenannten Maßnahmen beziehen. In diesem Fall ist der Bauherr verpflichtet, die verbleibenden Maßnahmen selbst zu treffen. Je nach Umfang der Beauftragung ist er dann von seinen Pflichten nach § 2 und § 3 Abs. 1 Satz 1 befreit.

Erfolgt die Beauftragung nicht rechtzeitig (z.B. nicht fristgemäße Übermittlung der Vorankündigung, Bestellung des Koordinators nicht mit Beginn der Planung der Ausführung und/oder Erstellung des Sicherheits- und Gesundheitsschutzplanes nach Einrichtung der Baustelle), ist diese Befreiung nicht gegeben. Nicht zulässig ist damit auch die pauschale Übertragung aller Pflichten des Bauherrn* auf eines der bauausführenden Unternehmen im Rahmen üblicher Ausschreibungen von Bauleistungen, da zu diesem Zeitpunkt die Planung der Vorbereitung der Bauausführung bereits abgeschlossen ist und die Bestellung zumindest des Koordinators für die Planung der Ausführung sowie ggf. die Erstellung des Sicherheits- und Gesundheitsschutzplanes bereits hätte erfolgen müssen.

Überträgt der Bauherr einem Dritten die Bestellung eines oder mehrerer Koordinatoren, kann dieser – soweit er hierzu fachlich geeignet ist – auch selbst die Koordination übernehmen.

Durch die Verordnung bleiben zivilrechtliche Haftungsregelungen unberührt.

Kommentar:

Der Bauherr ist für die Arbeitssicherheit und den Gesundheitsschutz auf seiner Baustelle verantwortlich.

Normadressat der BaustellV ist der Bauherr.

Der Bauherr kann eine Person mit der Wahrnehmung seiner Aufgaben als Bauherr nach § 4 BaustellV beauftragen. Dabei muss der beauftragte Dritte seinen Pflichten mit einer eindeutigen Entschei-

---

* Einen Mustertext der Übertragung der Bauherrenpflichten an Dritte enthält Kap. 10.2 dieses Buches.

dungskompetenz nachgehen können. Eine pauschale Übertragung der Pflichten aus der BaustellV, z.B. auf eines der bauausführenden Unternehmen im Rahmen üblicher Ausschreibungen von Bauleistungen, ist unzulässig, da sie der Zielrichtung der BaustellV nicht entspricht. Mit der Delegation von Aufgaben erfolgt nicht automatisch die Übertragung der Verantwortung.

Je nach seiner eigenen Qualifikation und Verfügbarkeit führt der Bauherr die Arbeiten (Vorankündigung, SIGEPLAN, Unterlage und Koordination) selbst aus oder bestellt sich geeignete Fachkräfte, die diese Arbeiten für ihn erledigen. Er kann den Arbeitsumfang auf der Baustelle und die zum Einsatz erforderlichen Gewerke, sowie die spezifischen Eigenheiten des Bauvorhabens (durch Lage, Größe, Ausführung gefährlicher Arbeiten, etc.) einschätzen und muss entscheiden, ob er die Funktion des Koordinators voll oder teilweise übernehmen will.

Wenn der Bauherr sich selbst als Koordinator benennt, so gelten für ihn die gleichen strengen Maßstäbe der Eignung wie bei den extern bestellten Koordinatoren.

Bei der Beauftragung eines Dritten handelt es sich nicht um eine fachliche Übertragung, sondern um eine Vollmacht. Dabei muss der Bevollmächtigte auch mit Rechten ausgestattet werden, um seinen vom Bauherrn übernommenen Verpflichtungen nachzukommmen, ohne daß für ihn negative zivil- wie strafrechtliche Konsequenzen entstehen.

§ 5
Pflichten der Arbeitgeber

(1) Die Arbeitgeber haben bei der Ausführung der Arbeiten die erforderlichen Maßnahmen des Arbeitsschutzes insbesondere in Bezug auf die

1. Instandhaltung der Arbeitsmittel,
2. Vorkehrungen zur Lagerung und Entsorgung der Arbeitsstoffe und Abfälle, insbesondere der Gefahrstoffe,
3. Anpassung der Ausführungszeiten für die Arbeiten unter Berücksichtigung der Gegebenheiten auf der Baustelle,
4. Zusammenarbeit zwischen Arbeitgebern und Unternehmern ohne Beschäftigte,

5. **Wechselwirkungen** zwischen den Arbeiten auf der Baustelle und **anderen betrieblichen Tätigkeiten auf dem Gelände**, auf dem oder in dessen Nähe die erstgenannten Arbeiten ausgeführt werden,

zu treffen sowie die Hinweise des Koordinators und den Sicherheits- und Gesundheitsschutzplan zu berücksichtigen.

Erläuterung zur Verordnung vom 15. Januar 1999

Eine Baustelle kann sich auch auf einem bereits bestehenden Betriebsgelände befinden, auf dem betriebliche Aktivitäten stattfinden. Die ausdrückliche **Einbeziehung der Wechselwirkungen zwischen den Arbeiten auf der Baustelle und anderen betrieblichen Tätigkeiten auf dem Gelände** ist in Bezug auf die zu treffenden Maßnahmen erforderlich, da einerseits durch die parallel zu den Bauarbeiten weiterlaufenden betrieblichen Abläufe, z.B. Produktionsprozesse, innerbetrieblicher Transport, Energieleitung, Gefährdungen für die mit den Bauarbeiten Beschäftigten, anderseits durch die Bauarbeiten Gefährdungen der anderen Beschäftigten entstehen können.

Handelt der Arbeitgeber nicht entsprechend der Hinweise des Koordinators, sollte dieser den Bauherren oder den von ihm nach § 4 beauftragten Dritten darüber informieren.

Kommentar:

Für ihr Material und ihre Geräte sind die Arbeitgeber weiterhin ohne Eingrenzung verantwortlich.

Neu hinzugekommen durch die BaustellV ist die Verpflichtung des Einbezugs und somit Einkalkulation in die Angebotsabgabe und in die späteren Ausführungen und Wechselwirkungen zwischen den Arbeiten auf der Baustelle und anderen betrieblichen Tätigkeiten und Nutzungen auf dem Gelände. Dadurch werden Nachforderungen durch Behinderungsanzeigen ausgeschlossen.

(2) Die Arbeitgeber haben die Beschäftigten **in verständlicher Form und Sprache** über die sie betreffenden Schutzmassnahmen zu **informieren.**

Erläuterung zur Verordnung vom 15. Januar 1999

Auf einer Vielzahl von Baustellen führen Beschäftigte unterschiedlicher Nationalitäten Bauarbeiten aus. Diese Beschäftigten benötigen angesichts der Gefahren für Leben und Gesundheit, die von diesen

Arbeiten ausgehen können, regelmäßig oder anlassbezogen bei der Unterweisung nach § 12 ArbSchG **Informationen** durch den Arbeitgeber über die erforderlichen Schutzmaßnahmen. Darüber hinaus müssen die Beschäftigten über die für sie zutreffenden Schutzmaßnahmen aus dem Sicherheits- und Gesundheitsschutzplan informiert werden. Die Information muss **in verständlicher Form und Sprache** erfolgen. Sichergestellt sein muss allerdings, dass die Beschäftigten die Information verstehen können. Wesentliche Informationen sind zu übersetzen, wenn in anderer Form eine Verständigung nicht gewährleistet ist. Zu den verständlichen Formen der Information können z.B. Bilder, Piktogramme und arbeitsplatzbezogene Demonstrationen gehören.

Kommentar:

Die Arbeitgeber sind allgemein dazu verpflichtet, auch ihre Beschäftigten, die der deutschen Sprache nicht mächtig sind, bei der Unterweisung nach § 12 ArbSchG über die erforderlichen Schutzmaßnahmen einzubeziehen und entsprechend in verständlicher Form zu informieren.

Diese Verpflichtung wird erfolgreich bei einer großen Anzahl von Betrieben der gewerblichen Wirtschaft seit Jahrzehnten praktiziert.

Darüber hinaus sind die Beschäftigten in entsprechender Form auch über den SIGEPLAN und die daraus resultierenden, für sie zutreffenden, Gefährdungen und Schutzmaßnahmen zu informieren.

(3) Die Verantwortlichkeit der Arbeitgeber für die Erfüllung ihrer Arbeitsschutzpflichten wird durch die Maßnahmen nach den §§ 2 und 3 nicht berührt.

Erläuterung zur Verordnung vom 15. Januar 1999

Mit dieser Regelung wird unterstrichen, dass der Arbeitgeber durch die in §§ 2 und 3 getroffenen Regelungen nicht von seinen Pflichten in Bezug auf Sicherheit und Gesundheitsschutz der Beschäftigten entlastet wird. Hierzu gehört insbesondere auch die Verpflichtung, gemäss § 5 ArbSchG eine Beurteilung der Arbeitsbedingungen vorzunehmen. Dabei sind die Angaben aus dem Sicherheits- und Gesundheitsschutzplan zu berücksichtigen.

Kommentar:

Die Tätigkeit des Koordinators und die von ihm eingesetzten Instrumente nach der BaustellV sind additiv zu allen bereits bestehenden Verpflichtungen der Arbeitgeber zu verstehen.

§ 6
Pflichten sonstiger Personen

Zur Gewährleistung von Sicherheit und Gesundheitsschutz der Beschäftigten haben auch die auf einer Baustelle tätigen Unternehmer ohne Beschäftigte die bei den Arbeiten anzuwendenden Arbeitsschutzvorschriften einzuhalten. Sie haben die Hinweise des Koordinators sowie den Sicherheits- und Gesundheitsschutzplan zu berücksichtigen. Die Sätze 1 und 2 gelten auch für Arbeitgeber, die selbst auf der Baustelle tätig sind.

Erläuterung zur Verordnung vom 15. Januar 1999

Sonstige Personen sind Selbständige und Arbeitgeber, die selbst auf der Baustelle tätig sind. Die Pflicht der sonstigen Personen, die anzuwendenden Arbeitsschutzvorschriften einzuhalten, dient der Gewährleistung von Sicherheit und Gesundheitsschutz der Beschäftigten. Unberührt hiervon bleiben im übrigen sonstige Rechtsvorschriften (z.B. Unfallverhütungsvorschriften), die Regelungen zum Selbstschutz sonstiger Personen treffen.

Kommentar:

Die BaustellV sichert den gleichwertigen Schutz für alle am Bau Beschäftigten, unabhängig, ob durch andere bestehende Regelungen bereits vollständig oder nur teilweise ein Schutz vorliegt. Die Arbeit muss entsprechend so gestaltet werden, dass eine Gefährdung für Leben und Gesundheit möglichst vermieden bzw. gering gehalten wird.

§ 7
Ordnungswidrigkeiten und Strafvorschriften

(1) Ordnungswidrig im Sinne des § 25 Abs. 1 Nr. 1 des Arbeitsschutzgesetzes handelt, wer vorsätzlich oder fahrlässig

1. entgegen § 2 Abs. 2 Satz 1 in Verbindung mit § 4 der zuständigen Behörde eine Vorankündigung nicht, nicht richtig, nicht vollständig oder nicht rechtzeitig übermittelt oder

2. entgegen § 2 Abs. 3 Satz 1 in Verbindung mit § 4 nicht dafür sorgt, dass vor Einrichtung der Baustelle ein Sicherheits- und Gesundheitsschutzplan erstellt wird.

Erläuterung zur Verordnung vom 15. Januar 1999

Diese Ordnungswidrigkeiten können mit Geldbusse bis zu 10.000 DM geahndet werden.

(2) Wer durch eine im Absatz 1 bezeichnete vorsätzliche Handlung Leben oder Gesundheit eines Beschäftigten gefährdet, ist nach § 26 Nr. 2 des Arbeitsschutzgesetzes strafbar.

Erläuterung zur Verordnung vom 15. Januar 1999

Diese vorsätzlichen Handlungen werden mit Freiheitsstrafe bis zu einem Jahr oder mit Geldstrafe bestraft.

Kommentar:

Der Bauherr begeht keine Ordnungswidrigkeit, wenn er bei der Auswahl des Koordinators trotz ordnungsgemäßen Verfahrens keine gute Wahl hatte.

Auch eine fehlende Unterlage begründet nicht an sich eine Ordnungswidrigkeit.

§ 8
Inkrafttreten

(1) Diese Verordnung tritt am ersten Tage des auf die Verkündung folgenden Kalendermonats in Kraft.

Erläuterung der Verordnung vom 15. Januar 1999

Die Verkündung der Baustellenverordnung erfolgte am 18. Juni 1998. Der erste Tag des auf die Verkündung folgenden Kalendermonats war der 1. Juli 1998; d.h. die Baustellenverordnung ist am 1. Juli 1998 in Kraft getreten.

(2) Für Bauvorhaben, mit deren Ausführung bereits vor dem 1. Juli 1998 begonnen worden ist, bleiben die bisherigen Vorschriften maßgebend.

Erläuterung der Verordnung vom 15. Januar 1999

Die Vorschrift regelt, dass für Bauvorhaben, mit deren Ausführung (Einrichtung der Baustelle) bereits vor dem 1. Juli 1998 begonnen wurde, die bisherigen Vorschriften maßgebend bleiben. Das bedeutet für den öffentlichen Bauherren, dass entsprechend der Rechtsprechung des Europäischen Gerichtshofs zur Auslegung des EG-Vertrags im Zusammenhang mit der nicht fristgerechten Umsetzung von Richtlinien der Staat, alle staatlichen Stellen sowie alle Einrichtungen und Rechtssubjekte, die dem Staat oder seiner Aufsicht unterstehen oder mit Rechten ausgestattet sind, die über solche hinausgehen, die nach den Vorschriften für die Beziehung unter Privaten gelten, die Vorschriften der EG-Richtlinie „Baustellen" (92/57/EWG) mit Ablauf der für ihre Umsetzung vorgesehenen Frist ab dem 1. Januar 1994 zu beachten haben.

Kommentar:

Die Ausführung eines Bauvorhabens beginnt mit der Einrichtung der Baustelle. Für Bauvorhaben, für die eine öffentlich-rechtliche Genehmigung vor dem 1. Juli 1998 bereits vorlag, sind bei einem Beginn der Ausführung des Bauvorhabens danach neben der Vorankündigung die Pflichten nach § 3 Abs. 3 der BaustellV zu erfüllen.

Bei Großbaustellen und der damit evtl. verbundenen Aufteilung in Bauabschnitte bzw. Baulose sind die Teilabschnitte bei wesentlichen Vergaben nach dem 1. Juli 1998 jeweils ortsbezogen als neues Bauvorhaben zu betrachten.

Der Bundesrat hat zugestimmt.

Erläuterung der Verordnung vom 15. Januar 1999

Der Bundesrat hat in seiner 726. Sitzung am 29. Mai 1998 der Baustellenverordnung zugestimmt.

9 Sonderthemen der Sicherheits- und Gesundheitsschutzkoordination

9.1 Eigenbauarbeiten

Der Bauherr kann auf seiner eigenen Baustelle als Arbeitgeber im Sinne der BaustellV agieren. Dies ist z.B. der Fall, wenn er im Rahmen von Nachbarschaftshilfe Personen beschäftigt. Für ihn gelten alle Pflichten, wie bei anderen Arbeitgebern auch.

Aus dem Merkblatt der Bau-BG Hannover für Bauherren über die gesetzliche Unfallversicherung der bei Bauarbeiten beschäftigten Personen:

1 Allgemeines

Die Bau-Berufsgenossenschaften sind Träger der gesetzlichen Unfallversicherung. Sie erfassen alle (gewerbsmäßigen/nicht gewerbsmäßigen) Unternehmer, die Hochbauten aller Art oder Teile davon errichten, umbauen, instandhalten, ausbessern oder abbrechen einschließlich der hierfür erforderlichen Vorbereitungs- und Nebenarbeiten.

Nach den Vorschriften des Sozialgesetzbuches VII (SGB VII) sind in der Regel alle dauernd oder nur vorübergehend bei der Durchführung von Bauarbeiten beschäftigten Personen gegen die Folgen von Arbeitsunfällen kraft Gesetzes über den Unternehmer bzw. Bauherrn unfallversichert, der diese Arbeiten ausführt. Für den Versicherungsschutz ist es ohne Bedeutung, ob diese Personen Arbeitsentgelt beziehen oder nicht.

Auch befreit eine private Haftpflicht- oder Unfallversicherung nicht von der gesetzlichen Unfallversicherung.

2 Wer ist der Bauherr?

Bauherr ist, wer auf seine Verantwortung eine bauliche Maßnahme vorbereitet/ausführt oder vorbereiten/ ausführen lässt. Bauherr ist dabei in der Regel derjenige, dem die Baugenehmigung erteilt wird und/oder der im Grundbuch als Eigentümer des Grundstücks eingetragen ist.

Führt der Bauherr einzelne oder alle Bauarbeiten mit oder ohne Einsatz von Hilfskräften aus (dazu gehören u. a. auch Familienangehörige, Bekannte, Nachbarn, Kollegen), so ist der Bauherr selbst Unternehmer nicht gewerbsmäßiger Bauarbeiten (Eigenbauunternehmer) und hat alle Verpflichtungen eines Unternehmers gegenüber der Bau-Berufsgenossenschaft zu erfüllen (siehe dazu Nr. 3).

3 Pflichten des Bauherrn als Eigenbauunternehmer

Der Eigenbauunternehmer hat gegenüber der Bau-Berufsgenossenschaft alle Verpflichtungen eines Unternehmers. Insbesondere hat er nach Aufforderung durch die Bau-Berufsgenossenschaft unter Verwendung des zur Verfügung gestellten Nachweisformulars

- die Eigenbauarbeiten unter Angabe des Baugegenstandes,
- die Baustellenanschrift,
- den Baubeginn,
- das Bauende,
- die Namen der bei den Eigenbauarbeiten beschäftigten Personen,
- deren geleistete Arbeitsstunden,
- gegebenenfalls verdiente Arbeitsentgelte und
- die Art der Bauarbeit.

der Berufsgenossenschaft nachzuweisen (auch dann, wenn die Baumassnahme bereits abgeschlossen ist) sowie

- Auskunft darüber zu geben, welche Unternehmer mit der Ausführung der gewerbsmäßigen Bauarbeiten beauftragt sind,
- den durch die Bau-Berufsgenossenschaft berechneten Beitrag zu zahlen,
- die Unfallverhütungsvorschriften zu beachten und
- Arbeits- und Wegeunfälle zu melden.

Die Berufsgenossenschaft kann den Nachweis selbst aufstellen oder ihn ergänzen (§ 165 Abs. 3 SGB VII), sofern er nicht oder nur unvollständig eingereicht wird. Bei Verstößen gegen die Melde- oder Nachweispflicht kann ein Bußgeld bis zur Höhe von DM 5.000,00 verhängt werden (§ 209 SGB VII).

4 Versicherte Personen bei Eigenbauarbeiten

Der Gesetzgeber hat nicht nur für „echte" Arbeitnehmer den Unfallversicherungsschutz vorgesehen, sondern auch für Personen, die wie Arbeitnehmer tätig werden (§ 2 Abs. 1 Nr. 1 u. Abs. 2 SGB VII). Personen, die der Bauherr als Hilfskräfte zu den Eigenbauarbeiten heranzieht, sind hiernach grundsätzlich kraft Gesetzes gegen Arbeitsunfälle versichert. Dazu gehören insbesondere mithelfende Familienangehörige, Verwandte, Nachbarn, Bekannte und Arbeitskollegen ohne Rücksicht darauf, ob sie gegen Arbeitsentgelt oder unentgeltlich tätig werden.

Ausgenommen von diesem automatischen gesetzlichen Versicherungsschutz durch die Bau-Berufsgenossenschaft sind der Bauherr selbst und sein Ehegatte.

5 Freiwillige Versicherung des Bauherrn/Ehegatten

Während die bei den Bauarbeiten Mithelfenden grundsätzlich kraft Gesetzes gegen Arbeits- und Wegeunfall versichert sind, kann dem Bauherrn bzw. seinem Ehegatten Versicherungsschutz nur auf Antrag gewährt werden. Die freiwillige Versicherung für den Bauherrn und/oder seinen Ehegatten beginnt frühestens am Tag nach dem Eingang des schriftlichen Antrages bei der Berufsgenossenschaft. Es wird empfohlen, bei Interesse einen Antragsvordruck mit weiteren Informationen anzufordern.

6 Versicherungsschutz, Leistungen und Beiträge

6.1 Versicherungsschutz

Versicherungsschutz wird gewährt für Arbeitsunfälle

- Unfälle, die ein Versicherter in ursächlichem Zusammenhang mit seiner versicherten Tätigkeit (in der Regel Arbeit auf der Baustelle) erleidet
- Unfälle, die sich auf dem Weg zu und von der Baustelle ereignen.

6.2 Leistungen

Der Versicherungsschutz umfasst nach den gesetzlichen Bestimmungen alle Leistungen für

- Heilbehandlung einschließlich Leistungen der medizinischen Rehabilitation
- berufsfördernde soziale und ergänzende Leistungen zur Rehabilitation
- Leistungen bei Pflegebedürftigkeit

Diese Leistungen sind unbeschränkt.

Unabhängig hiervon sind Geldleistungen an den Verletzten oder Hinterbliebene zu zahlen. Die Geldleistungen richten sich

- beim Bauherrn und seinem Ehegatten, wenn sie sich versichert haben, nach der satzungsmäßigen Versicherungssumme,

- bei mithelfenden Personen nach dem Arbeitseinkommen im Jahr vor dem Unfall.

Sachschäden und Ansprüche auf Schmerzensgeld deckt die gesetzliche Unfallversicherung nicht ab.

6.3 Beiträge

Die Höhe der Beiträge orientiert sich am Umfang der Mithilfe oder am eventuell gezahlten Lohn und der Gefahrklasse. Nach dem Gefahrtarif werden nicht gewerbsmäßige Bauarbeiten zur Gefahrklasse 30,0 veranlagt.

Bei unentgeltlicher Tätigkeit der Hilfskräfte ist der Beitragsberechnung mindestens 60 v. H. der örtlich maßgebenden Bezugsgröße (§ 18 SGB IV) zugrunde zu legen. Die Bezugsgrößen werden jährlich vom Bundesminister für Arbeit und Sozialordnung bekanntgegeben.

Der Beitrag für die Versicherten bei nicht gewerbsmäßigen Bauarbeiten errechnet sich nach der Formel:

Gezahltes oder anzusetzendes Arbeitsentgelt x Gefahrklasse x Beitragsfuß : 1000 = Betrag.

Gem. § 62 Abs. 3 der Satzung der Bau-Berufsgenossenschaft Hannover wird ein Mindestbeitrag erhoben, wenn die rechnerische Feststellung einen geringeren Beitrag ergibt.

Der Beitrag für die freiwillige Versicherung des Bauherrn und dessen Ehegatten errechnet sich nach der Versicherungssumme und der Gefahrklasse. Erstreckt sich die Versicherung nur auf einen Teil des Jahres, so wird der Beitragsberechnung für jeden vollen und angefangenen Monat der zwölfte Teil der Versicherungssumme zugrunde gelegt. Einzelheiten ergeben sich aus dem anzufordernden Antragsvordruck.

7 Beitragsfreier Unfallversicherungsschutz für öffentlich geförderte Wohnungen gemäss § 6 II. Wohnungsbaugesetz

Wird ein Neubauvorhaben (Familienheim oder Eigentumswohnung) öffentlich gefördert, besteht beitragsfreier Unfallversicherungsschutz über den zuständigen Gemeindlichen Unfallversicherungsträger. Er gilt dann für alle unentgeltlich Selbsthilfearbeiten leistenden Personen einschließlich des Bauherrn und dessen Ehegatten.

Damit die Bau-Berufsgenossenschaft rechtzeitig klären kann, ob die Voraussetzungen für einen beitragsfreien Versicherungsschutz vorliegen, empfiehlt es sich, ihr unverzüglich den Bewilligungsbescheid über die Gewährung öffentlicher Mittel (§ 6 Abs. 1 II. Wohnungsbaugesetz) zuzuleiten.

Öffentliche Mittel sind gemäss § 6 Abs. 1 II. Wohnungsbaugesetz allerdings nur Mittel des Bundes, der Länder, Gemeinden und Gemeinde-Verbände.

Keine öffentlichen Mittel sind zum Beispiel steuerliche Vergünstigungen (z. B. gemäß § 10 e Einkommenssteuergesetz – früher sog. „§ 7 b-Abschreibung" –), Aufwendungszuschüsse, Aufwendungsdarlehen, Arbeitgeberdarlehen, Darlehen von Bausparkassen oder anderen Geldinstituten.

8 Meldung von Arbeits- und Wegeunfällen

Arbeits- und Wegeunfälle, die bei Bauarbeiten beschäftigte Personen erleiden, sind innerhalb von drei Tagen der Berufsgenossenschaft mit der vorgeschriebenen Unfallanzeige zu melden, falls der Unfall eine Arbeitsunfähigkeit von voraussichtlich mehr als drei Tagen zur Folge hat. Diese Vordrucke erhält der Bauherr im Schreibwarenhandel bzw. bei der Berufsgenossenschaft.

Tödliche und solche Unfälle, bei denen mehr als drei Personen verletzt werden, sind der Berufsgenossenschaft außerdem unverzüglich oder telefonisch anzuzeigen.

9 Unfallverhütungsvorschriften für Bauarbeiten

Die Unfallverhütungsvorschriften gelten für alle Unternehmer (auch für nicht gewerbsmäßige Unternehmer und Eigenbauunternehmer) und für die von ihnen beschäftigten Personen.

Der Unternehmer hat zur Verhütung von Arbeitsunfällen Einrichtungen zu schaffen sowie Anordnungen und Maßnahmen zu treffen, die den Bestimmungen der Unfallverhütungsvorschriften und den allgemein anerkannten sicherheitstechnischen und arbeitsmedizinischen Regeln entsprechen.

Bauarbeiten müssen von fachlich geeigneten Vorgesetzten geleitet und von aufsichtsführenden Personen beaufsichtigt werden. Diese müssen ausreichende Kenntnisse besitzen, um die arbeitssichere Durchführung der Bauarbeiten überwachen zu können.

Insbesondere wird auf folgendes hingewiesen:

Der Unternehmer hat den bei Bauarbeiten Beschäftigten geeignete persönliche Schutzausrüstung zur Verfügung zu stellen, z. B. Schutzhelme, Sicherheitsschuhe.

Bei Erdarbeiten sind Erd- und Felswände so abzuböschen oder zu verbauen, dass Beschäftigte nicht durch Abrutschen der Massen gefährdet werden können.

Absturzsicherungen sind an den Treppenläufen ab 1,00 m Höhe, an übrigen Arbeitsplätzen und Verkehrswegen ab 2,00 m Höhe, an Arbeitsplätzen und Verkehrswegen auf Dächern ab 3,00 m Höhe sowie beim Mauern „über die Hand" und beim Arbeiten an Fenstern ab 5,00 m Höhe erforderlich.

Absturzsicherungen sind z.B. dreiteiliger Seitenschutz, ausreichend breite Fanggerüste und Fangnetze sowie in Ausnahmefällen, z.B. bei kurzzeitigen Arbeiten, auch Sicherheitsgeschirre (Anseilen).

Dachfanggerüste für Arbeiten auf Dächern mit mehr als 20 Grad Neigung müssen eine geschlossene Schutzwand haben (Brettabstand bzw. Maschenweite bei Netzen max. 10 cm), die von der Traufkante mindestens 0,70 m entfernt ist und sie um 0,80 m überragt. Der Gerüstbetrag darf nicht tiefer als 1,5 m unter der Traufkante liegen.

Öffnungen in Decken und an bis zum Fußboden reichenden Öffnungen in Außenwänden sind gegen das Hinein- oder Abstürzen von Personen zu sichern.

Elektrische Freileitungen im Handbereich oder Schwenkbereich von Geräten sind vor Beginn von Arbeiten im Einvernehmen mit dem Elektrizitätsversorgungsunternehmen abzuschalten, abzudecken oder abzuschranken. Errichten, Ändern und Instandsetzen elektrischer Einrichtungen darf nur von Elektrofachkräften durchgeführt werden.

Weiteres ist den für Bauarbeiten erlassenen Unfallverhütungsvorschriften zu entnehmen. Diese können bei der Bau-Berufsgenossenschaft kostenlos angefordert werden.

Bei Verstößen gegen die Unfallverhütungsvorschriften und bei vorsätzlicher oder fahrlässiger Zuwiderhandlung gegen vollziehbare Anordnungen nach § 17 Abs. 1 oder § 19 SGB VII muss mit einem Bußgeld bis zur Höhe von DM 20.000,00 gerechnet werden.

Die Bau-Berufsgenossenschaft Hannover hält speziell für Eigenbauer die Broschüre „Gut gerüstet?" bereit, die das Wichtigste über sicheres und gesundes Bauen enthält.

9.2 Gefahrstoffe

Der Begriff Gefahrstoffe ist eine Sammelbezeichnung für solche Stoffe oder Zubereitungen, die bei der Herstellung, der Anwendung oder beim Verbrauch, in der industriellen Be- oder Verarbeitung, bei Lagerung und Transport usw. für den Beschäftigten oder im Haushalt Gesundheitsgefahren oder sonstige Gefahren mit sich bringen. Der mit der Gefahrstoffverordnung (GefStoffV) neu eingeführte Begriff Gefahrstoffe ersetzt den in der Arbeitsstoffverordnung verwendeten Begriff gefährliche Arbeitsstoffe. Arbeitsstoffe sind Ausgangsstoffe, Arbeits- und Betriebsstoffe und Zwischenprodukte, die ausschließlich in der Industrie und im gewerblichen Bereich Verwendung finden. Der Begriff Gefahrstoffe ist umfangreicher definiert. Er schließt z.B. außer den gefährlichen Stoffen auch bei der Bio- und Gentechnik anfallendes biologisches Material und Substanzen, die Krankheitserreger übertragen können, ein.

Gefährliche Stoffe oder gefährliche Zubereitungen sind Stoffe oder Zubereitungen, die explosionsgefährlich, brandfördernd, hochentzündlich, leichtentzündlich, entzündlich, sehr giftig, giftig, gesundheitsschädlich, ätzend, reizend, sensibilisierend, krebserzeugend, fortpflanzungsgefährdend, erbgutverändernd oder umweltgefährdend sind.

Gefahrstoffe sind die in § 19 Absatz 2 des Chemikaliengesetzes (ChemG) bezeichneten Stoffe, Zubereitungen und Erzeugnisse.

Gefahrstoffverordnung (GefStoffV)

Die Gefahrstoffverordnung löste die 1982 außer Kraft getretene Arbeitsstoffverordnung ab. Miteinbezogen wurden Bestimmungen des Jugendarbeitsschutzgesetzes, des Mutterschutzgesetzes, des Heimarbeitsgesetzes, die bisherigen Giftverordnungen der Bundesländer und andere gesetzliche Vorschriften. Eine Reihe von EG-Richtlinien wurde in deutsches Recht überführt und erstmalig Grenzwerte (MAK, TRK, BAT, Auslöseschwelle) gesetzlich definiert und ihre Überwachung vorgeschrieben.

Zweck der GefStoffV ist es, durch Regelungen über das Inverkehrbringen von gefährlichen Stoffen und Zubereitungen und über den Umgang mit Gefahrstoffen einschließlich ihrer Aufbewahrung, Lagerung und Vernichtung den Menschen vor arbeitsbedingten und sonstigen Gesundheitsgefahren und die Umwelt vor stoffbedingten Schädigungen zu schützen.

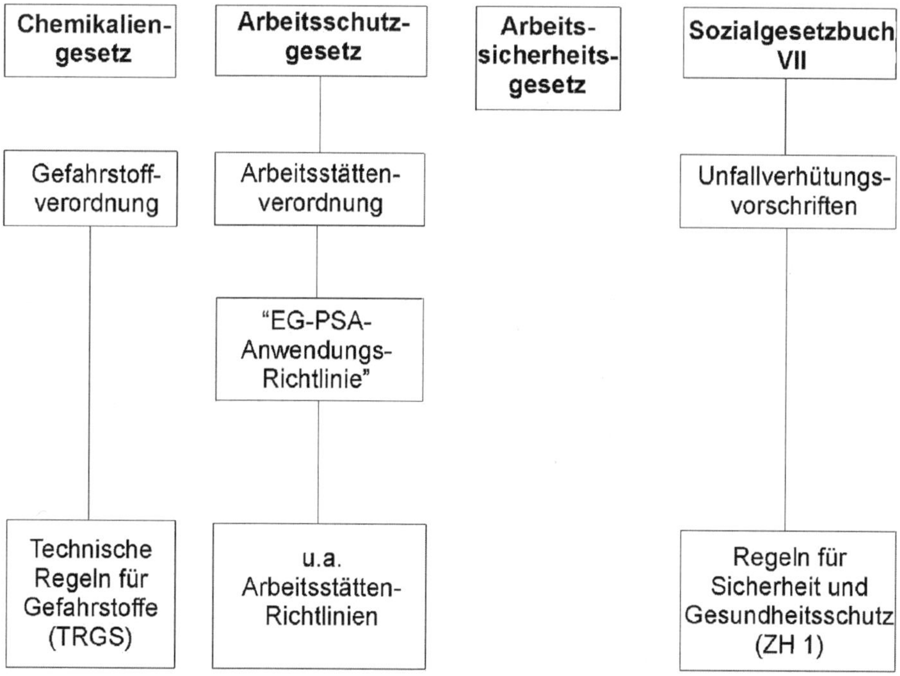

Abb. 19: *Nationale Rechtssetzung im Gefahrstoffbereich*

Die einzelnen Abschnitte der GefStoffV behandeln folgende Themenbereiche:

- Inverkehrbringen gefährlicher Stoffe und Zubereitungen
- Umgang mit Gefahrstoffen
- Straftaten und Ordnungswidrigkeiten
- Schlussvorschriften, worin z.B. ein ständiger sachverständiger Ausschuss für Gefahrstoffe gebildet werden muss.
- Anhang I: Einstufung und Kennzeichnung gefährlicher Stoffe und Zubereitungen
- Anhang II: Besondere Vorschriften über den Umgang mit krebserzeugenden, fruchtschädigenden und erbgutverändernden Gefahrstoffen.
- Anhang III: Besondere Vorschriften über den Umgang mit bestimmten sehr giftigen, mindergiftigen, ätzenden, reizenden und in sonstiger Weise den Menschen schädigenden Gefahrstoffen

- Anhang IV: Erläuterungen zu Herstellungs- und Verwendungsverboten
- Anhang V: Besondere Vorschriften für bestimmte Gefahrstoffe und Tätigkeiten.

Die GefStoffV beinhaltet eine Vielzahl von Vorschriften, von denen einige für den normalen betrieblichen Ablauf von besonderer Wichtigkeit sind:

Betriebsanweisungen

Nach § 20 GefStoffV haben Arbeitgeber arbeitsbereich- und stoffbezogene Betriebsanweisungen zu erstellen, wenn Beschäftigte Umgang mit Gefahrstoffen haben. Diese Betriebsanweisungen müssen auf die mit dem Umgang mit Gefahrstoffen verbundenen Gefahren für Mensch und Umwelt hinweisen, sowie die erforderlichen Schutz- und Verhaltensmassregeln festlegen.

Die Betriebsanweisungen nach TRGS 555 müssen folgende Punkte enthalten.

- Arbeitsbereich, Arbeitsplatz, Tätigkeit
- Gefahrstoffbezeichnung
- Gefahren für Mensch und Umwelt
- Schutzmassnahmen, Verhaltensregeln und hygienische Maßnahmen
- Verhalten im Stör- und Gefahrenfall
- Erste Hilfe
- sachgerechte Entsorgung

Die Betriebsanweisung wird für jeden Einzelstoff, Stoffgruppe oder Zubereitung erstellt. Sie muss in verständlicher Form und Sprache der Beschäftigten abgefasst werden. Diese Betriebsanweisung ist anschließend im betreffenden Arbeitsbereich auszuhängen.

Mitarbeiterbelehrungen

Arbeitnehmer, die Umgang mit Gefahrstoffen haben, müssen anhand der Betriebsanweisungen über die auftretenden Gefahren sowie über die Schutzmassnahmen unterwiesen werden. (Gebärfähige Arbeitnehmerinnen sind zusätzlich über die für werdende Mütter möglichen Gefahren und Beschäftigungsbeschränkungen zu unterrichten.)

Die Unterweisung muss vor Aufnahme der Tätigkeit und mindestens einmal jährlich mündlich und arbeitsplatzbezogen erfolgen. Inhalt und Zeitpunkt der Unterweisung sind schriftlich festzuhalten und müssen vom Unterwiesenen durch Unterschrift bestätigt werden.

Der Nachweis der Unterweisung muss zwei Jahre aufbewahrt werden.

Betriebsanleitungen, Bedienungsanleitungen und Gebrauchsanweisungen des Herstellers oder Lieferanten von technischen Einrichtungen (Geräte, Maschinen, Anlagen) gelten nicht als Betriebsanweisungen. Dies gilt auch für Sicherheitsdatenblätter.

Sicherheitsdatenblätter

Die Sicherheitsdatenblätter (gemäß EG-Richtlinie) von Gefahrstoffen und Zubereitungen können keine Betriebsanweisungen ersetzen, enthalten aber sehr wichtige Informationen über Inhaltsstoffe, die zur Erstellung der Betriebsanweisungen benötigt werden.

§ 14 **GefStoffV**: Wer als Hersteller, Einführer oder erneuter Inverkehrbringer gefährliche Stoffe und Zubereitungen in den Verkehr bringt, hat dem Abnehmer ein Sicherheitsdatenblatt zu übermitteln (Anhang I Nr. 5).

Dieses Sicherheitsdatenblatt muss in deutscher Sprache abgefasst sein, mit Datum versehen werden und kostenlos dem Abnehmer übermittelt werden.

Es muss folgende Angaben enthalten (TRGS 220):

- Stoff/ Zubereitungs- und Firmenbezeichnung/ Ansprechpartner beim Hersteller
- Zusammensetzung/ Angaben zu Bestandteilen
- mögliche Gefahren
- Erste-Hilfe-Maßnahmen
- Maßnahmen zur Brandbekämpfung
- Maßnahmen bei unbeabsichtigter Freisetzung
- Handhabung und Lagerung
- Expositionsbegrenzung und persönliche Schutzausrüstung
- Physikalische und chemische Eigenschaften
- Stabilität und Reaktivität

- Angaben zur Toxikologie
- Angaben zur Ökologie
- Hinweise zur Entsorgung
- Angaben zum Transport
- Vorschriften

R-Sätze, S-Sätze, Gefahrensymbole

Die Beschreibung und Kennzeichnung der Gefahrstoffe in den Sicherheitsdatenblättern erfolgt mit R-Sätzen und S-Sätzen sowie Gefahrensymbolen.

Die R-Sätze (Risikounsicherheiten, GefStoffV Anhang I Nr.3) geben Hinweise auf besondere Gefahren. Hinter jedem R-Satz steht ein Gefahrenhinweis z.B.: R1 In trockenem Zustand explosionsgefährlich oder R45 Kann Krebs erzeugen. Es gibt auch Kombinationen von R-Sätzen z.B.: R36/38 Reizt die Augen und die Haut.

Die S-Sätze (GefStoffV Anhang I Nr.4) enthalten Sicherheitsratschläge. Diese S-Sätze können z.B. folgendermaßen lauten: S16 Von Zündquellen fernhalten, nicht Rauchen, S51 Nur in gut gelüfteten Bereichen verwenden. Es gibt auch Kombinationen von Sicherheitsratschlägen z.B.: S3/9 Behälter an einem kühlen und gut belüfteten Ort aufbewahren (In den Sicherheitsdatenblättern sind die R- und S- Sätze angegeben, bei der Umsetzung in eine Betriebsanweisung muss dazu der ausführliche Text formuliert werden).

Eine weitere Kennzeichnung erfolgt durch die Gefahrensymbole und Bezeichnungen (GefStoffV Anhang I Nr. 2). Mit ihnen müssen Gebinde und Betriebsanweisungen versehen werden (auf Gebinden müssen sich die Bezeichnung des Stoffes oder der Zubereitung, gefährliche Inhaltsstoffe in Zubereitungen bei Überschreiten bestimmter Konzentrationsgrenzen, Hinweise auf R- und S- Sätze, sowie die Daten des Herstellers befinden).

Beschäftigungsverbote und Beschränkungen

§ 15 GefStoffV sieht Beschäftigungsverbote und Beschränkungen für eine Reihe besonders gefährlicher krebserzeugender Substanzen vor. Dazu gehört das Asbest, Cadmiumchlorid und eine Reihe organischer Verbindungen.

Bestimmte Personengruppen dürfen mit einer Reihe von Gefahrstoffen nicht oder nur unter Beachtung von Beschränkungen beschäftigt werden. Jugendliche dürfen z.B. mit leichtentzündlichen Gefahrstoffen nur unter Aufsicht Fachkundiger beschäftigt werden, werdende Mütter generell mit sehr giftigen und gesundheitsschädlichen Substanzen nicht umgehen.

Gefahrstoffverzeichnis (Gefahrstoffkataster, § 6 GefStoffV)

Die GefStoffV fordert vom Unternehmer, dass er feststellt, welche bei ihm eingesetzten Stoffe Gefahrstoffe sind und ob sie sich durch Stoffe mit geringerem gesundheitlichen Risiko ersetzen lassen. Es besteht weiterhin die Verpflichtung, ein Verzeichnis (Gefahrstoffverzeichnis) aller Gefahrstoffe, mit denen seine Arbeitnehmer umgehen, zu führen.

Es muss mindestens folgende Angaben enthalten:

- Bezeichnung des Gefahrstoffs
- Einstufung des Gefahrstoffs oder Angabe der gefährlichen Eigenschaften
- Mengenbereiche (Verbrauch) des Gefahrstoffs im Betrieb
- Arbeitsbereiche, in denen mit dem Gefahrstoff umgegangen wird

Das Verzeichnis ist auf aktuellem Stand zu halten.

Technische Regeln Gefahrstoffe (TRGS)

Die TRGS geben den Stand der sicherheitstechnischen, arbeitsmedizinischen, hygienischen, sowie arbeitswissenschaftlichen Anforderungen an Gefahrstoffe hinsichtlich Inverkehrbringen und Umgang wieder. Sie werden aufgestellt vom Ausschuss für Gefahrstoffe und von ihm in der Entwicklung angepasst. Durch die TRGS werden insbesondere die in der GefStoffV genannten Regeln und Erkenntnisse näher bestimmt und, soweit es an unmittelbaren Rechtsvorschriften fehlt, unmittelbar Pflichten des Arbeitgebers bestimmt.

Beispiele:

- TRGS 001 Allgemeines, Aufbau und Wirksamwerden der TRGS
- TRGS 402 Ermittlung und Beurteilung der Konzentration gefährlicher Stoffe in der Luft in Arbeitsbereichen
- TRGS 514 Lagerung sehr giftiger und giftiger Stoffe in Verpackungen und ortsbeweglichen Behältern

- TRGS 519 Asbest; Abbruch-, Sanierungs- oder Instandhaltungsarbeiten.

Grenzwerte und Einstufungen

Nach § 18 GefStoffV hat der Arbeitgeber die Überwachungspflicht. Treten ein oder mehrere gefährliche Stoffe in der Luft am Arbeitsplatz auf, so ist zu ermitteln, ob die maximale Arbeitsplatzkonzentration (MAK-Wert), die Technische Richtkonzentration (TRK-Wert) oder der Biologische Arbeitsplatztoleranzwert unterschritten oder die Auslöseschwelle überschritten ist.

MAK-Werte

Ein MAK-Wert (maximale Arbeitsplatzkonzentration) ist die höchstzulässige Konzentration eines Arbeitsstoffs als Gas, Dampf oder Schwebstoff in der Luft am Arbeitsplatz, die nach dem gegenwärtigen Stand der Kenntnisse auch bei wiederholter und langfristiger, in der Regel achtstündiger Exposition, jedoch bei Einhaltung einer durchschnittlichen Wochenarbeitszeit von 40 Stunden im allgemeinen die Gesundheit der Beschäftigten nicht beeinträchtigt und diese nicht unangemessen belästigt (Definition der Deutschen Forschungsgemeinschaft DFG).

Die von der MAK-Kommission für mehr als 400 Stoffe festgelegten MAK-Werte werden in ml/m^3 (ppm) oder mg/m^3 angegeben und dienen dem Schutz der Arbeitnehmer vor Gesundheitsschäden durch Gefahrstoffe.

Die von der DFG jährlich herausgegebene MAK-Werteliste wird vom Ausschuss für Gefahrstoffe des Bundesministeriums für Arbeit und Soziales als Technische Regel (TRGS 900) übernommen und bekommt damit ihre gesetzliche Verbindlichkeit. Durch die Gefahrstoffverordnung ist der Arbeitgeber verpflichtet, die Einhaltung von MAK-Werten am Arbeitsplatz zu überwachen und bei Überschreiten technische oder organisatorische Maßnahmen zu treffen.

TRK-Werte

TRK-Werte (Technische Richtkonzentrationen) sind Arbeitschutzrichtwerte, die für den Umgang mit krebserzeugenden und krebsverdächtigen Stoffen aufgestellt werden (Ausschuss für Gefahrstoffe Bundesministerium für Arbeit und Soziales).

Unter der TRK eines gefährlichen Stoffes versteht man diejenige Konzentration als Gas, Dampf oder Schwebstoff in der Luft, die nach dem Stand der Technik erreicht werden kann (§ 3 Abs. 7 GefStoffV).

Die Einhaltung der TRK am Arbeitsplatz soll das Risiko einer Beeinträchtigung der Gesundheit vermindern, vermag es jedoch nicht völlig auszuschließen. Aus arbeitsmedizinischen Gründen sollten die TRK-Werte deshalb im Betrieb unterschritten werden. Außerdem erfolgt eine stufenweise Herabsetzung durch Anpassung an den jeweiligen Stand der technischen Entwicklung und der analytischen Möglichkeiten. Die messtechnische Arbeitsbereichsüberwachung erfolgt nach TRGS 402: Ermittlung und Beurteilung der Konzentration gefährlicher Stoffe in der Luft in Arbeitsbereichen.

BAT-Werte

Der BAT-Wert (Biologischer Arbeitsplatztoleranzwert) ist die Konzentration eines Stoffes oder seines Umwandlungsprodukts im Körper (Blutwerte) oder die dadurch ausgelöste Abweichung eines biologischen Indikators von seiner Norm bei der im allgemeinen die Gesundheit der Arbeitnehmer nicht beeinträchtigt wird (GefStoffV). Die Kontrolle der Schadstoffaufnahme erfolgt durch Analyse der Körperflüssigkeit, der Lungenfunktion, des Blutdrucks usw..

Auslöseschwelle

Die Auslöseschwelle ist die Konzentration eines Stoffes in der Luft am Arbeitsplatz oder im Sinne des BAT-Wertes im Körper, bei deren Überschreitung zusätzliche Maßnahmen zum Schutz der Gesundheit erforderlich sind.

Arbeitsbereichsanalysen: Abschätzung des Gefahrenpotentials

Die Gefahrstoffverordnung fordert vom Arbeitgeber festzustellen, ob es sich bei einem Stoff, einer Zubereitung oder einem Erzeugnis in Hinblick auf den vorgesehenen Einsatz um einen Gefahrstoff handelt. Der Arbeitgeber, der nicht über andere Erkenntnisse verfügt, kann davon ausgehen, dass die Kennzeichnung auf der Verpackung und die Angaben in den beigefügten Sicherheitsdatenblättern richtig sind (§ 16 GefStoffV).

Der Arbeitgeber ist weiterhin dazu verpflichtet, zu prüfen, ob die von ihm im Augenblick oder in Zukunft verwendeten Gefahrstoffe sich durch Stoffe mit geringerem gesundheitlichen Risiko substituieren lassen.

Von den eingesetzten Gefahrstoffen ist ein Gefahrstoffverzeichnis anzulegen (das gilt nicht für Gefahrstoffe, die in Hinblick auf ihre gefährlichen Eigenschaften und Mengen keine Gefahr für die Beschäftigten darstellen).

Ist das Auftreten eines oder verschiedener gefährlicher Stoffe in der Luft am Arbeitsplatz nicht auszuschließen, so muss ermittelt werden, ob MAK-,TRK- oder BAT- Werte nicht überschritten werden.

Arbeitsbereichsanalysen: Ermittlung und Beurteilung der Konzentration gefährlicher Stoffe in Arbeitsbereichen

Für die Ermittlung und Beurteilung der Konzentration gefährlicher Stoffe in der Luft in Arbeitsbereichen gibt es eine eigene Technische Regel (TRGS 402).

Mit dieser Technischen Regel soll die Anwendung von Grenzwerten für Konzentrationen gefährlicher Stoffe in der Luft in Arbeitsbereichen vereinheitlicht werden. Sie berücksichtigt die Möglichkeiten der Begrenzung der Analytik, der Statistik und der betrieblichen Praxis. Sie stellt dar, wie Messungen zu planen sind und wie gemessene Werte im Hinblick auf die Einhaltung eines vorgegebenen Grenzwertes zu beurteilen sind.

Die Überwachung von Arbeitsbereichen erfolgt in zwei Stufen:

- Zunächst wird in einer Arbeitsbereichsanalyse die Einhaltung des Grenzwerts für einen Stoff oder ein Gemisch festgestellt, bzw. es werden Massnahmen (technische, organisatorische) ergriffen, um diesen Grenzwert zu unterschreiten.
- Im Anschluss daran wird durch Kontrollmessungen regelmäßig überprüft, ob sich die in der Arbeitsbereichsanalyse festgestellten Verhältnisse verändert haben.

Die Arbeitsbereichsanalyse gliedert sich in vier Schritte:

1. Erfassung der Gefahrstoffe: Die Auflistung sollte alle Einsatzstoffe, Verunreinigungen, Zwischenprodukte, Endprodukte usw. erfassen, die in irgendeiner Form zur Exposition beitragen können. Diesen sind die Grenzwerte mit den zugehörigen Kurzzeitwerten zuzuordnen. Sind keine Grenzwerte vorhanden, so kann die Gefahrenbeurteilung nach anderen Kriterien erfolgen.

2. Beschaffung des Grundwissens: Erfassung der technischen und betriebsspezifischen Arbeitsabläufe in den zu analysierenden Arbeitsbereichen. Dazu gehören die Tätigkeiten, die Anlagenart, die Verfahrensweise, die Schutzeinrichtungen, die Emissionsorte, die Emissionsspitzen, die Aufenthaltsbereiche der Arbeitnehmer usw..
3. Beschaffung der Vorinformation über die räumliche und zeitliche Verteilung der Gefahrstoffe im Arbeitsbereich.

   Diese Informationen erhält man zum einen aus evtl. bereits vorhandenen Expositionsmessungen, durch Vergleich mit ähnlichen Anlagen oder Tätigkeiten oder durch zuverlässige Berechnungen.

   Bei unzureichenden Vorinformationen muss eine Messung vorgenommen werden.

   Stellt sich heraus, dass der Grenzwert nicht eingehalten ist oder Kurzzeitwertanforderungen nicht erfüllt sind, so sind sofort technische oder verfahrenstechnische Maßnahmen durchzuführen, die die Exposition herabsetzen.

   Wird der Grenzwert dauerhaft sicher eingehalten (Verfahrenstechnisch oder stoffspezifisch begründbar), so sollte regelmäßig überprüft werden, ob die Bedingungen, die zu diesem Befund geführt haben, sich nicht geändert haben. In einem solchen Fall kann dann von regelmäßigen Kontrollmessungen abgesehen werden. (Wird der Grenzwert geändert, so muss eine neue Messung vorgenommen werden.)
4. Festlegung des Messverfahrens für Kontrollmessungen, wenn nicht sicher ist, dass die Grenzwerte dauerhaft eingehalten werden können. Mit dem Kontrollmessplan soll das Ergebnis der Arbeitsbereichsanalyse überprüft und Änderungen in der Exposition erkannt werden.

   Im Messprogramm für diese Kontrollmessungen ist festzulegen:

   - das oder die Analyseverfahren
   - die Mittlungsdauer
   - der Messort oder die Messorte
   - die Messzeit(en)
   - das Rechenverfahren zur Ermittlung des Messergebnisses aus den Messwerten
   - weitere Anweisungen zur Durchführung der Messungen
   - Erfassung von Expositionsspitzen entsprechend den Kurzzeitwertanforderungen.

Die Kontrollmessungen sollten nach einem Kontrollmessplan durchgeführt werden.

Kontrollmessplan:

Die erste Messung muss direkt im Anschluss an die Arbeitsbereichsanalyse erfolgen.

Jede weitere Messung ist innerhalb des zeitlichen Abstands, der durch das Ergebnis der letzten Messung festgelegt ist, durchzuführen.

- 64 Wochen, wenn das Messergebnis nicht größer als ein Viertel des Grenzwertes ist
- 32 Wochen, wenn das Messergebnis größer als ein Viertel, aber nicht größer als die Hälfte des Grenzwertes ist
- 16 Wochen, wenn das Messergebnis grösser als die Hälfte, aber nicht größer als der Grenzwert ist

Wenn nun Betriebsbedingungen geändert werden, die die Exposition wesentlich beeinflussen, so ist eine neue Arbeitsbereichsanalyse erforderlich.

Die Kontrollmessungen sollen unter den betriebsüblichen Arbeitsbedingungen vorgenommen werden. Liegen die Messergebnisse in der Nähe des Grenzwertes, so ist zu überprüfen, ob expositionsmindernde Massnahmen sinnvoll durchgeführt werden können.

Beim Überschreiten des Grenzwertes müssen auf jeden Fall solche Maßnahmen in Kombination mit einer erneuten Arbeitbereichsanalyse erfolgen.

Die Arbeitsbereichsanalyse und die Kontrollmessungen werden protokolliert. Zu den Angaben gehören:

- Messstelle
- Beschreibung des Arbeitsbereichs
- Messverfahren
- Arbeitsbereichsbedingungen zur Zeit der Messung -Messergebnisse
- Befund und gegebenenfalls Maßnahmen

Das Protokoll ist die Grundlage für die sachgerechte Durchführung späterer Kontrollmessungen und die Dokumentation.

Messstellen und -verfahren für Gefahrstoffe

Die Feststellung der Konzentration gefährlicher Stoffe in der Luft am Arbeitsplatz ist Aufgabe des Arbeitgebers. Ist der Arbeitgeber aus sachlichen oder personellen Gründen nicht in der Lage, eine messtechnische Überwachung der Arbeitsbereiche vorzunehmen, so kann er eine ausserbetriebliche Messstelle mit der Durchführung der Messungen beauftragen. Diese Messstellen sollten nach TRgA 400 (Anforderungen an Messstellen zur Durchführung der Messungen gefährlicher Stoffe in der Luft am Arbeitsplatz) arbeiten.

Ein Verzeichnis geeigneter ausserbetrieblicher Messstellen wird vom Bundesminister für Arbeit und Sozialordnung sowie vom Hauptverband gewerblicher Berufsgenossenschaften veröffentlicht und fortgeschrieben (die Liste der Messstellen ist auch im Anhang zur TRgA 400 enthalten). Zu jeder Messstelle ist angegeben, für welche der fünf Stoffgruppen sie die Anforderungen der TRgA 400 erfüllt (welche Stoffgruppen also von ihr gemessen werden können).

- Schadstoffe im Fein- und Gesamtstaub
- Asbestfeinstaub, faserige Stäube
- Anorganische Gase und Dämpfe (einschließlich metallorganischer Verbindungen)
- Organische Gase und Dämpfe (insbesondere Lösungsmittel)
- Stoffe, deren Bestimmung einen hohen analytischen Aufwand erfordern

Die Messstellen sollen die geeignete personelle und technische Ausstattung besitzen. Sie müssen in der Lage sein, neben der sachgerechten Probenahme und der Beurteilung in der Regel auch die Analytik selber durchzuführen.

Außerdem müssen für den sachgerechten Transport und die Lagerung der Proben geeignete Einrichtungen zur Verfügung stehen. Die Messstelle ist auch für die Aufbewahrung von Rohdaten, Berichten und gegebenenfalls Proben verantwortlich.

Die Messungen werden stoffspezifisch nach anerkannten Analyseverfahren durchgeführt. Befinden sich in der Luft am Arbeitsplatz mehrere Gefahrstoffe, so muss nach TRGS 403 (Bewertung von Stoffgemischen in der Luft am Arbeitsplatz) verfahren werden. Für jeden einzelnen Gefahrstoff darf in diesem Fall nicht der volle MAK-Wert erreicht werden, sondern nur ein gewisser Bruchteil (Bewertungsindex).

Für Einzelstoffe ist bei Messung und Probenahme zu beachten, dass die Gefahrstoffkonzentrationen über eine Schichtdauer in den meisten Fällen nicht konstant sind, sondern dass sich Spitzenexpositionen ergeben können (z.B. bedingt durch die zum Einsatz kommenden Stoffmengen, die Prozessbedingungen, die Luftwechselraten in geschlossenen Räumen, sowie die Wirksamkeit von Absaugungs- und Lüftungsanlagen).

Für diese Fälle gibt es Spitzenbegrenzungen für Stoffe mit MAK- und TRK- Werten, die auf keinen Fall überschritten werden dürfen. (Der Schichtmittelwert darf auf keinen Fall den Grenzwert überschreiten!)

Die Spitzenbegrenzungen liegen höher als der Grenzwert, ihre Höhe, Dauer und Häufigkeit pro Schicht ist in der TRGS 900 angegeben.

Beispiel:

Kategorie I, lokal reizende Stoffe, Kurzzeitwerthöhe 2 x MAK; Kurzzeitwertdauer 5 min, Häufigkeit pro Schicht 8.

Kategorie VI, Stoffe mit Luftgrenzwerten, die nach dem TRK-Konzept aufgestellt wurden, Kurzzeitwerthöhe 5 x Luftgrenzwert, Kurzzeitwertdauer 15 min, Häufigkeit pro Schicht 5.

Die Messstelle hat für jede Messung einen Bericht mit Beurteilung der Messergebnisse zu erstellen. Dazu gehören:

- Messverfahren (anerkanntes oder geeignetes)
- Literaturangabe
- Nachweisgrenze
- Beschreibung der Probenahme
- Probenahme/Messgerät, Sorptionsmittel, Filter
- Probenahmedauer, Luftvolumenstrom
- Klimatische Daten
- Probenaufbereitung
- Analytische Bestimmungsgeräte
- Messwert, Schicht- und Kurzzeitwert
- Datum, Uhrzeit

Regelungen der Gefahrstoffverordnung für den Umgang mit künstlichen Mineralfasern (KMF)

Bei der Verarbeitung von künstlichen Mineralfasern war es für Arbeitgeber und Beschäftigte gelegentlich schwierig, die vorhandenen Produkte auf mögliche gesundheitliche Gefährdungen zu beurteilen. Insbesondere die Möglichkeit einer krebserzeugenden Wirkung von KMF wurde von Herstellern und Aufsichtsbehörden bei einigen Produkten unterschiedlich bewertet.

Durch eine Novellierung der Gefahrstoffverordnung gibt es jetzt klare und verbindliche Regelungen über die Bewertung und die zu treffenden Arbeitsschutzmaßnahmen (Anhang V Nr. 7 vom 12. Juni 1998 zur Gefahrstoffverordnung).

Bewertung von künstlichen Mineralfasern

Es gibt nach Gefahrstoffverordnung zwei Gruppen von künstlichen Mineralfasern:

1) KMF, für die keine besonderen Schutzmaßnahmen erforderlich sind

   Dies sind vor allem:

   - Fasern, die einen sog. K-Index (Ki) von mindestens 40 haben. Dies sind meist Glasfasern.
   - Fasern, deren Biobeständigkeit durch eine Halbwertszeit von höchstens 65 Tagen beschrieben wird.

   Entsprechende Angaben befinden sich meist schon auf der Verpackung der Produkte oder in den Sicherheitsdatenblättern. Beim Umgang mit diesen künstlichen Mineralfasern, die als Dämm- oder Isolierstoffe im Hochbau und in der technischen Isolierung eingesetzt werden, sind lediglich die allgemeinen arbeitshygienischen Grundsätze zu beachten, wie sie in der Technischen Regel Gefahrstoffe TRGS 521 „Faserstäube" angegeben sind. Weitere besondere Schutzmaßnahmen sind nicht erforderlich.

2) KMF, für die besondere Schutzmaßnahmen erforderlich sind

   Für diese Fasern (unabhängig von einer Einstufung als krebsverdächtig oder krebserzeugend) gelten die jetzt in der Gefahrstoffverordnung festgelegten Arbeitsschutzmaßnahmen. Zu dieser Gruppe gehören alle künstlichen Mineralfasern, die nicht die unter 1) genannten Anforderungen erfüllen (also weder Ki > 40 noch

Halbwertszeit < 65 Tage). Dies gilt generell für alle bereits verbauten Altstoffe unbekannter Herkunft und für Keramikfasern.

Ersatzstoffverpflichtung

Es dürfen nur noch Produkte mit künstlichen Mineralfasern eingebaut und verwendet werden, für die keine besonderen Schutzmaßnahmen erforderlich sind. Ausnahmen sind nur zulässig, wenn dies nicht zumutbar oder nach dem Stand der Technik nicht möglich ist.

Nach Auffassung des Amtes für Arbeitsschutz kann es technische oder andere Gründe nur in sehr wenigen Einzelfällen geben, wie im Hochtemperaturbereich (> 1000 °C) oder bei besonderen Brandschutzanforderungen im Schiffbau.

Werden bei Reparaturen oder Instandsetzungsarbeiten Produkte aus alten KMF demontiert, die nach Beendigung der Arbeiten an gleicher Stelle wieder eingebaut werden können, ist deren Wiedereinbau zulässig.

Anzeigeverpflichtung

Wer mit künstlichen Mineralfasern, für die besondere Schutzmaßnahmen erforderlich sind, umgeht, hat dies dem Amt für Arbeitsschutz unverzüglich, spätestens 14 Tage vor Beginn der Arbeiten schriftlich mitzuteilen.

Für die Betriebe, die nur mit Altstoffen umgehen, also Abbruch-, Sanierungs- oder Instandhaltungsarbeiten durchführen, genügt eine einmalige Anzeige. Dies gilt ebenso für gleichartige Tätigkeiten geringen Umfangs.

Der Neueinbau solcher Produkte ist dagegen vor Beginn jeder neuen Baumaßnahme erneut anzuzeigen und die Notwendigkeit des Einsatzes dieser KMF auf den konkreten Fall bezogen zu begründen.

Arbeitsschutzmaßnahmen

Die beim Umgang mit KMF, für die besondere Schutzmaßnahmen erforderlich sind, auf der Baustelle durchzuführenden Arbeitsschutzmaßnahmen beinhalten vor allem:

- Staubarmes Arbeiten beim Entfernen und Verarbeiten der Produkte. Sorgfältiges Sammeln der Abfälle in geeigneten Behältern. Staubarmes Reinigen mit geeigneten Staubsaugern mindestens der Kategorie C.

- Geeignete persönliche Schutzausrüstungen sind vom Arbeitgeber zur Verfügung zu stellen.
- Der Arbeitgeber hat Umkleideräume für Straßen- und Arbeitskleidung, die durch einen Waschraum mit Duschen voneinander getrennt sind, zur Verfügung zu stellen. Dies gilt nicht für Arbeiten geringen Umfangs.

Weitere Einzelheiten, insbesondere über geeignete persönliche Schutzausrüstung, werden durch die TRGS 521 „Faserstäube" konkretisiert.

Arbeiten geringen Umfangs

Allgemein gilt die Definition der TRGS 521: Arbeiten geringen Umfangs liegen vor, wenn Tätigkeiten ausgeübt werden, die im einzelnen nicht länger als 4 Stunden pro Schicht und nicht länger als 40 Stunden im Jahr dauern. Da diese allgemeine Definition für viele Tätigkeiten im Hochbau und bei Reparaturen und Instandsetzungsarbeiten in technischen Anlagen unbefriedigend ist, wurde in einer neuen Anlage 4 zur TRGS 521 an vielen Beispielen ein abgestimmtes Schutzkonzept mit Erläuterungen für Arbeiten geringen Umfangs dargelegt.

Abbrucharbeiten und alle Tätigkeiten, bei denen mit einer Überschreitung der zulässigen Technischen Richtkonzentration gerechnet werden muss, zählen nicht zu den Arbeiten geringen Umfangs. Auch der Umgang mit Keramikfasern gehört grundsätzlich nicht zu den Arbeiten geringen Umfangs, es sei denn, die Einhaltung der Technischen Richtkonzentration ist belegt.

Der TRK-Wert für krebserzeugende und krebsverdächtige Faserstäube beträgt seit April 1999: 500.000 Fasern/m^3 für Hochtemperaturglasfasern und bestimmte Anwendungsgebiete von Keramikfasern, 250.000 Fasern/m^3 für alle anderen KMF ab Kategorie K3.

10 Musterverträge

10.1 Bestellung eines Koordinators

MUSTER
Vertrag

Zwischen Bauherr und Sicherheits- und Gesundheitsschutzkoordinator (Koordinator)

Eingangspräambel

Leistungen im Rahmen der Beratung: Sicherheits- und Gesundheitsschutzkoordination für den Bauherrn gemäß BaustellV für das Bauvorhaben

§ 1
Aufgabenstellung und Leistung

1. Der Koordinator übernimmt den in der Präambel beschriebenen Beratungsauftrag mit folgenden Leistungen im Rahmen der Sicherheits- und Gesundheitsschutzkoordination für den Bauherrn gemäß BaustellV für das Bauvorhaben xx

In der Planungsphase:

- Koordinieren der Belange der Arbeitssicherheit und des Gesundheitsschutzes im Auftrag des Bauherrn zwischen allen bei der architektonischen Planung, der technischen Planung und der organisatorischen Planung Beteiligten insbesondere durch:
- Analyse der Vorplanung, Entwurfsplanung und Werkplanung auf Sicherheitsrisiken und Gesundheitsschutzaspekte, dabei Aufzeigen von sicherheitstechnischen Lösungsmöglichkeiten
- Ausarbeiten des SIGEPLANs auf der Grundlage der vorgenommenen Analyse
- Anpassen des Sicherheits- und Gesundheitsschutzplanes im Zuge des Planungsprozesses
- Feststellen von Wechselwirkungen zu betrieblichen Tätigkeiten und Mitwirken bei der Ausarbeitung der Baustellenordnung

- Mitwirken bei sicherheitstechnischen Vorüberlegungen zur Baustelleneinrichtung und die Berücksichtigung zugehöriger Maßnahmen
- Hinwirken auf das Festlegen von Meldepflichten an den Koordinator in den Vertragsunterlagen
- Beraten hinsichtlich der Terminplanung bei der Feststellung angemessener Ausführungszeiträume für Maßnahmen im Rahmen der Arbeitssicherheit und des Gesundheitsschutzes
- Hinwirken auf die Aufnahme von sicherheitsrelevanten Elementen in Planungs- und Ausschreibungsunterlagen
- Mitwirken bei der Prüfung von Angeboten im Zusammenhang mit den Belangen der Arbeitssicherheit und des Gesundheitsschutzes
- Beratung bei der Planung bleibender sicherheitstechnischer Wartungseinrichtungen
- Zusammenstellung der Unterlage mit den Merkmalen des Bauwerks für eine sichere Durchführung von Instandhaltungsarbeiten

In der Ausführungsphase:

- Koordination der Belange der Arbeitssicherheit und des Gesundheitsschutzes zwischen den gleichzeitig oder nacheinander auf der Baustelle tätigen Unternehmen, insbesondere durch die laufende Kontrolle der Einhaltung des SIGEPLANs und der Baustellenordnung
- Hinwirken auf das laufende Erfassen der beteiligten Firmen
- Achten auf die Absicherung der Baustelle ggü. anderen betrieblichen Tätigkeiten
- Mitwirken bei der Abstimmung der Baustelleneinrichtung der verschiedenen Unternehmen
- Klären der sicherheitsrelevanten Belange mit allen Auftragnehmern und ihren Subunternehmern vor Beginn der Arbeiten (Verfahren, Ablauf, Prüfzertifikate, Lagerung und Entsorgung), Organisieren der Zusammenarbeit der Arbeitgeber
- Anpassen des SIGEPLANs und Bekanntmachung der Änderungsstände
- Mitwirken bei der Fortschreibung des Bauablaufplanes, soweit Arbeitsicherheit und Gesundheitsschutz betroffen sind

- Schwerpunktmäßige Überwachung von sicherheitstechnischen Einrichtungen und Schutzmaßnahmen auf vertragsgemäße Ausführung der Leistungen aus dem Bauvertrag und Intervention bei Gefahrenzuständen
- Organisation und Durchführung von Sicherheitsbegehungen und -besprechungen
- Fortführen und Abschließen der Unterlage mit den Merkmalen des Bauwerks für die sichere Durchführung von Instandhaltungsarbeiten

2. Die Leistung des Koordinators umfasst neben der in § 1 Abs. 1 beschriebenen Tätigkeit die Teilnahme an allen für die Arbeitssicherheit maßgeblichen Baubesprechungen.
3. Die Aufgabenstellung wird im Laufe der Ausführung der Arbeiten von den Parteien laufend überprüft und den erzielten Zwischenergebnissen angepasst, um ein optimales Beratungsergebnis zu erzielen. Soweit damit für den Koordinator Mehraufwendungen verbunden sind, bedarf es einer von beiden Vertragspartnern unterzeichneten Vertragsänderung.

§ 2
Ausführungsfrist

1. Der Vertrag beginnt mit Wirkung vom __________ und endet am Tag der Übergabe und Abnahme gemäß aktuellem Bauzeitenplan durch den Bauherrn. Beide Vertragspartner haben die Möglichkeit, diesen Vertrag zum Ende des laufenden Quartals zu kündigen. Die Kündigung bedarf der Schriftform.
2. Die Vertragspartner sind berechtigt, diesen Vertrag jederzeit aus wichtigem Grunde mit sofortiger Wirkung – ganz oder teilweise – zu kündigen. Die Kündigung bedarf der Schriftform. Ein wichtiger Kündigungsgrund liegt vor, wenn der Koordinator keine ausreichende Unterstützung zur Umsetzung der Sicherheits- und Gesundheitsschutzkoordination nach BaustellV durch den Bauherrn erhält.
3. Im Falle der Kündigung ist das erreichte Arbeitsergebnis unverzüglich abzuliefern oder vorzustellen. Die aus der vorzeitigen Vertragsbeendigung entstehenden Kosten für die bis dahin durch den Koordinator eingegangene Verpflichtung für Personal und Material sind dabei von dem Bauherr zu erstatten. Dies gilt nicht, wenn

der Koordinator die vorzeitige Kündigung grob fahrlässig herbeigeführt hat.

4. Erkennt ein Vertragspartner, dass die Ausführungsfristen (gemäß aktuellem Bauzeitenplan) nicht eingehalten werden können, so hat er dem anderen Vertragspartner die Gründe für die Verzögerung unverzüglich mitzuteilen und auf Wunsch des Vertragspartners das Vorhaben fortzuführen.

§ 3
Vergütung

1. Zur Abgeltung der Leistungen der Koordinator zahlt die Auftraggeberin grundsätzlich an die Koordinator den Betrag von ___ % der anrechenbaren Baukosten der Kostengruppen 200 bis 600 der DIN 276 Kosten, entsprechend ______ DM zzgl. MwSt. Grundlage der Berechnung ist die geplante Höhe der Baukosten von ______ DM bei _____ Schwierigkeitsgrad auf der Grundlage der Empfehlungen der Architektenkammer NRW.
2. Die Zahlungen erfolgen auf das Konto ____________________,
3. Die Zahlungen sind __________ fällig.
4. Bei Änderungen und Mehrfachbearbeitungen der baulichen Anlage ist im Einzelfall eine angemessene Vergütung schriftlich gesondert zu vereinbaren. Für die Bemessung ist von den Grundlagen in Abs. 1 auszugehen. Voraussetzung ist, dass der Koordinator einen zusätzlichen Vergütungsanspruch schriftlich gegenüber dem Bauherr anzeigt.
5. Auf der Grundlage der errechneten Vergütung sichert der Koordinator einen Vor-Ort-Einsatz bei dem Bauherrn, bei dem im Rahmen dieses Vertrages zu beratenden und am Bau Beteiligten bzw. für Begehungen auf der Baustelle im Umfang einer errechneten Zeit aus 60 % seiner Vergütung und einen Tagessatz von ______ DM.

§ 4
Information

Die Vertragspartner werden während der Zusammenarbeit engen Kontakt halten und sich über den Fortschritt der Arbeiten informieren. Pläne, Gutachten und Informationen, die zur Leistung der Arbeiten des Koordinators gemäß Präambel notwendig sind, werden dem Koordinator unentgeltlich durch den Bauherr beziehungsweise von den von dem Bauherr beauftragten Dritten und deren Erfüllungsgehilfen zur Verfügung gestellt.

§ 5
Vertraulichkeit

1. Der Koordinator verpflichtet sich, ausgetauschte oder in sonstiger Weise von dem Bauherrn oder den zu betreuenden Unternehmen erhaltene Informationen, Kenntnisse oder Unterlagen vertraulich zu behandeln und nicht an Dritte weiterzugeben oder Dritten zugänglich zu machen. Der Koordinator wird seine Mitarbeiter und Mitarbeiterinnen auf diese Verpflichtung hinweisen und für deren Einhaltung sorgen.
2. Diese Verpflichtung wird auch nach Beendigung des Vertrages fortbestehen. Sie gilt nicht für solche Informationen und Ergebnisse, die allgemeiner Stand des Wissens sind, die nachweislich unabhängig von der Übermittlung, außerhalb dieses Vertrages, von dem empfangenden Koordinator erarbeitet oder die von Dritten rechtmäßig erlangt wurden.

§ 6
Weisungsbefugnis und Pflichten des Bauherrn

1. Dem Koordinator ist nur der Bauherr und somit der Vertreter der Auftraggeberin weisungsbefugt. Der Koordinator hat gegenüber allen sonstigen an der Planung Beteiligten beratende Funktion.
2. Der Bauherr sorgt dafür, dass die Vorschläge des Koordinators von anderen Planungsbeteiligten berücksichtigt werden.
3. Der Koordinator hat im Rahmen der Rechte und Befugnisse des Bauherrn Weisungsbefugnis in allen Belangen der Arbeitssicherheit und des Gesundheitsschutzes. Die Weisungsbefugnis berührt nicht die ohnehin bestehende Verantwortung der Unternehmen zur Einhaltung der einschlägigen Unfallverhütungsvorschriften bzw. der sonstigen für den Arbeitsschutz und die Unfallverhütung geltenden Gesetze, Verordnungen, Richtlinien und Durchführungsanweisungen. Die vorgenannte Weisungsbefugnis befreit die Unternehmen ebenfalls nicht von ihrer Abstimmungspflicht mit anderen Unternehmen entsprechend der UVV „Allgemeine Vorschriften“ (VBG 1 § 6 Abs. 2) sowie der Landesbauordnung.

§ 7
Rechte an Ergebnissen und Informationen

1. Rechte an Ergebnissen und Informationen, die im Rahmen dieser Zusammenarbeit gemacht werden, stehen unabhängig davon, ob sie schutzfähig sind, dem Vertragspartner zu, bei dem sie entstanden sind, mit der Maßgabe, dass der andere Vertragspartner ein unwiderrufliches, nicht ausschließliches, unentgeltliches Benutzungsrecht an diesen Ergebnissen und Informationen erhält. Dies gilt ebenfalls für Ergebnisse, in denen Erfindungen enthalten sind.
2. Sofern die von dem Koordinator erarbeiteten Ergebnisse oder übermittelten Erkenntnisse und Erfahrungen schutzfähig erscheinen, werden sich die Vertragspartner in einer im Bedarfsfall zu treffenden gesonderten Vereinbarung über die Anmeldung verständigen.

§ 8
Haftung

1. Für während der Vertragsdurchführung auftretende Schäden – gleich welcher Art – haften die Koordinatoren nur dann, wenn sie oder ihre Mitarbeiter und Mitarbeiterinnen diese Schäden durch eine mangelhafte Beratung bzw. ein mangelhaftes Gutachten vorsätzlich oder grob fahrlässig verursacht haben. Im übrigen stellt die Auftraggeberin die Koordinatoren von Ansprüchen Dritter frei, die im Auftrage des Auftraggebers handelnd im Zusammenhang mit einer späteren Nutzung des Arbeitsergebnisses gestellt werden könnten.
2. Darüber hinaus sind Schadensersatzansprüche gegen den Koordinator – gleich aus welchem Rechtsgrunde – beschränkt bis zu der Höhe der Deckungssummen je Versicherungsfall von:
   - DM __________ für Personenschäden
   - DM __________ für Sachschäden
   - DM __________ für Schlüsselverlust

Schadensersatzansprüche für andere Schadensarten werden ausdrücklich ausgeschlossen.

§ 9
Vertragsänderungen und -ergänzungen

Alle Änderungen und Ergänzungen des Vertrages sind nur rechtswirksam, wenn sie schriftlich vereinbart werden.

§ 10
Gerichtsstand ist ________

§ 11
Salvatorische Klausel

Sollten einzelne Bestimmungen dieses Vertrages unwirksam sein, so wird die Wirksamkeit der übrigen Bestimmungen davon nicht berührt. Beide Parteien verpflichten sich, eventuell unwirksame Bestimmungen durch solche zu ersetzen, die dem Willen der Parteien am nächsten kommen.

Ort und Datum

Bauherr Koordinator

10.2 Übertragung von Bauherrenpflichten

Bestätigung der Übertragung von Bauherrenpflichten
(§ 4 der BaustellV)

Herrn/Frau ______________________________

werden für die Baustelle ______________________________

____

____

____

die dem Bauherren hinsichtlich des Sicherheits- und Gesundheitsschutzes obliegenden Pflichten übertragen, in eigener Verantwortung die Maßnahmen nach § 2 und § 3 Abs. 1 der Baustellenverordnung zu treffen

soweit ein Betrag von __________ DM nicht überschritten wird.

Dazu gehören insbesondere:

____

____

____

____

______________________	______________________
Ort	Datum
______________________	______________________
Unterschrift des Bauherrn	Unterschrift des Beauftragten

11 bitBau – Planungsinstrument für Koordinatoren

11.1 Willkommen bei bitBau (Demo- und Lernversion)

Das Planungsinstrument für Koordinatoren **bitBau** ist eine Software, die speziell auf den Anforderungen von Sicherheits- und Gesundheitsschutzkoordinatoren auf Baustellen ausgerichtet ist. Sie wurde im Zusammenarbeit mit Ausbildungsträgern und den unmittelbar betroffenen Sicherheitskoordinatoren praxisnah entwickelt. Mit **bitBau** erhalten Sie ein effizientes, zeitsparendes und standardisiertes Hilfsmittel zum umfangreichen Planen und Verwalten der durch die Baustellenverordnung geforderten Dokumentation.

11.2 Das Leistungsangebot von bitBau

Das Leistungsangebot von **bitBau** umfasst die Bereiche Vorankündigung, SIGEPLAN und Unterlage.

bitBau unterstützt Sie in jeder Phase der Sicherheits- und Gesundheitskoordination bei der

1. Erstellung der Vorankündigung nach den Anforderungen der jeweiligen zuständigen Behörden; Formulare, Anschrift, Telefon- und Faxnummer sind bereits aktualisiert vorhanden;
2. Erstellung des SIGEPLANs auf der Basis einer bereits vorliegenden Datenbank von Gewerken, Gefährdungen, Lösungsvorschlägen und Vorschriften, wobei Sie durch eine flexible Eingabemöglichkeit Ihre betriebliche Erfahrung standardisiert eingeben und für spätere Bauvorhaben nutzen können;
3. Erstellung der Unterlage für die sichere Wartung und Instandhaltung.

baltic information technologies GmbH
Auguste-Viktoria-Straße 2
D-24103 Kiel

Tel.: 04 31/6 64 56 56
Fax: 04 31/6 64 56 68
E-mail: baltic-it@bigfoot.com

11.3 Nutzungsbedingungen

Endbenutzer-Lizenzvertrag für bit-Software:

WICHTIG! Sollten Sie **bitBau** käuflich erwerben wollen, sollten Sie die folgenden Abschnitte bitte sorgfältig lesen:

Dieser bit-Endbenutzer-Lizenzvertrag ist ein rechtsgültiger Vertrag zwischen Ihnen (entweder als natürlicher oder juristischer Person) und der bit baltic information technologies GmbH für das in diesem Buch beschriebene Softwareprodukt.

Indem Sie das Softwareprodukt installieren, kopieren, oder anderweitig verwenden, erklären Sie sich einverstanden, an die Bestimmungen dieses Lizenzvertrages gebunden zu sein. Falls Sie den Bestimmungen dieses Lizenzvertrages nicht zustimmen, sind Sie nicht berechtigt, das Softwareprodukt zu installieren oder es zu verwenden.

Soweit gesetzlich zulässig, haftet die bit GmbH nicht für

- irgendwelche Schäden, ob direkt oder indirekt aus entgangenem Gewinn, Betriebsunterbrechung;
- unvorhersehbare oder im Bereich des Nutzers liegende Schäden, insbesondere im Bereich des Zusammenwirkens der Software mit vom Nutzer eingesetzter Software Dritter;
- Folgeschäden oder irgendwelche anderen Vermögensschäden aus der Benutzung der Software oder daraus, dass die Software nicht benutzt werden kann.

Die bit GmbH übernimmt keine Haftung für den unsachgemäßen Einsatz der Software. Kommt es bei der Anwendung der Software zu Datenverlusten beim Nutzer, so haftet die bit GmbH für von ihr vertretende Schäden nur, soweit der Nutzer seine Daten entsprechend der Wichtigkeit der jeweiligen Daten in angemessener Weise, mindestens aber einmal täglich in geeigneter Weise sichert, so dass diese mit vertretbarem Aufwand wieder hergestellt werden können.

Software-Produkt-Lizenz:

Lizenzeinräumung:

Dieser Lizenzvertrag räumt Ihnen folgende Rechte ein:

Anwendungssoftware: Sie sind berechtigt, eine Kopie des Softwareprodukts oder eine frühere Version auf einem einzelnen Computer zu installieren und zu verwenden. Der primäre Benutzer des Computers, auf dem das Softwareprodukt installiert ist, ist berechtigt, eine zweite Kopie für die ausschließliche Verwendung durch ihn selbst auf einem tragbaren Computer anzufertigen. Sie sind außerdem berechtigt, eine Kopie des Softwareprodukts auf einer Speichervorrichtung, wie z.B. einem Netzwerkserver, zu speichern oder zu installieren, wenn diese Kopie ausschließlich dazu verwendet wird, das Softwareprodukt über ein internes Netzwerk auf Ihren anderen Computern zu installieren oder auszuführen. Sie sind jedoch verpflichtet, für das Softwareprodukt für jeden Computer, auf dem das Softwareprodukt von der Speichervorrichtung aus installiert oder ausgeführt wird, eine Lizenz zu erwerben, die speziell für die Verwendung auf diesem Computer gilt. Eine Lizenz für das Softwareprodukt darf nicht geteilt oder an mehreren Computern gleichzeitig verwendet werden.

Benötigte Hardware

- IBM-kompatibler Rechner (mindestens 486SX)
- Mindestens 15 MB Speicherplatz auf der Festplatte
- Mindestens 8 MB RAM Hauptspeicher
- Die Auflösung des Bildschirms sollte mindestens 800 x 600 Pixel betragen
- Ein CD-ROM Laufwerk ist zu empfehlen; in Einzelfällen kann das Programm allerdings auch auf Diskette geliefert werden

Benötigte Software

- Windows 95 oder 98 oder höher
- Windows NT 4.0 oder höher

Installation

Überprüfen Sie bitte die aufgelisteten Systemanforderungen, bevor Sie mit der Installation von **bitBau** beginnen.

bitBau kann nur für die Ausführung von einer Festplatte konfiguriert werden.

bitBau von CD-ROM installieren :

1. Legen Sie die CD in das entsprechende Laufwerk ein.
2. Das Setup Programm wird bei aktivierter „autorun"-Funktion automatisch gestartet.

3. Startet die CD nicht automatisch, dann wählen Sie im Startmenü den Befehl „Ausführen“.
4. Geben Sie bei Ausführen D:**bitbau**\setup ein (bzw. den entsprechenden Buchstaben des Laufwerks Ihres Systems).

Schliessen Sie alle offenen Anwendungen und bestätigen Sie mit „OK“. Wählen Sie anschließend die Schaltflächen „**bitBau** installieren“.

Die Installation der Anwendung ist mit Erreichen von 100% abgeschlossen.

Deinstallation

Bei der Deinstallation von **bitBau** wird die Anwendung und auch Ihre bis dahin gemachten Eingaben von Ihrem System entfernt.

- Wählen Sie im Startmenü erst den Befehl „Einstellungen“ und dann „Systemsteuerung“.
- Durch die Auswahl des Symbols „Software“ öffnet sich folgendes Fenster.

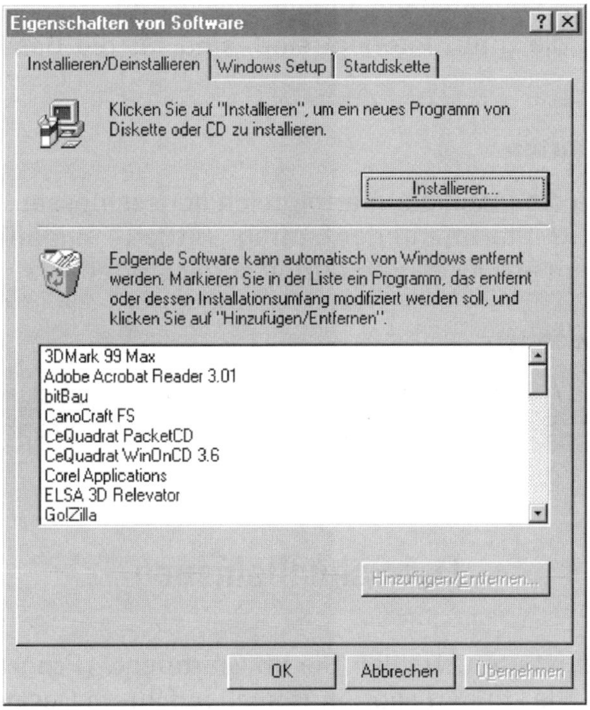

- Nachdem Sie **bitBau** selektiert haben, klicken Sie auf „Hinzufügen/Entfernen".
- **bitBau** wird nun nach einer Sicherheitsabfrage komplett von Ihrem System deinstalliert.

Besondere Hinweise:

- Falls es Probleme bei der Installation geben sollte, vergewissern Sie sich, dass auf Ihrem Computer kein Virenschutzprogramm aktiviert ist. Einige Virenschutzprogramme verhindern eine Installation von neuen Dateien.
- Wenn Sie Daten gelöscht haben, können diese Daten nicht wieder zurückgeholt werden. Eine neuerliche Eingabe gegebenenfalls mit Hilfe eines zuvor erstellten Ausdrucks ist dann bei Bedarf notwendig.
- Durch Betätigen der „Enter"-Taste kann nicht zwischen den Eingabefeldern gewechselt werden. Mit „Enter" können aber Eingaben bestätigt bzw. abgeschickt werden. Um Eingaben in den dafür vorgesehenen Feldern der Programmoberfläche zu machen, klicken Sie das entsprechende Feld entweder mit Ihrer Maus an oder steuern es durch Bedienen der Tabulatortasten an.
- Textfelder, die grau unterlegt sind, sind für die Bearbeitung gesperrt.

Programm starten

Nachdem Sie die Installation erfolgreich abgeschlossen haben, wird automatisch im Startmenü der Eintrag „**bitBau**" eingefügt. Sie können diesen nun anklicken und **bitBau** somit starten.

Programm beenden

Wenn Sie Ihre Arbeit mit **bitBau** beenden möchten, klicken Sie auf der Menü-Leiste „Bauvorhaben" an und aktivieren „Programm beenden".

11.4 Schnelleinstieg

Um **bitBau** zu starten, wählen Sie im Startmenü „Programme" und dann **bitBau**. Sie können allerdings auch auf Ihrem Desktop eine Verknüpfung anlegen und das Programm so einfach über einen Doppelklick auf das „**bitBau**"-Symbol öffnen (dazu müssen Sie den Desktop (normaler Bildschirm) mit der rechten Maustaste anklicken und im folgenden Menü „Eigenschaften" anklicken. Jetzt müssen Sie den Pfad der **bitBau**-Anwendung angeben, und schon erscheint das Programmsymbol auf Ihrem Desktop.) Es erscheint nun folgender Startbildschirm:

Zur Registrierung und damit uneingeschränkten Nutzung von **bitBau** wird Ihr Name und ein speziell nur für Sie eingerichteter Nummerncode „CD-Key" benötigt. Da Sie für die CD-Rom, die dem Buch beiliegt, jedoch noch keinen CD-Key besitzen, können Sie zunächst nur Ihre „Personal Edition" (Demoversion) erstellen. Diese Personal Edition besitzt nahezu den vollen Funktionsumfang. Lediglich auf das Drucken müssen Sie verzichten. Diese Version lässt sich nachträglich zur Vollversion aufwerten, indem sie die Lizenz mit dem für Sie persönlichen CD-Key käuflich bei **bitBau** erwerben.

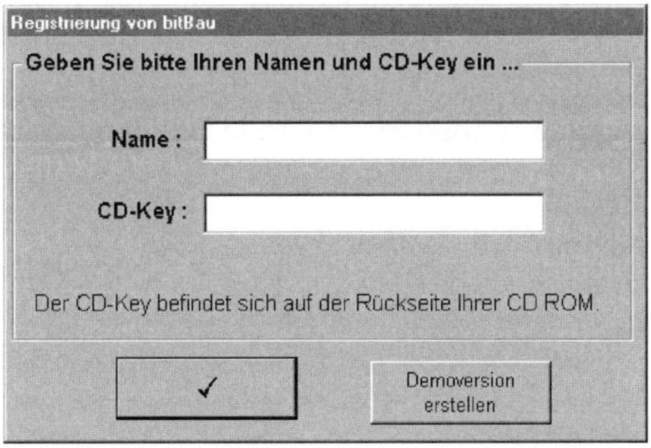

Wenn Sie die Rechnung bezahlt haben, können Sie bei uns telefonisch Ihren persönlichen CD-Key erfragen und ihn schließlich in das dafür vorgesehene Feld eintragen (siehe oben). Bitte geben Sie beim CD-Key auch eventuelle Trennzeichen wie z.B. – oder + mit an.

Nachdem Sie von uns registriert wurden und Ihnen nun die Vollversion zur Verfügung steht, oder Sie eine Demoversion erstellt haben, können Sie mit dem Programm arbeiten.

Nachdem Sie **bitBau** gestartet haben, können Sie mit Hilfe der Menü-Leiste, die am oberen Bildschirmrand erscheint, verschiedene Arbeitsschritte einleiten.

Auf der Menü-Leiste können Sie folgende Optionen auswählen:

⇨ Bauvorhaben
- Neu anlegen
- Öffnen
- Schließen
- Löschen
- Programm beenden

⇨ Daten

- SIGEPLAN
  - → Gewerk
  - → Gefährdung / Einrichtung
  - → Lösung / Maßnahme
- Unterlage
  - → Anlage bzw. Bauteil
  - → Arbeit
  - → Häufigkeit
  - → Gefährdung
  - → Sicherheitstechnische Maßnahme
- Bestimmung
- Schlagwort
- Gewerbeaufsicht

⇨ ?

- Info
- Registrierung
- Update aus dem Internet
- Besonders Gefährliche Arbeiten
- bit-Info

Arbeiten mit den Icons

Sie müssen allerdings nicht alle Optionen über die Menü-Punkte aufrufen. Sie können auch einfach die einzelnen Icons (Symbolfelder) in der Leiste darunter anklicken. Die einzelnen Symbole haben folgende Bedeutung:

z.B. Bauvorhaben:

 Neues Bauvorhaben anlegen

 Öffnen eines vorhandenen Bauvorhabens

 Löschen eines Bauvorhabens

Die Bedeutung der anderen Symbole erfahren Sie, indem Sie mit dem Mauszeiger (ohne Anklicken!) kurz über dem jeweiligen Symbol verharren.

Nach dem Start von **bitBau** können Sie ein bestehendes Bauvorhaben öffnen oder ein neues Bauvorhaben erstellen.

Zum Öffnen eines Bauvorhabens klicken Sie auf das Symbol „Öffnen" oder benutzen das Menü. Im folgendem Fenster werden alle vorhandenen Bauvorhaben angezeigt.

Ein Musterbauvorhaben ist bereits im System, so dass Sie anhand des Beispiels die Funktionsweise von **bitBau** schnell erlernen können.

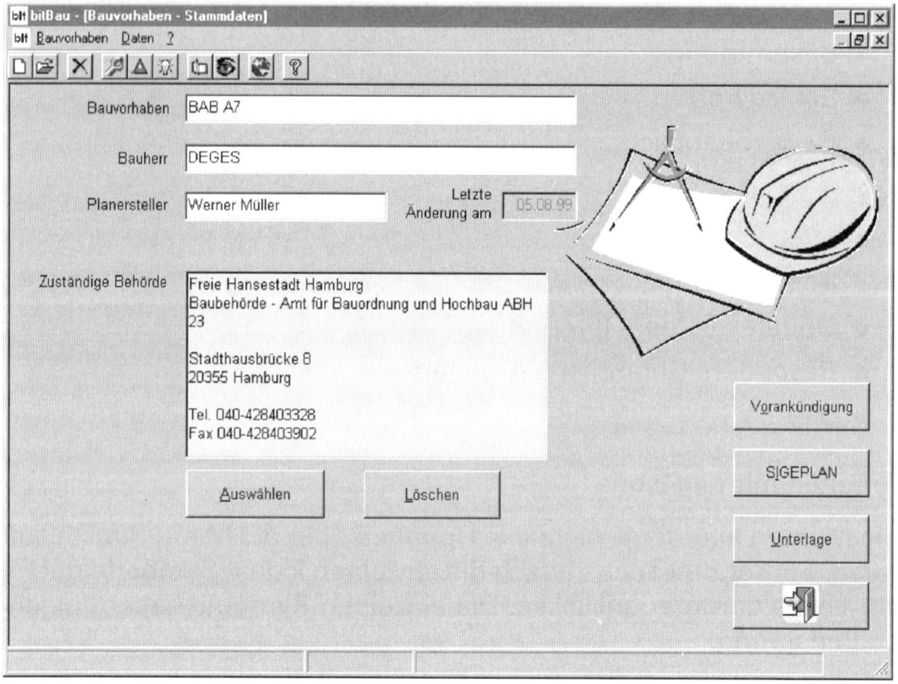

Im nachfolgenden Fenster können Sie die Programmteile Vorankündigung, SIGEPLAN und Unterlage erreichen. Der Name des Bauvorhabens und der des Planersteller erscheinen zusammen mit dem Datum der letzten Änderung nachher auch auf den entsprechenden Ausdrucken.

Nach Auswahl der zuständigen Behörde (Baubehörde oder Gewerbeaufsichtsamt) für die Vorankündigung können Sie mit Ihrer Eingabe der Module Vorankündigung, SIGEPLAN und Unterlage fortfahren.

bitBau enthält die in Deutschland zuständigen Behörden (Gewerbeaufsichtsamt oder Baubehörde) an die eine Vorankündigung gesendet werden kann. Hierzu befindet sich neben der Anschrift auch teilweise die Telefaxnummer der entsprechenden Behörde. Sollten Sie feststellen, dass die für Ihr Bauvorhaben zuständige Behörde nicht oder nur unvollständig vorhanden ist, so können Sie die entsprechende Institution hinzufügen aber auch Daten ändern.

Das Ändern der Daten einer Behörde finden Sie direkt im Menü unter „Daten" und „Gewerbeaufsichtsämter".

Vorankündigung

Zum Erstellen einer Vorankündigung klicken Sie in der Maske „Bauvorhaben" auf den Button „Vorankündigung". Geben Sie die Daten direkt in die entsprechenden Felder ein oder wählen Sie durch Anklicken der Optionsfelder die gewünschten Daten aus.

Mit dem Button „Weiter" kommen Sie zu den folgenden Eingabefeldern und mit dem Button „Zurück" gelangen Sie wieder zu den vorangegangenen Eingabefeldern. Ihre Eingaben werden automatisch nach Verlassen der Vorankündigung gespeichert.

Möchten Sie die Vorankündigung drucken, so wählen Sie die „Vorschau". Hierauf erscheint ein Vorschaufenster, mit dem Sie weitere Druckereinstellungen vornehmen können.

Vorschau

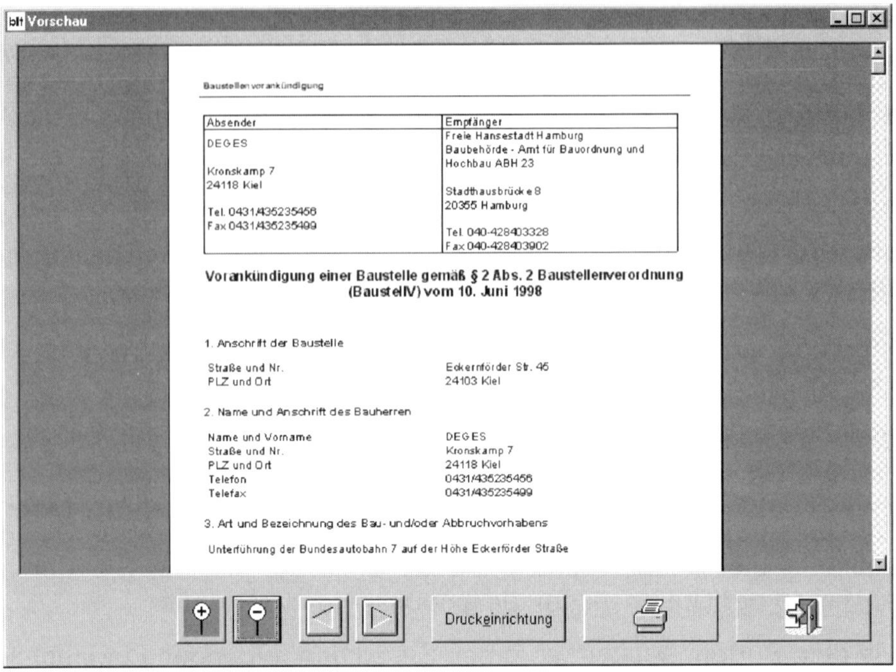

Mit Hilfe des Vorschaufensters können Sie Ihre Vorankündigung vor dem Druck ansehen. Benutzen Sie für das seitenweise Blättern die Pfeiltasten.

Desweiteren können Sie sich das Dokument vergrößert und verkleinert ansehen, indem Sie die „Zoom“-Buttons betätigen.

Die Vorschau beenden Sie mit Hilfe des „Tür“-Buttons. So können Sie die Daten weiter bearbeiten.

Möchten Sie das Dokument endgültig drucken, so klicken Sie auf das „Drucker“-Symbol. Das Dokument wird so auf Ihrem Windows-Standarddrucker gedruckt.

Möchten Sie einen anderen Drucker oder ein bestimmtes Format wählen, so betätigen Sie vorher den Button „Druckeinrichtung“ und nehmen Ihre individuellen Einstellungen vor. Die Änderungen werden dann im Vorschaufenster sichtbar.

Unterlage

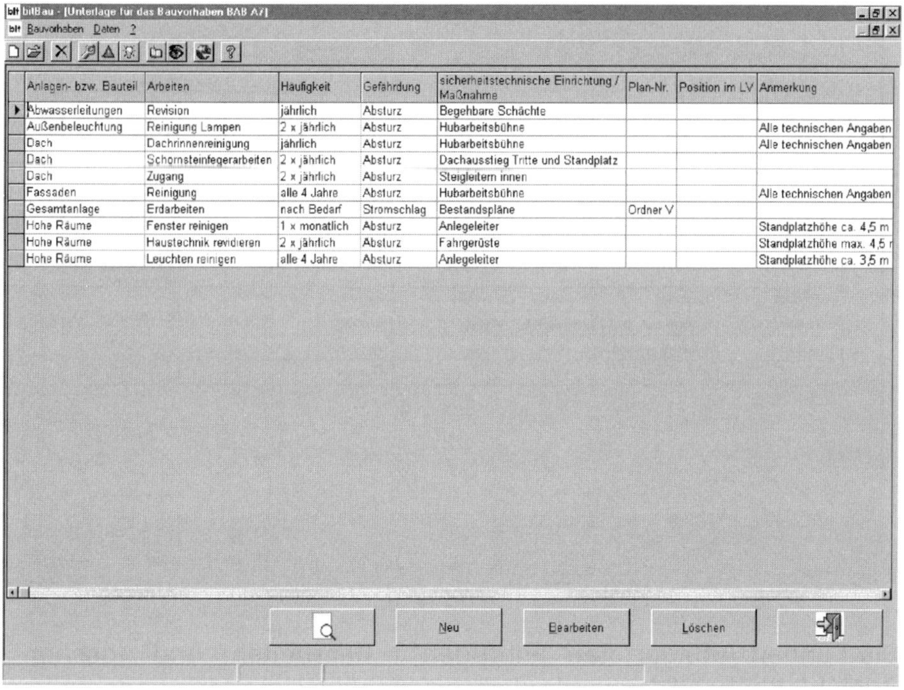

Zum Erstellen der Unterlage klicken Sie in der Maske „Bauvorhaben“ auf „Unterlage“.

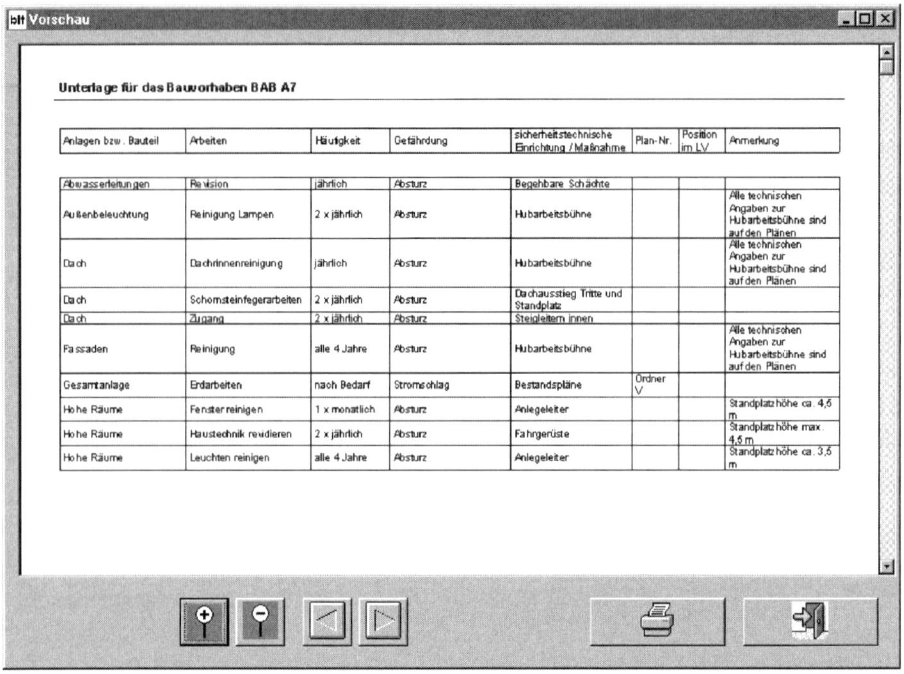

Unterlage für das Bauvorhaben BAB A7

Anlagen bzw. Bauteil	Arbeiten	Häufigkeit	Gefährdung	sicherheitstechnische Einrichtung / Maßnahme	Plan-Nr.	Position im LV	Anmerkung
Abwasserleitungen	Revision	jährlich	Absturz	Begehbare Schächte			
Außenbeleuchtung	Reinigung Lampen	2 x jährlich	Absturz	Hubarbeitsbühne			Alle technischen Angaben zur Hubarbeitsbühne sind auf den Plänen
Dach	Dachrinnenreinigung	jährlich	Absturz	Hubarbeitsbühne			Alle technischen Angaben zur Hubarbeitsbühne sind auf den Plänen
Dach	Schornsteinfegerarbeiten	2 x jährlich	Absturz	Dachausstieg Tritte und Standplatz			
Dach	Zugang	2 x jährlich	Absturz	Steigleitern innen			
Fassaden	Reinigung	alle 4 Jahre	Absturz	Hubarbeitsbühne			Alle technischen Angaben zur Hubarbeitsbühne sind auf den Plänen
Gesamtanlage	Erdarbeiten	nach Bedarf	Stromschlag	Bestandspläne	Ordner V		
Hohe Räume	Fenster reinigen	1 x monatlich	Absturz	Anlegeleiter			Standplatzhöhe ca. 4,5 m
Hohe Räume	Haustechnik revidieren	2 x jährlich	Absturz	Fahrgerüste			Standplatzhöhe max. 4,5 m
Hohe Räume	Leuchten reinigen	alle 4 Jahre	Absturz	Anlegeleiter			Standplatzhöhe ca. 3,5 m

Sie können Anlagen neu „einfügen“, „bearbeiten“ und „löschen“. Auch hier haben Sie die Möglichkeit, sich die Unterlage über ein Vorschaufenster anzusehen.

Neuer Eintrag:

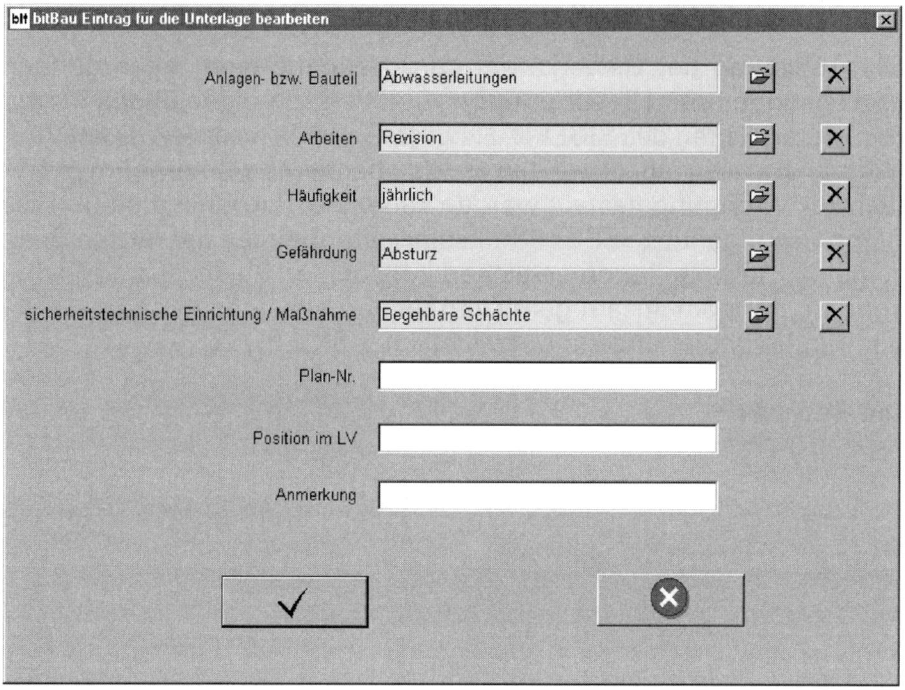

Zum Eingeben eines Eintrags klicken Sie auf „Neu". Das obige Fenster erscheint.

Klicken Sie jeweils auf das „Ordner"-Symbol, um vorhandene eingegebene Einträge zu übernehmen oder um einen Eintrag neu einzugeben.

Neue Einträge werden dann in die Datenbank übernommen und stehen damit später wieder zur Verfügung. Möchten Sie Einträge löschen, dann wählen Sie den entsprechenden Eintrag und klicken auf das „X"-Symbol.

In die weiß hinterlegten Felder können Sie direkt schreiben. Beenden Sie einen Eintrag in die Unterlage mit „OK" und wiederholen Sie die vorherigen Schritte für weitere Eintragungen.

SIGEPLAN

Der Aufbau des SIGEPLANs, wie er in **bitBau** vorhanden ist, hat sich bereits mehrfach in der Praxis bewährt.

Die Auflistung der Gewerke mit den dazugehörigen Gefährdungen und Lösungen samt Bestimmungen und Verordnungen finden Sie auf den ersten Seiten des SIGEPLANs nach Gewerken sortiert. Diese Auflistung ist praxisnah, da sie den am Bau beteiligten Unternehmen einfach zur Verfügung gestellt werden kann. Der Bauzeitenplan und die gemeinsam genutzten Sicherheitseinrichtungen auf der letzten Seite zeigt den unmittelbaren zeitlichen Ablauf der Gewerke und insbesondere der gemeinsam genutzten Sicherheitseinrichtungen und ist u.a. für die Bauleitung ein übersichtlicher SIGEPLAN.

Die Gewerke

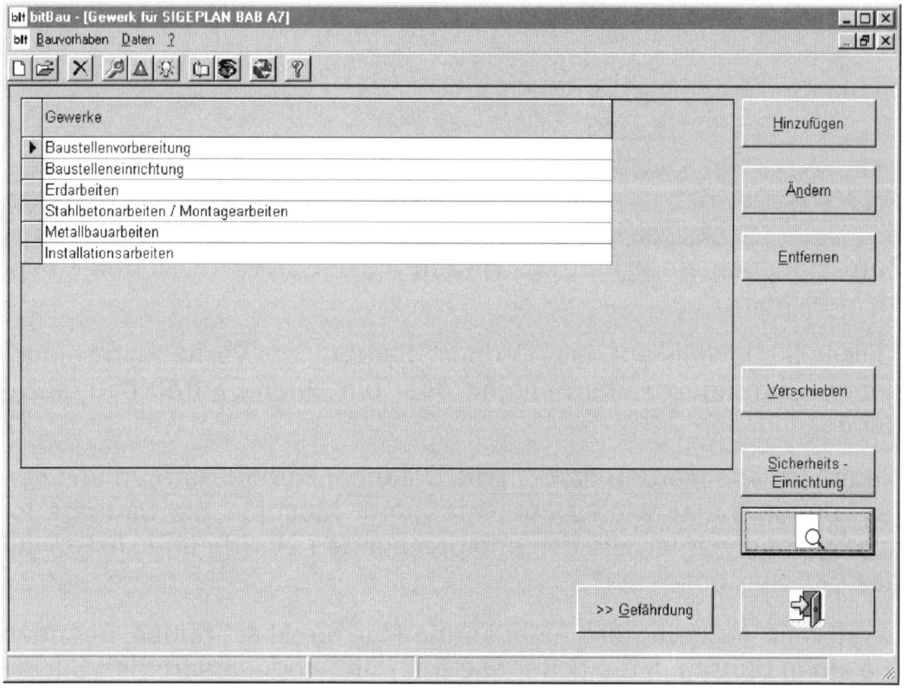

Alle Gewerke, die für Ihr Bauvorhaben sicherheitstechnisch relevant sind, können Sie eingeben, indem Sie in der Maske „Bauvorhaben" auf „Gewerke" klicken.

Diese Gewerke werden dann in der eingegebenen Reihenfolge in Ihren SIGEPLAN übernommen. Sie können Einträge neu hinzufügen oder übernehmen, bearbeiten und entfernen. Außerdem können Sie die Reihenfolge der Gewerke ändern und die gemeinsam genutzten Sicherheitseinrichtungen festlegen.

Gewerke anlegen

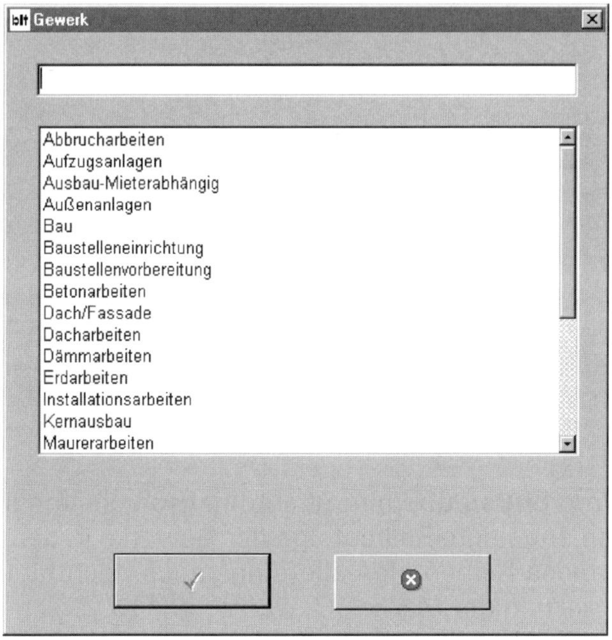

Beim „Hinzufügen" eines neuen Gewerkes können Sie ein völlig neues Gewerk in das weiße Feld eingeben und anschließend in die Datenbank aller Gewerke übernehmen.

Sie können aber auch ein schon einmal eingegebenes Gewerk aus der Datenbank in die aktuelle Gewerke-Liste für Ihr Bauvorhaben übernehmen.

Dazu müssen Sie das entsprechende Gewerk nur durch Klicken aus der obigen Gesamtliste auswählen und die Eingabe mit OK bestätigen.

Zum Löschen aber auch zum Verwalten von bereits vorhandenen Gewerken gelangen Sie wiederum über das Menü Daten und dann SIGEPLAN und Gewerk.

Gewerke anordnen

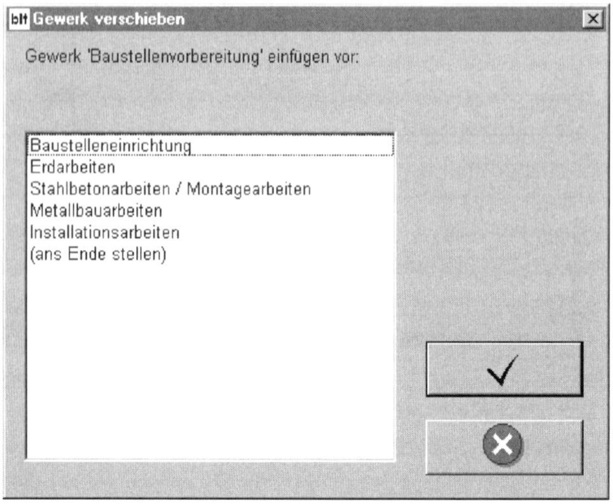

Das Programm **bitBau** übernimmt automatisch die von Ihnen für Ihr Bauvorhaben angelegte Reihenfolge der Gewerke in den SIGEPLAN. Sie können diese Reihenfolge allerdings auch nachträglich ändern. Wählen Sie dazu in der Maske „Gewerke" das zu verschiebende Gewerk aus, und klicken Sie auf „Verschieben".

Hier können Sie nun das ausgewählte Gewerk an eine beliebige Position in der Liste stellen. Wiederholen Sie diese Schritte mit den anderen Gewerken bis Sie die gewünschte Reihenfolge erreicht haben.

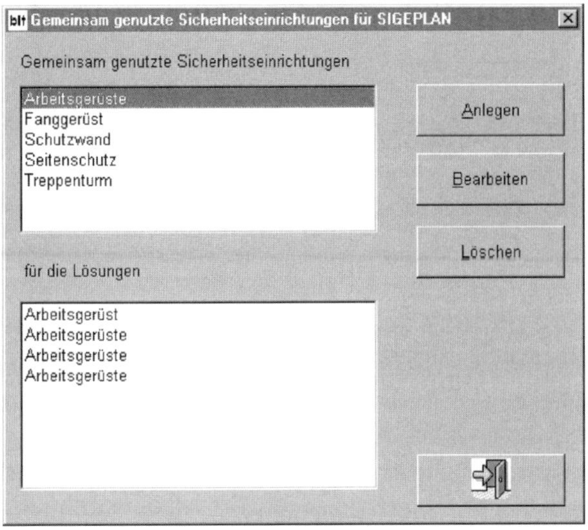

Die gemeinsam genutzten Sicherheitseinrichtungen verknüpfen die vorhandenen Lösungen, die für verschiedene Gewerke verwendet werden.

Sie können hier eine Bezeichnung für eine gemeinsam genutzte Sicherheitseinrichtung ändern, eine neue anlegen und eine vorhandene löschen.

Im unteren Fenster sehen Sie die aus dem SIGEPLAN zugeordneten Lösungen zu der im oberen Fenster markierten gemeinsam genutzten Sicherheitseinrichtung. Hier haben Sie die Möglichkeit, obwohl Sie zu Gefährdungen unterschiedliche Lösungen angegeben haben, diese in eine gemeinsam genutzte Sicherheitseinrichtung zusammenzufassen.

Gemeinsam genutzte Sicherheitseinrichtungen zuordnen

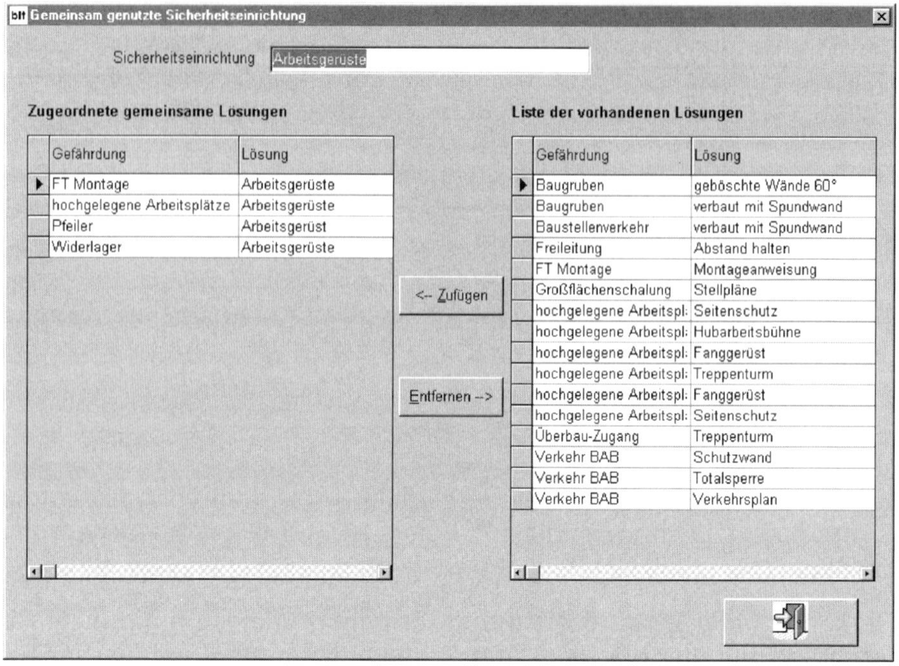

Nachdem Sie eine gemeinsam genutzte Sicherheitseinrichtung angelegt haben, können Sie die bereits in Ihrem SIGEPLAN vorhandenen Lösungen der gemeinsam genutzten Sicherheitseinrichtung zuordnen.

Dieses geschieht mit den Buttons „Zufügen“ und Entfernen“.

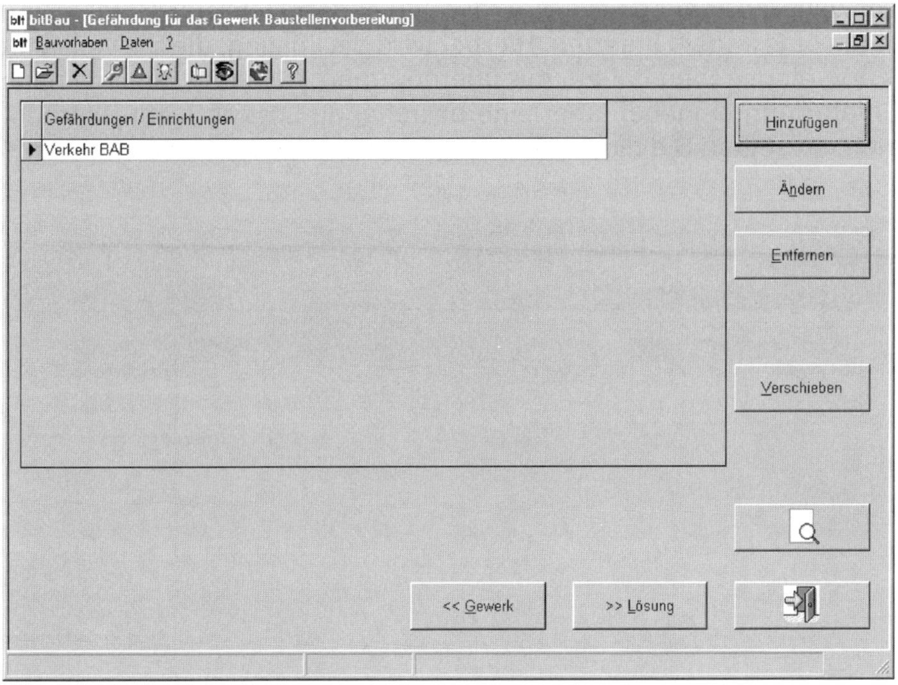

- Den einzelnen Gewerken können Sie nun deren Gefährdungen bzw. Einrichtungen zuordnen.
- Wählen Sie dazu das entsprechende Gewerk aus und klicken auf den Button „Gefährdungen".
- Die obige Maske erscheint leer.
- Sie können nun nach dem gleichen Prinzip wie bei den Gewerken Gefährdungen bzw. Einrichtungen für das ausgewählte Gewerk eintragen.
- Unter „Hinzufügen" können Sie einen neuen Eintrag erstellen.
- Sie können einen gänzlich neuen Eintrag in das weiße Feld eintragen.
- Sie können aber auch aus der Gesamtliste aller möglichen Gefährdungen/ Einrichtungen oder aus der Liste der Gefährdungen/Einrichtungen, die dem ausgewählten Gewerk schon vorher einmal zugeordnet worden sind, einen Eintrag auswählen.
- Auch hier können Sie die Reihenfolge so ändern, wie Sie in Ihrem SIGEPLAN erscheinen soll.

Desweiteren können Sie Gefährdungen ändern, d.h. eine Gefährdung durch eine andere ersetzen. Hierbei wird die Lösung, die Sie vielleicht schon eingegeben haben, mit übernommen. Möchten Sie eine neue Gefährdung eingeben aber eine bestehende Lösung nicht übernehmen, so sollten Sie die Gefährdung löschen und eine neue anlegen.

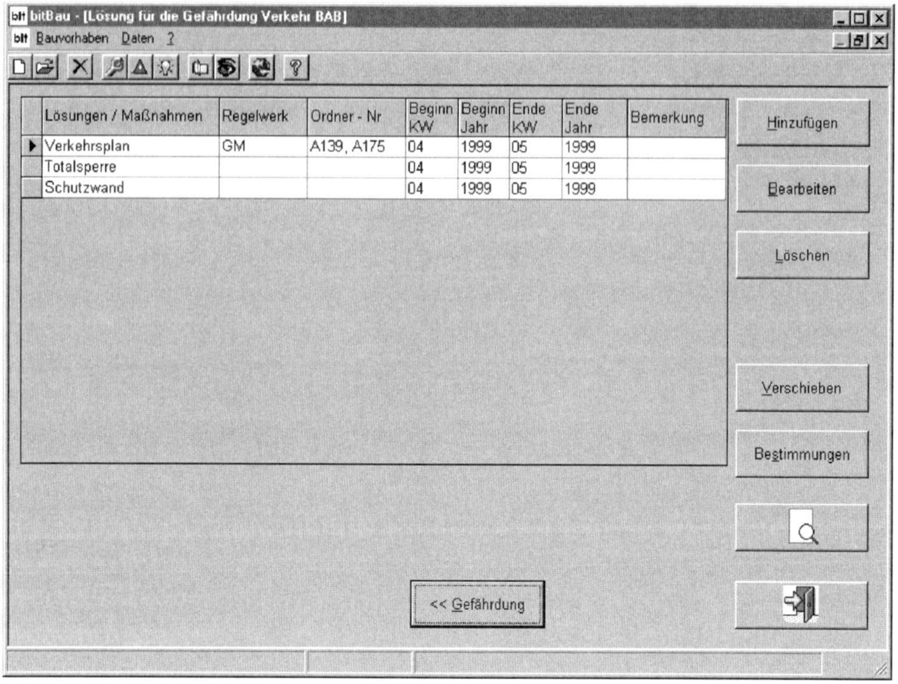

- Für die einzelnen Gefährdungen/Einrichtungen des Gewerkes können Sie nun Lösungen bzw. Maßnahmen festlegen.
- Dazu wählen Sie eine Gefährdung/Einrichtung aus und klicken auf den unteren Button „Lösung".
- Die obige Maske erscheint leer.
- Die Eingabe der Lösungen/Maßnahmen läuft ähnlich dem vorherigen Schema ab.
- Zum Eintragen einer Lösung klicken Sie auf „Hinzufügen".
- Den schnellen Überblick über die Bestimmungen und Verordnungen der markierten Lösung haben Sie über den Button „Bestimmungen"

Lösungen anlegen

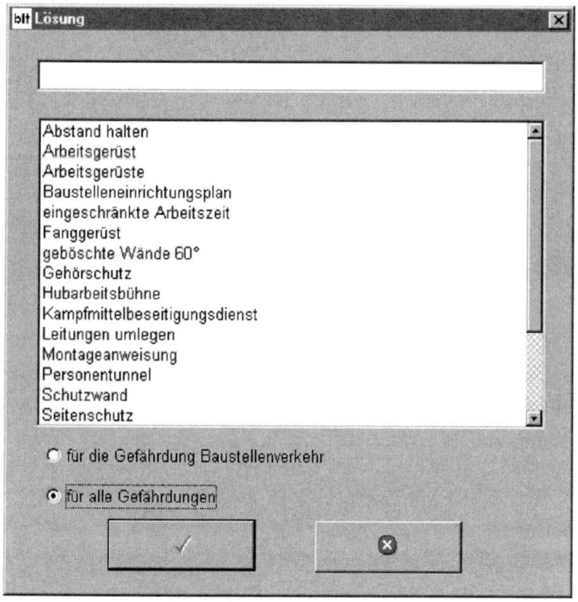

- Obige Maske erscheint leer.
- Wählen Sie nun entweder aus der Liste der Lösungen für die ausgewählte Gefährdung oder aus der Gesamtliste aller Lösungen einen Eintrag aus.
- Sie können auch einen ganz neuen Eintrag anlegen, indem Sie ihn in das weiße Eingabefeld schreiben.
- Das Programm sucht automatisch, ob diese neue Lösung schon einmal in die Datenbank übernommen worden ist.
- Klicken Sie auf „OK".

Wählen Sie eine neue Lösung für alle Gefährdungen bei einer bestimmten Gefährdung aus, dann wird beim nächsten Aufruf der Lösung zu dieser Gefährdung zugeordnet. **bitBau** merkt sich also Ihre Zusammenstellung von Gefährdung und Lösung sowie auch Ihre Zusammenstellung von Gewerk und Gefährdung.

Hinweise zu Lösungen

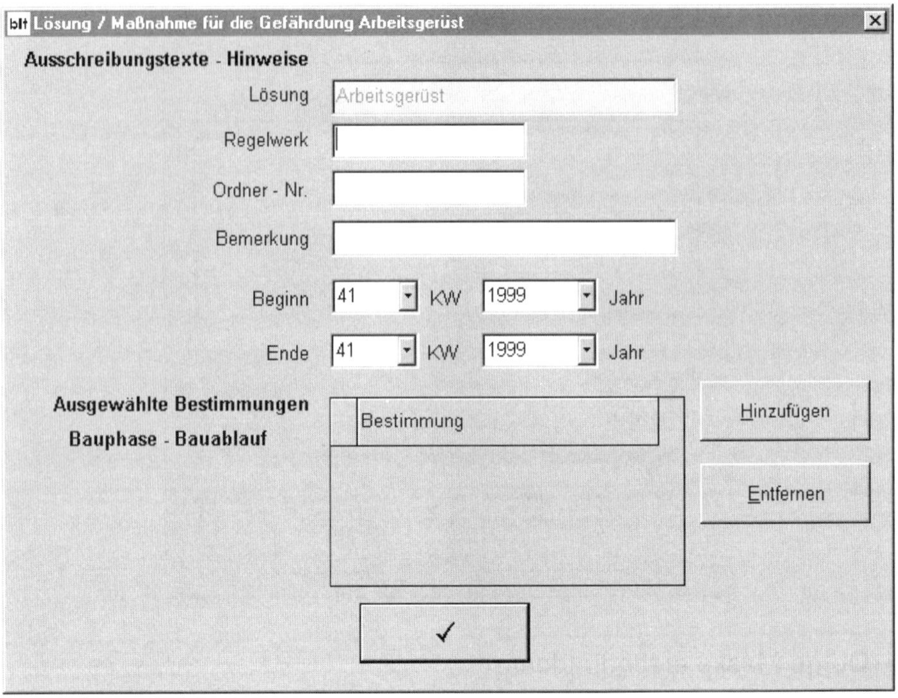

- Die obige Maske erscheint.
- In die weiß hinterlegten Felder können Sie direkt schreiben.
- Die Eingabe der Daten der Bauphase ändern Sie durch Klicken auf die Pfeilsymbole.
- Sie können der Lösung auch gleich eine Bestimmung zuordnen.
- Klicken Sie dazu auf „Hinzufügen".

Bestimmungen zuordnen

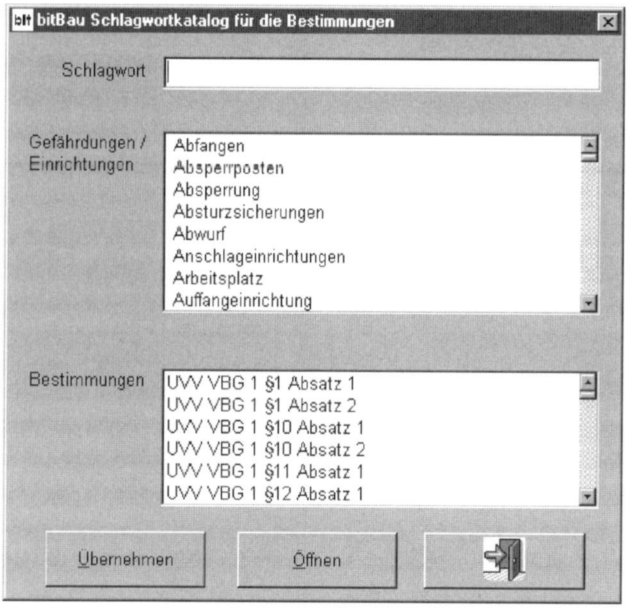

- Sie können jetzt durch Eingabe von Suchwörtern in das Feld „Schlagwort“ in der umfangreichen **bitBau**-Bestimmungsdatenbank die zu Ihrer Lösung passende Bestimmung auswählen („Übernehmen“) und vorher ansehen („Öffnen“).
- Wie Sie die Bestimmungsdatenbank um neue Bestimmungen erweitern können, lesen Sie später.
- Die einer Lösung zugeordneten Bestimmungen können Sie in der Maske „Lösungen“ einsehen, indem Sie dort eine bestimmte Lösung markieren und auf den Button „Bestimmungen“ klicken.

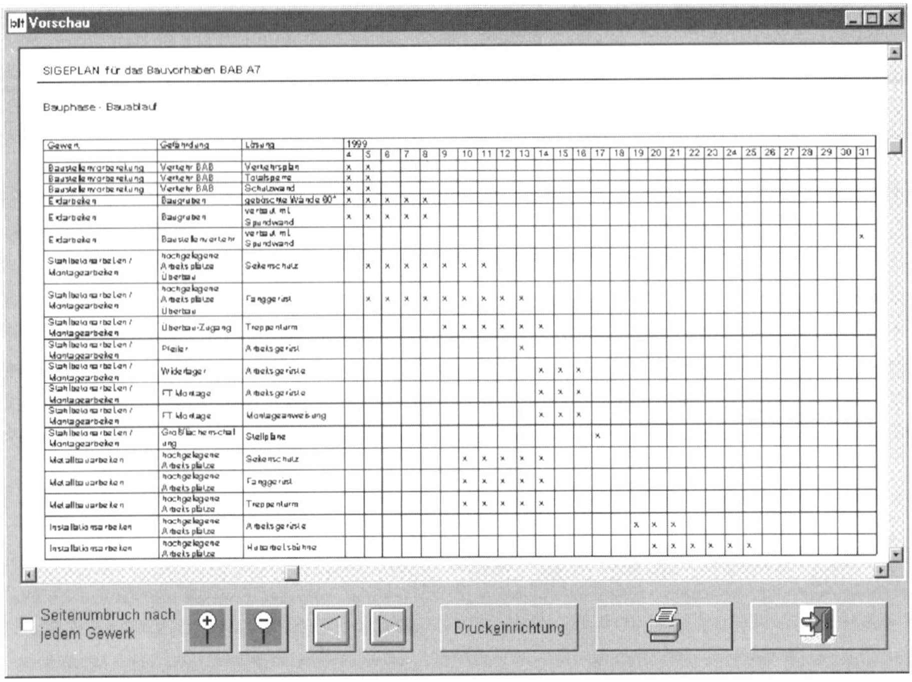

- Um sich Ihren SIGEPLAN anzusehen oder ihn endgültig zu drucken, klicken Sie an einer beliebigen Stelle bei der Eingabe des SIGEPLANs auf „Vorschau“.
- Sie können den SIGEPLAN mit Hilfe der Zoom-Lupen detailliert ansehen und durch Klicken auf die Pfeile zwischen den einzelnen Seiten blättern.
- Desweiteren können Sie einen Seitenumbruch nach jedem Gewerk und individuelle Druckoptionen einstellen.
- Sie können bis DIN A0 drucken, wenn Sie einen entsprechenden Drucker unter Windows installiert haben.
- Zum endgültigen Druck klicken Sie auf das Drucker-Symbol und im folgenden Dialog können Sie auswählen, ob Sie die aktuelle angezeigte Seite (z.B. für einen DIN A0 Bauzeitenplan) oder alle Seiten ausdrucken möchten

Sollte der SIGEPLAN insbesondere der Bauzeitenplan nicht auf das Blatt passen, dann wählen Sie unter Druckereinstellungen ein größeres Papierformat aus. Änderungen in den Druckeinstellungen werden umgehend im Vorschaufenster angezeigt.

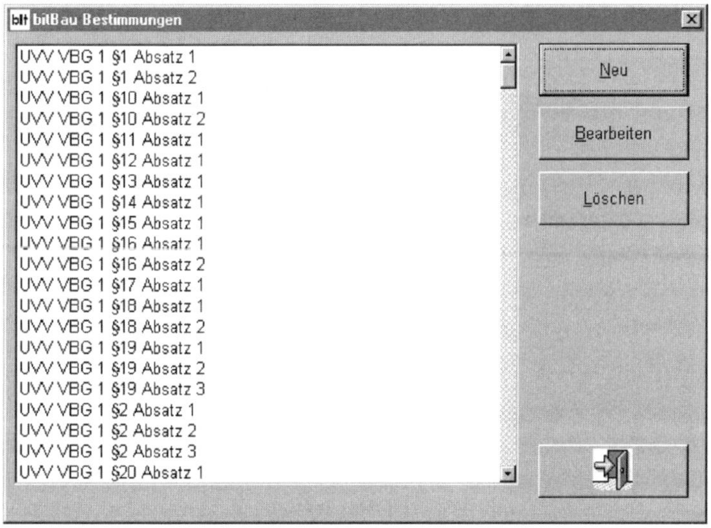

- Sie haben unter **bitBau** die Möglichkeit, einen umfangreichen Katalog mit für Sie relevanten Bestimmungen anzulegen.
- Bereits standardmäßig eingegeben sind die Bestimmungen der UVV VBG 1 und UVV VBG 37. Weitere folgen über zukünftige Updates im Internet.
- Um Bestimmungen neu einzugeben, klicken Sie im Programm-Menü auf „Daten“ und dann auf „Bestimmung“.
- Mit den entsprechenden Funktionen können Sie die Datenbank individuell Ihren Bedürfnissen anpassen.
- Eintragungen in die Rubrik „Schlagworte“ werden so übernommen, dass Sie auch neu eingegebene Bestimmungen später durch die inhaltliche Schlagwortsuche auswählen können.

Die Schlagwortsuche

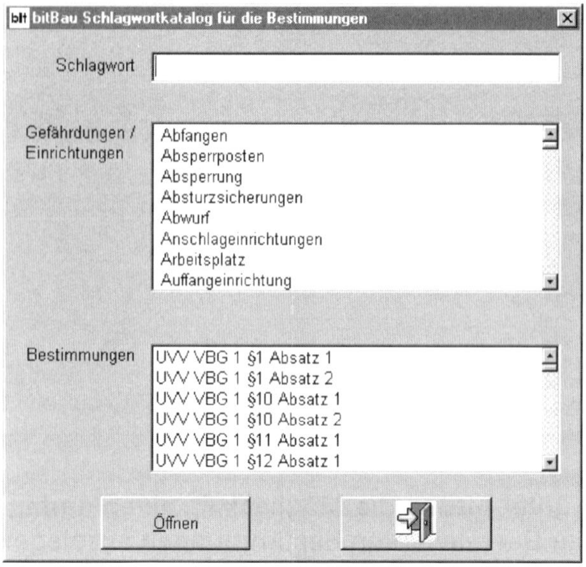

- Um sich Bestimmungen anzusehen, klicken Sie im Programm-Menü auf „Daten“ und dann auf „Schlagwort“.
- Hier können Sie per Schlagwortsuche für Sie interessante Bestimmungen auswählen und ansehen.
- Sie können Bestimmungen natürlich auch direkt auswählen.

Bevor Sie uns kontaktieren stellen Sie bitte sicher, dass Sie die aktuellste Version aus dem Internet (http://www.baltic-it.de) installiert haben. Sollten Sie nicht im Besitz eines Internetzugangs sein, so können wir Ihnen die jeweils aktuellste Version gegen einen Unkostenbeitrag von 10,- DM per Datenträger zusenden.

Um eine rasche und zielgerichtete Hilfe sicherzustellen, halten Sie bitte vor Ihrer Kontaktaufnahme ihre Rechnungsnummer bzw. den Rechnungsnamen bereit.

Bitte haben Sie Verständnis, dass wir im Sinne unserer registrierten Kunden, Kunden mit Demoversionen nur beschränkten Support anbieten können.

12 Anhang

12.1 Arbeitsschutzgesetz (ArbSchG)

Gesetz über die Durchführung von Maßnahmen des Arbeitsschutzes zur Verbesserung der Sicherheit und des Gesundheitsschutzes der Beschäftigten bei der Arbeit (Artikel 1 des Gesetzes zur Umsetzung der EG-Rahmenrichtlinie Arbeitsschutz und weiterer Arbeitsschutz-Richtlinien) Arbeitsschutzgesetz – ArbSchG

Vom 7. August 1996 (BGBl. I S. 1246) zuletzt geändert durch Gesetz vom 19. Dezember 1998 (BGBl. I S. 3843)

Allgemeine Grundsätze nach § 4 Arbeitsschutzgesetz – ArbSchG vom 7. August 1996

1. Die Arbeit ist so zu gestalten, dass eine Gefährdung für Leben und Gesundheit möglichst vermieden und die verbleibende Gefährdung möglichst gering gehalten wird;
2. Gefahren sind an ihrer Quelle zu bekämpfen;
3. bei den Maßnahmen sind der Stand von Technik, Arbeitsmedizin und Hygiene sowie sonstige gesicherte arbeitswissenschaftliche Erkenntnisse zu berücksichtigen;
4. Maßnahmen sind mit dem Ziel zu planen, Technik, Arbeitsorganisation, sonstige Arbeitsbedingungen, soziale Beziehungen und Einfluss der Umwelt auf den Arbeitsplatz sachgerecht zu verknüpfen;
5. individuelle Schutzmaßnahmen sind nachrangig zu anderen Maßnahmen;
6. spezielle Gefahren für besonders schutzbedürftige Beschäftigtengruppen sind zu berücksichtigen;
7. den Beschäftigten sind geeignete Anweisungen zu erteilen;
8. mittelbar oder unmittelbar geschlechtsspezifisch wirkende Regelungen sind nur zulässig, wenn dies aus biologischen Gründen zwingend geboten ist.

Erster Abschnitt
Allgemeine Vorschriften

§ 1
Zielsetzung und Anwendungsbereich

(1) Dieses Gesetz dient dazu, Sicherheit und Gesundheitsschutz Beschäftigten bei der Arbeit durch Maßnahmen des Arbeitsschutzes sichern und zu verbessern. Es gilt in allen Tätigkeitsbereichen.

(2) Dieses Gesetz gilt nicht für den Arbeitsschutz von Hausangestellten in privaten Haushalten. Es gilt nicht für den Arbeitsschutz von Beschäftigten auf Seeschiffen und in Betrieben, die dem Bundesberggesetz unterliegen, soweit dafür entsprechende Rechtsvorschriften bestehen.

(3) Pflichten, die die Arbeitgeber zur Gewährleistung von Sicherheit und Gesundheitsschutz der Beschäftigten bei der Arbeit nach sonstigen Rechtsvorschriften haben, bleiben unberührt. Satz 1 gilt entsprechend für Pflichten und Rechte der Beschäftigten. Unberührt bleiben Gesetze, die andere Personen als Arbeitgeber zu Maßnahmen des Arbeitsschutzes verpflichten.

(4) Bei öffentlich-rechtlichen Religionsgemeinschaften treten an Stelle der Betriebs- oder Personalräte die Mitarbeitervertretungen entsprechend dem kirchlichen Recht.

§ 2
Begriffsbestimmungen

(1) Maßnahmen des Arbeitsschutzes im Sinne dieses Gesetzes sind Maßnahmen zur Verhütung von Unfällen bei der Arbeit und arbeitsbedingten Gesundheitsgefahren einschließlich Maßnahmen der menschengerechten Gestaltung der Arbeit.

(2) Beschäftigte im Sinne dieses Gesetzes sind:

1. Arbeitnehmerinnen und Arbeitnehmer,
2. die zu ihrer Berufsbildung Beschäftigten,
3. arbeitnehmerähnliche Personen im Sinne des § 5 Abs. 1 des Arbeitsgerichtsgesetzes, ausgenommen die in Heimarbeit Beschäftigten und die ihnen Gleichgestellten,
4. Beamtinnen und Beamte,
5. Richterinnen und Richter,

6. Soldatinnen und Soldaten,
7. die in Werkstätten für Behinderte Beschäftigten.

(3) Arbeitgeber im Sinne dieses Gesetzes sind natürliche und juristische Personen und rechtsfähige Personengesellschaften, die Personen nach Absatz 2 beschäftigten.

(4) Sonstige Rechtsvorschriften im Sinne dieses Gesetzes sind Regelungen über Maßnahmen des Arbeitsschutzes in anderen Gesetzen, in Rechtsverordnungen und Unfallverhütungsvorschriften.

(5) Als Betriebe im Sinne dieses Gesetzes gelten für den Bereich des öffentlichen Dienstes die Dienststellen. Dienststellen sind die einzelnen Behörden, Verwaltungsstellen und Betriebe der Verwaltungen des Bundes, der Länder, der Gemeinden und der sonstigen Körperschaften, Anstalten und Stiftungen des öffentlichen Rechts, die Gerichte des Bundes und der Länder sowie die entsprechenden Einrichtungen der Streitkräfte.

Zweiter Abschnitt
Pflichten des Arbeitgebers

§ 3
Grundpflichten des Arbeitgebers

(1) Der Arbeitgeber ist verpflichtet, die erforderlichen Maßnahmen des Arbeitsschutzes unter Berücksichtigung der Umstände zu treffen, die Sicherheit und Gesundheit der Beschäftigten bei der Arbeit beeinflussen. Er hat die Maßnahmen auf ihre Wirksamkeit zu überprüfen und erforderlichenfalls sich ändernden Gegebenheiten anzupassen. Dabei hat er eine Verbesserung von Sicherheit und Gesundheitsschutz der Beschäftigten anzustreben.

(2) Zur Planung und Durchführung der Maßnahmen nach Absatz 1 hat der Arbeitgeber unter Berücksichtigung der Art der Tätigkeiten und der Zahl der Beschäftigten

1. für eine geeignete Organisation zu sorgen und die erforderlichen Mittel bereitzustellen sowie
2. Vorkehrungen zu treffen, dass die Maßnahmen erforderlichenfalls bei allen Tätigkeiten und eingebunden in die betrieblichen Führungsstrukturen beachtet werden und die Beschäftigten ihren Mitwirkungspflichten nachkommen können.

(3) Kosten für Maßnahmen nach diesem Gesetz darf der Arbeitgeber nicht den Beschäftigten auferlegen.

§ 4
Allgemeine Grundsätze

Der Arbeitgeber hat bei Maßnahmen des Arbeitsschutzes von folgenden allgemeinen Grundsätzen auszugehen:

1. Die Arbeit ist so zu gestalten, dass eine Gefährdung für Leben und Gesundheit möglichst vermieden und die verbleibende Gefährdung möglichst gering gehalten wird;
2. Gefahren sind an ihrer Quelle zu bekämpfen;
3. bei den Maßnahmen sind der Stand von Technik, Arbeitsmedizin und Hygiene sowie sonstige gesicherte arbeitswissenschaftliche Erkenntnisse zu berücksichtigen;
4. Maßnahmen sind mit dem Ziel zu planen, Technik, Arbeitsorganisation, sonstige Arbeitsbedingungen, soziale Beziehungen und Einfluss der Umwelt auf den Arbeitsplatz sachgerecht zu verknüpfen;
5. individuelle Schutzmaßnahmen sind nachrangig zu anderen Maßnahmen;
6. spezielle Gefahren für besonders schutzbedürftige Beschäftigungsgruppen sind zu berücksichtigen;
7. den Beschäftigten sind geeignete Anweisungen zu erteilen;
8. mittelbar oder unmittelbar geschlechtsspezifisch wirkende Regelungen sind nur zulässig, wenn dies aus biologischen Gründen zwingend geboten ist.

§ 5
Beurteilung der Arbeitsbedingungen

(1) Der Arbeitgeber hat durch eine Beurteilung der für die Beschäftigten mit ihrer Arbeit verbundenen Gefährdung zu ermitteln, welche Maßnahmen des Arbeitsschutzes erforderlich sind.

(2) Der Arbeitgeber hat die Beurteilung je nach Art der Tätigkeit vorzunehmen. Bei gleichartigen Arbeitsbedingungen ist die Beurteilung eines Arbeitsplatzes oder einer Tätigkeit ausreichend.

(3) Eine Gefährdung kann sich insbesondere ergeben durch

1. die Gestaltung und die Einrichtung der Arbeitsstätte und des Arbeitsplatzes,

2. physikalische, chemische und biologische Einwirkungen,
3. die Gestaltung, die Auswahl und den Einsatz von Arbeitsmitteln, insbesondere von Arbeitsstoffen, Maschinen, Geräten und Anlagen sowie den Umgang damit,
4. die Gestaltung von Arbeits- und Fertigungsverfahren, Arbeitsabläufen und Arbeitszeit und deren Zusammenwirken,
5. unzureichende Qualifikation und Unterweisung der Beschäftigten.

§ 6
Dokumentation

(1) Der Arbeitgeber muss über die je nach Art der Tätigkeiten und der Zahl der Beschäftigten erforderlichen Unterlagen verfügen, aus denen das Ergebnis der Gefährdungsbeurteilung, die von ihm festgelegten Maßnahmen des Arbeitsschutzes und das Ergebnis ihrer Überprüfung ersichtlich sind. Bei gleichartiger Gefährdungssituation ist es ausreichend, wenn die Unterlagen zusammengefasste Angaben enthalten. Soweit in sonstigen Rechtsvorschriften nichts anderes bestimmt ist, gilt Satz 1 nicht für Arbeitgeber mit zehn oder weniger Beschäftigten. Die zuständige Behörde kann, wenn besondere Gefährdungssituationen gegeben sind, anordnen, dass Unterlagen verfügbar sein müssen. Bei der Feststellung der Zahl der Beschäftigten nach Satz 3 sind Teilzeitbeschäftigte mit einer regelmäßigen wöchentlichen Arbeitszeit von nicht mehr als 20 Stunden mit 0,5 und nicht mehr als 30 Stunden mit 0,75 zu berücksichtigen.

(2) Unfälle in seinem Betrieb, bei denen ein Beschäftigter getötet oder so verletzt wird, dass er stirbt oder für mehr als drei Tage völlig oder teilweise arbeits- oder dienstunfähig wird, hat der Arbeitgeber zu fassen.

§ 7
Übertragung von Aufgaben

Bei der Übertragung von Aufgaben auf Beschäftigte hat der Arbeitgeber je nach Art der Tätigkeiten zu berücksichtigen, ob die Beschäftigten befähigt sind, die für die Sicherheit und den Gesundheitsschutz bei der Aufgabenerfüllung zu beachtenden Bestimmungen und Maßnahmen einzuhalten.

§ 8
Zusammenarbeit mehrerer Arbeitgeber

(1) Werden Beschäftigte mehrerer Arbeitgeber an einem Arbeitsplatz tätig, sind die Arbeitgeber verpflichtet, bei der Durchführung der Sicherheits- und Gesundheitsschutzbestimmungen zusammenzuarbeiten. Soweit dies für die Sicherheit und den Gesundheitsschutz der Beschäftigten bei der Arbeit erforderlich ist, haben die Arbeitgeber je nach Art der Tätigkeiten insbesondere sich gegenseitig und ihre Beschäftigten über die mit den Arbeiten verbundenen Gefahren für Sicherheit und Gesundheit der Beschäftigten zu unterrichten und Maßnahmen zu Verhütung dieser Gefahren abzustimmen.

(2) Der Arbeitgeber muss sich je nach Art der Tätigkeit vergewissern, dass die Beschäftigten anderer Arbeitgeber, die in seinem Betrieb tätig werden, hinsichtlich der Gefahren für ihre Sicherheit und Gesundheit während ihrer Tätigkeit in seinem Betrieb angemessene Anweisungen erhalten haben.

§ 9
Besondere Gefahren

(1) Der Arbeitgeber hat Maßnahmen zu treffen, damit nur Beschäftigte Zugang zu besonders gefährlichen Arbeitsbereichen haben, die zuvor geeignete Anweisungen erhalten haben.

(2) Der Arbeitgeber hat Vorkehrungen zu treffen, dass alle Beschäftigten, die einer unmittelbaren erheblichen Gefahr ausgesetzt sind oder sein können, möglichst frühzeitig über diese Gefahr und die getroffenen oder zu treffenden Schutzmaßnahmen unterrichtet sind. Bei unmittelbarer erheblicher Gefahr für die eigene Sicherheit oder die Sicherheit anderer Personen müssen die Beschäftigten die geeigneten Maßnahmen zur Gefahrenabwehr und Schadensbegrenzung selbst treffen können, wenn der zuständige Vorgesetzte nicht erreichbar ist; da sind die Kenntnisse der Beschäftigten und die vorhandenen technischen Mittel zu berücksichtigen. Den Beschäftigten dürfen aus ihrem Handeln keine Nachteile entstehen, es sei denn, sie haben vorsätzlich oder grob fahrlässig ungeeignete Maßnahmen getroffen.

(3) Der Arbeitgeber hat Maßnahmen zu treffen, die es den Beschäftigten bei unmittelbarer erheblicher Gefahr ermöglichen, sich durch sofortiges Verlassen der Arbeitsplätze in Sicherheit zu bringen. Den Beschäftigten dürfen hierdurch keine Nachteile entstehen. Hält die

unmittelbare erhebliche Gefahr an, darf der Arbeitgeber die Beschäftigten nur in besonders begründeten Ausnahmefällen auffordern, ihre Tätigkeit wieder aufzunehmen. Gesetzliche Pflichten der Beschäftigten zur Abwehr von Gefahren für die öffentliche Sicherheit sowie die §§ 7 und 11 des Soldatengesetzes bleiben unberührt.

§ 10
Erste Hilfe und sonstige Notfallmaßnahmen

(1) Der Arbeitgeber hat entsprechend der Art der Arbeitsstätte und der Tätigkeiten sowie der Zahl der Beschäftigten die Maßnahmen zu treffen, die zur Ersten Hilfe, Brandbekämpfung und Evakuierung der Beschäftigten erforderlich sind. Dabei hat er der Anwesenheit anderer Personen Rechnung zu tragen. Er hat auch dafür zu sorgen, dass in Notfall die erforderlichen Verbindungen zu außerbetrieblichen Stellen insbesondere in den Bereichen der Ersten Hilfe, der medizinischen Notversorgung, der Bergung und der Brandbekämpfung eingerichtet sind.

(2) Der Arbeitgeber hat diejenigen Beschäftigten zu benennen, die Aufgaben der Ersten Hilfe, Brandbekämpfung und Evakuierung der Beschäftigten übernehmen. Anzahl, Ausbildung und Ausrüstung der nach Satz 1 benannten Beschäftigten müssen in einem angemessenen Verhältnis zur Zahl der Beschäftigten und zu den bestehenden besonderen Gefahren stehen. Vor der Benennung hat der Arbeitgeber den Betriebs- oder Personalrat zu hören. Weitergehende Beteiligungsrechte bleiben unberührt. Der Arbeitgeber kann die in Satz 1 genannten Aufgaben auch selbst wahrnehmen, wenn er über die nach Satz 2 erforderliche Ausbildung und Ausrüstung verfügt.

§ 11
Arbeitsmedizinische Vorsorge

Der Arbeitgeber hat den Beschäftigten auf ihren Wunsch unbeschadet der Pflichten aus anderen Rechtsvorschriften zu ermöglichen, sich je nach den Gefahren für ihre Sicherheit und Gesundheit bei der Arbeit regelmäßig arbeitsmedizinisch untersuchen zu lassen, es sei denn, auf Grund der Beurteilung der Arbeitsbedingungen und der getroffenen Schutzmaßnahmen ist nicht mit einem Gesundheitsschaden zu rechnen.

§ 12
Unterweisung

(1) Der Arbeitgeber hat die Beschäftigten über Sicherheit und Gesundheitsschutz bei der Arbeit während ihrer Arbeitszeit ausreichend und angemessen zu unterweisen. Die Unterweisung umfasst Anweisungen und Erläuterungen, die eigens auf den Arbeitsplatz oder den Aufgabenbereich der Beschäftigten ausgerichtet sind. Die Unterweisung muss bei der Einstellung, bei Veränderungen im Aufgabenbereich, der Einführung neuer Arbeitsmittel oder einer neuen Technologie vor Aufnahme der Tätigkeit der Beschäftigten erfolgen. Die Unterweisung muss an die Gefährdungsentwicklung angepasst sein und erforderlichenfalls regelmäßig wiederholt werden.

(2) Bei einer Arbeitnehmerüberlassung trifft die Pflicht zur Unterweisung nach Absatz 1 den Entleiher. Er hat die Unterweisung unter Berücksichtigung der Qualifikation und der Erfahrung der Personen, die ihm zur Arbeitsleistung überlassen werden, vorzunehmen. Die sonstigen Arbeitsschutzpflichten des Verleihers bleiben unberührt.

§ 13
Verantwortliche Personen

(1) Verantwortlich für die Erfüllung der sich aus diesem Abschnitt ergebenden Pflichten sind neben dem Arbeitgeber

1. sein gesetzlicher Vertreter,
2. das vertretungsberechtigte Organ einer juristischen Person,
3. der vertretungsberechtigte Gesellschafter einer Personenhandelsgesellschaft,
4. Personen, die mit der Leitung eines Unternehmens oder eines Betriebes beauftragt sind, im Rahmen der ihnen übertragenen Aufgaben und Befugnisse,
5. sonstige nach Absatz 2 oder nach einer auf Grund dieses Gesetzes erlassenen Rechtsverordnung oder nach einer Unfallverhütungsvorschrift beauftragte Personen im Rahmen ihrer Aufgaben und Befugnisse.

(2) Der Arbeitgeber kann zuverlässige und fachkundige Personen schriftlich damit beauftragen, ihm obliegende Aufgaben nach diesem Gesetz in eigener Verantwortung wahrzunehmen.

§ 14
Unterrichtung und Anhörung der Beschäftigten des öffentlichen Dienstes

(1) Die Beschäftigten des öffentlichen Dienstes sind vor Beginn der Beschäftigung und bei Veränderungen in ihren Arbeitsbereichen über Gefahren für Sicherheit und Gesundheit, denen sie bei der Arbeit ausgesetzt sein können, sowie über die Maßnahmen und Einrichtungen zur Verhütung dieser Gefahren und die nach § 10 Abs. 2 getroffenen Maßnahmen zu unterrichten.

(2) Soweit in Betrieben des öffentlichen Dienstes keine Vertretung der Beschäftigten besteht, hat der Arbeitgeber die Beschäftigten zu allen Maßnahmen zu hören, die Auswirkungen auf Sicherheit und Gesundheit der Beschäftigten haben können.

Dritter Abschnitt
Pflichten und Rechte der Beschäftigten

§ 15
Pflichten der Beschäftigten

(1) Die Beschäftigten sind verpflichtet, nach ihren Möglichkeiten sowie gemäß der Unterweisung und Weisung des Arbeitgebers für ihre Sicherheit und Gesundheit bei der Arbeit Sorge zu tragen. Entsprechend Satz 1 haben die Beschäftigten auch für die Sicherheit und Gesundheit der Personen zu sorgen, die von ihren Handlungen oder Unterlassungen bei der Arbeit betroffen sind.

(2) Im Rahmen des Absatzes 1 haben die Beschäftigten insbesondere Maschinen, Geräte, Werkzeuge, Arbeitsstoffe, Transportmittel und sonstige Arbeitsmittel sowie Schutzvorrichtungen und die ihnen zur Verfügung gestellte persönliche Schutzausrüstung bestimmungsgemäß zu verwenden.

§ 16
Besondere Unterstützungspflichten

(1) Die Beschäftigten haben dem Arbeitgeber oder dem zuständigen Vorgesetzten jede von ihnen festgestellte unmittelbare erhebliche Gefahr für die Sicherheit und Gesundheit sowie jeden an den Schutzsystemen festgestellten Defekt unverzüglich zu melden.

(2) Die Beschäftigten haben gemeinsam mit dem Betriebsarzt und der Fachkraft für Arbeitssicherheit den Arbeitgeber darin zu unterstützen,

die Sicherheit und den Gesundheitsschutz der Beschäftigten bei der Arbeit zu gewährleisten und seine Pflichten entsprechend den behördlichen Auflagen zu erfüllen. Unbeschadet ihrer Pflicht nach Absatz sollen die Beschäftigten von ihnen festgestellte Gefahren für Sicherheit und Gesundheit und Mängel an den Schutzsystemen auch der Fachkraft für Arbeitssicherheit, dem Betriebsarzt oder dem Sicherheitsbeauftragten nach § 22 des Siebten Buches Sozialgesetzbuch mitteilen.

§ 17
Rechte der Beschäftigten

(1) Die Beschäftigten sind berechtigt, dem Arbeitgeber Vorschläge zu allen Fragen der Sicherheit und des Gesundheitsschutzes bei der Arbeit zu machen. Für Beamtinnen und Beamte des Bundes ist § 171 des Bundesbeamtengesetzes anzuwenden. § 60 des Beamtenrechtsrahmengesetzes und entsprechendes Landesrecht bleiben unberührt.

(2) Sind Beschäftigte auf Grund konkreter Anhaltspunkte der Auffassung, dass die vom Arbeitgeber getroffenen Maßnahmen und bereitgestellten Mittel nicht ausreichen, um die Sicherheit und den Gesundheitsschutz bei der Arbeit zu gewährleisten, und hilft der Arbeitgeber darauf gerichteten Beschwerden von Beschäftigten nicht ab, können sich diese an die zuständige Behörde wenden. Hierdurch dürfen den Beschäftigten keine Nachteile entstehen. Die in Absatz 1 Satz 2 und 3 genannten Vorschriften sowie die Vorschriften der Wehrbeschwerdeordnung und des Gesetzes über den Wehrbeauftragten des Deutschen Bundestages bleiben unberührt.

Vierter Abschnitt
Verordnungsermächtigungen

§ 18
Verordnungsermächtigungen

(1) Die Bundesregierung wird ermächtigt, durch Rechtsverordnung mit Zustimmung des Bundesrates vorzuschreiben, welche Maßnahmen der Arbeitgeber und die sonstigen verantwortlichen Personen zu treffen haben und wie sich die Beschäftigten zu verhalten haben, um ihre jeweiligen Pflichten, die sich aus diesem Gesetz ergeben, zu erfüllen. In diesen Rechtsverordnungen kann auch bestimmt werden, dass bestimmte Vorschriften des Gesetzes zum Schutz anderer als in § 2 Abs. 2 genannter Personen anzuwenden sind.

(2) Durch Rechtsverordnungen nach Absatz 1 kann insbesondere bestimmt werden,

1. dass und wie zur Abwehr bestimmter Gefahren Dauer oder Lage der Beschäftigung oder die Zahl der Beschäftigten begrenzt werden muss,
2. dass der Einsatz bestimmter Arbeitsmittel oder -verfahren mit besonderen Gefahren für die Beschäftigten verboten ist oder der zuständigen Behörde angezeigt oder von ihr erlaubt sein muss oder besonders gefährdete Personen dabei nicht beschäftigt werden dürfen,
3. dass bestimmte, besonders gefährliche Betriebsanlagen einschließlich der Arbeits- und Fertigungsverfahren vor Inbetriebnahme, in regelmäßigen Abständen oder auf behördliche Anordnung fachkundig geprüft werden müssen,
4. dass Beschäftigte, bevor sie eine bestimmte gefährdete Tätigkeit aufnehmen oder fortsetzen oder nachdem sie sie beendet haben, arbeitsmedizinisch zu untersuchen sind und welche besonderen Pflichten der Arzt dabei zu beachten hat.

§ 19
Rechtsakte der Europäischen Gemeinschaften und zwischenstaatliche Vereinbarungen

Rechtsverordnungen nach § 18 können auch erlassen werden, soweit dies zur Durchführung von Rechtsakten des Rates oder der Kommission der Europäischen Gemeinschaften oder von Beschlüssen internationaler Organisationen oder von zwischenstaatlichen Vereinbarungen die Sachbereiche dieses Gesetzes betreffen, erforderlich ist, insbesondere um Arbeitsschutzpflichten für andere als in § 2 Abs. 3 genannten Personen zu regeln.

§ 20
Regelungen für den öffentlichen Dienst

(1) Für die Beamten der Länder, Gemeinden und sonstigen Körperschaften, Anstalten und Stiftungen des öffentlichen Rechts regelt das Landesrecht, ob und inwieweit die nach § 18 erlassenen Rechtsverordnungen gelten.

(2) Für bestimmte Tätigkeiten im öffentlichen Dienst des Bundes, insbesondere bei der Bundeswehr, der Polizei, den Zivil- und Katastrophenschutzdiensten, dem Zoll oder den Nachrichtendiensten, kön-

nen das Bundeskanzleramt, das Bundesministerium des Innern, das Bundesministerium für Verkehr, das Bundesministerium der Verteidigung oder das Bundesministerium der Finanzen, soweit sie hierfür jeweils zuständig sind, durch Rechtsverordnung ohne Zustimmung des Bundesrates bestimmen, dass Vorschriften dieses Gesetzes ganz oder zum Teil nicht anzuwenden sind, soweit öffentliche Belange dies zwingend erfordern, insbesondere zur Aufrechterhaltung oder Wiederherstellung der öffentlichen Sicherheit. Rechtsverordnungen nach Satz 1 werden im Einvernehmen mit dem Bundesministerium für Arbeit und Sozialordnung und, soweit nicht das Bundesministerium des Innern selbst ermächtigt ist, im Einvernehmen mit diesem Ministerium erlassen. In den Rechtsverordnungen ist gleichzeitig festzulegen, wie die Sicherheit und der Gesundheitsschutz bei der Arbeit unter Berücksichtigung der Ziele dieses Gesetzes auf andere Weise gewährleistet werden. Für Tätigkeiten im öffentlichen Dienst der Länder, Gemeinden und sonstigen landesunmittelbaren Körperschaften, Anstalten und Stiftungen des öffentlichen Rechts können den Sätzen 1 und 3 entsprechende Regelungen durch Landesrecht getroffen werden.

Fünfter Abschnitt
Schlussvorschriften

§ 21
Zuständige Behörden: Zusammenwirken mit den Trägern der gesetzlichen Unfallversicherung

(1) Die Überwachung des Arbeitsschutzes nach diesem Gesetz ist staatliche Aufgabe. Die zuständigen Behörden haben die Einhaltung dieses Gesetzes und der auf Grund dieses Gesetzes erlassenen Rechtsverordnungen zu überwachen und die Arbeitgeber bei der Erfüllung ihrer Pflichten zu beraten.

(2) Die Aufgaben und Befugnisse der Träger der gesetzlichen Unfallversicherung richten sich, soweit nichts anderes bestimmt ist, nach den Vorschriften des Sozialgesetzbuchs. Soweit die Träger der gesetzlichen Unfallversicherung nach dem Sozialgesetzbuch im Rahmen ihres Präventionsauftrags auch Aufgaben zur Gewährleistung von Sicherheit und Gesundheitsschutz der Beschäftigten wahrnehmen, werden sie ausschließlich im Rahmen ihrer autonomen Befugnisse tätig.

(3) Die zuständigen Landesbehörden und die Träger der gesetzlichen Unfallversicherung wirken bei der Überwachung eng zusammen und fördern den Erfahrungsaustausch. Sie unterrichten sich gegenseitig über durchgeführte Betriebsbesichtigungen und deren wesentliche Ergebnisse.

(4) Die für den Arbeitsschutz zuständige oberste Landesbehörde kann mit Trägern der gesetzlichen Unfallversicherung vereinbaren, dass diese in näher zu bestimmenden Tätigkeitsbereichen die Einhaltung dieses Gesetzes, bestimmter Vorschriften dieses Gesetzes oder der auf Grund dieses Gesetzes erlassenen Rechtsverordnungen überwachen. In der Vereinbarung sind Art und Umfang der Überwachung sowie der Zusammenarbeit mit den staatlichen Arbeitsschutzbehörden festzulegen.

(5) Soweit nachfolgend nichts anderes bestimmt ist, ist zuständige Behörde für die Durchführung dieses Gesetzes und der auf dieses Gesetz gestützten Rechtsverordnungen in den Betrieben und Verwaltungen des Bundes die Zentralstelle für Arbeitsschutz beim Bundesministerium des Innern. Im Auftrag der Zentralstelle handelt, soweit nichts anderes bestimmt ist, die Bundesausführungsbehörde für Unfallversicherung, die insoweit der Aufsicht des Bundesministeriums des Innern unterliegt. Im öffentlichen Dienst im Geschäftsbereich des Bundesministeriums für Verkehr führen die Ausführungsbehörde für Unfallversicherung des Bundesministeriums für Verkehr und die Eisenbahn-Unfallkasse, soweit diese Träger der Unfallversicherung ist, dieses Gesetz durch. Für Betriebe und Verwaltungen in den Geschäftsbereichen des Bundesministeriums der Verteidigung und des Auswärtigen Amtes hinsichtlich seiner Auslandsvertretungen und für die Nachrichtendienste des Bundes führen das jeweilige Bundesministerium oder das Bundeskanzleramt, soweit sie jeweils zuständig sind, oder die von ihnen jeweils bestimmte Stelle dieses Gesetz durch. Im Geschäftsbereich des Bundesministeriums für Post und Telekommunikation führt die Unfallkasse Post und Telekom dieses Gesetz durch. Die Sätze 1 bis 4 gelten auch für Betriebe und Verwaltungen, die zur Bundesverwaltung gehören, für die aber eine Berufsgenossenschaft Träger der Unfallversicherung ist. Die zuständigen Bundesministerien können mit den Berufsgenossenschaften für diese Betriebe und Verwaltungen vereinbaren, dass das Gesetz von den Berufsgenossenschaften durchgeführt wird; Aufwendungen werden nicht erstattet.

§ 22
Befugnisse der zuständigen Behörden

(1) Die zuständige Behörde kann vom Arbeitgeber oder von den verantwortlichen Personen die zur Durchführung ihrer Überwachungsaufgabe erforderlichen Auskünfte und die Überlassung von entsprechenden Unterlagen verlangen. Die auskunftspflichtige Person kann die Auskunft auf solche Fragen oder die Vorlage derjenigen Unterlage verweigern, deren Beantwortung oder Vorlage sie selbst oder einen ihrer in § 383 Abs. 1 Nr. 1 bis 3 der Zivilprozessordnung bezeichneten Angehörigen der Gefahr der Verfolgung wegen einer Straftat oder Ordnungswidrigkeit aussetzen würde. Die auskunftspflichtige Person ist darauf hinzuweisen.

(2) Die mit der Überwachung beauftragten Personen sind befugt, zu den Betriebs- und Arbeitszeiten Betriebsstätten, Geschäfts- und Betriebsräume zu betreten, zu besichtigen und zu prüfen sowie in die geschäftlichen Unterlagen der auskunftspflichtigen Person Einsicht zu nehmen, soweit dies zur Erfüllung ihrer Aufgaben erforderlich ist. Außerdem sind sie befugt, Betriebsanlagen, Arbeitsmittel und persönliche Schutzausrüstungen zu prüfen, Arbeitsverfahren und Arbeitsabläufe zu untersuchen, Messungen vorzunehmen und insbesondere arbeitsbedingte Gesundheitsgefahren festzustellen und zu untersuchen, auf welche Ursachen ein Arbeitsunfall, eine arbeitsbedingte Erkrankung oder ein Schadensfall zurückzuführen ist. Sie sind berechtigt, die Begleitung durch den Arbeitgeber oder eine von ihm beauftragte Person verlangen. Der Arbeitgeber oder die verantwortlichen Personen haben die mit der Überwachung beauftragten Personen bei der Wahrnehmung ihrer Befugnisse nach den Sätzen 1 und 2 zu unterstützen. Außerhalb der in Satz 1 genannten Zeiten, oder wenn die Arbeitsstätte sich in einer Wohnung befindet, dürfen die mit der Überwachung beauftragten Personen ohne Einverständnis des Arbeitgebers die Maßnahmen nach den Sätzen 1 und 2 nur zur Verhütung dringender Gefahren für die öffentliche Sicherheit oder Ordnung treffen. Die auskunftspflichtige Person hat die Maßnahmen nach den Sätzen 1, 2 und 5 zu dulden. Die Sätze 1 und 5 gelten entsprechend, wenn nicht feststeht, ob in der Arbeitsstätte Personen beschäftigt werden, jedoch Tatsachen gegeben sind, die diese Annahme rechtfertigen. Das Grundrecht der Unverletzlichkeit der Wohnung (Artikel 13 des Grundgesetzes) wird insoweit eingeschränkt.

(3) Die zuständige Behörde kann im Einzelfall anordnen,

1. welche Maßnahmen der Arbeitgeber und die verantwortlichen Personen oder die Beschäftigten zur Erfüllung der Pflichten zu treffen haben, die sich aus diesem Gesetz und den auf Grund dieses Gesetzes erlassenen Rechtsverordnungen ergeben,
2. welche Maßnahmen der Arbeitgeber und die verantwortlichen Personen zur Abwendung einer besonderen Gefahr für Leben und Gesundheit der Beschäftigten zu treffen haben.

Die zuständige Behörde hat, wenn nicht Gefahr im Verzug ist, zur Ausführung der Anordnung eine angemessene Frist zu setzen. Wird eine Anordnung nach Satz 1 nicht innerhalb einer gesetzten Frist oder eine für sofort vollziehbar erklärte Anordnung nicht sofort ausgeführt, kann die zuständige Behörde die von der Anordnung betroffene Arbeit oder die Verwendung oder den Betrieb der von der Anordnung betroffenen Arbeitsmittel untersagen. Maßnahmen der zuständigen Behörde im Bereich des öffentlichen Dienstes, die den Dienstbetrieb wesentlich beeinträchtigen, sollen im Einvernehmen mit der obersten Bundes- oder Landesbehörde oder dem Hauptverwaltungsbeamten der Gemeinde getroffen werden.

§ 23
Betriebliche Daten; Zusammenarbeit mit anderen Behörden; Jahresbericht

(1) Der Arbeitgeber hat der zuständigen Behörde zu einem von ihr bestimmten Zeitpunkt Mitteilungen über

1. die Zahl der Beschäftigten und derer, an die er Heimarbeit vergibt aufgegliedert nach Geschlecht, Alter und Staatsangehörigkeit,
2. den Namen oder die Bezeichnung und Anschrift des Betriebes, in dem er sie beschäftigt,
3. seinen Namen, seine Firma und seine Anschrift sowie
4. den Wirtschaftszweig, dem sein Betrieb angehört,

zu machen. Das Bundesministerium für Arbeit und Sozialordnung wird ermächtigt, durch Rechtsverordnung mit Zustimmung des Bundesrates zu bestimmen, dass die Stellen der Bundesverwaltung, denen der Arbeitgeber die in Satz 1 genannten Mitteilungen bereits auf Grund einer Rechtsvorschrift mitgeteilt hat, diese Angaben an die für die Behörden nach Satz 1 zuständigen obersten Landesbehörden als Schreiben oder auf maschinell verwertbaren Datenträgern oder durch Datenübertragung weiterzuleiten haben. In der Rechtsverordnung können das Nähere über die Form der weiterzuleitenden Angaben sowie die Frist für die Weiterleitung bestimmt werden. Die weitergeleiteten Angaben dürfen nur zur Erfüllung der in der Zuständigkeit der Behörden nach § 21 Abs. 1 liegenden Arbeitsschutzaufgaben verwendet sowie in Datenverarbeitungssystemen gespeichert oder verarbeitet werden.

(2) Die mit der Überwachung beauftragten Personen dürfen die ihnen bei ihrer Überwachungstätigkeit zur Kenntnis gelangenden Geschäfts- und Betriebsgeheimnisse nur in den gesetzlich geregelten Fällen oder zur Verfolgung von Gesetzwidrigkeiten oder zur Erfüllung von gesetzlich geregelten Aufgaben zum Schutz der Versicherten dem Träger der gesetzlichen Unfallversicherung oder zum Schutz der Umwelt den dafür zuständigen Behörden offenbaren. Soweit es sich bei Geschäfts- und Betriebsgeheimnissen um Informationen über die Umwelt im Sinne des **Umweltinformationsgesetzes** handelt, richtet sich die Befugnis zu ihrer Offenbarung nach dem Umweltinformationsgesetz.

(3) Ergeben sich im Einzelfall für die zuständigen Behörden konkret Anhaltspunkte für

1. eine Beschäftigung oder Tätigkeit von Ausländern ohne die erforderliche Erlaubnis nach Genehmigung nach § 284 Abs. 1 Satz 1 des Dritten Buches Sozialgesetzbuch,
2. Verstöße gegen die Mitwirkungspflicht nach § 60 Abs. 1 Satz 1 Nr. 2 des Ersten Buches Sozialgesetzbuch gegenüber einer Dienststelle der Bundesanstalt für Arbeit, einem Träger der gesetzlichen Kranken-, Pflege-, Unfall- oder Rentenversicherung oder einem Träger der Sozialhilfe oder gegen die Meldepflicht nach § 8a des Asylbewerberleistungsgesetzes,
3. Verstöße gegen das Gesetz zur Bekämpfung der Schwarzarbeit,
4. Verstöße gegen das Arbeitnehmerüberlassungsgesetz,
5. Verstöße gegen die Vorschriften des Vierten und Siebten Buches Sozialgesetzbuch über die Verpflichtung zur Zahlung von Sozialversicherungsbeiträgen,
6. Verstöße gegen das Ausländergesetz,
7. Verstöße gegen die Steuergesetze,

unterrichten sie die für die Verfolgung und Ahndung der Verstöße nach den Nummern 1 bis 7 zuständigen Behörden, die Träger der Sozialhilfe sowie die Behörde nach § 63 des Ausländergesetzes. In den

Fällen des Satzes 1 arbeiten die zuständigen Behörden insbesonderen mit den Arbeitsämtern, den Hauptzollämtern, den Rentenversicherungsträgern, den Krankenkassen als Einzugsstellen für die Sozialversicherungsbeiträge, den Trägern der gesetzlichen Unfallversicherung, den nach Landesrecht für die Verfolgung und Ahndung von Verstößen gegen das Gesetz zur Bekämpfung der Schwarzarbeit zuständigen Behörden, den Trägern der Sozialhilfe, den in § 63 des Ausländergesetzes genannten Behörden und den Finanzbehörden zusammen.

(4) Die zuständigen obersten Landesbehörden haben über die Überwachungstätigkeit der ihnen unterstellten Behörden einen Jahresbericht zu veröffentlichen. Der Jahresbericht umfasst auch Angaben zur Erfüllung von Unterrichtungspflichten aus internationalen Übereinkommen oder Rechtsakten der Europäischen Gemeinschaften, soweit sie den Arbeitsschutz betreffen.

§ 24
Ermächtigung zum Erlass von allgemeinen Verwaltungsvorschriften

Das Bundesministerium für Arbeit und Sozialordnung kann mit Zustimmung des Bundesrates allgemeine Verwaltungsvorschriften erlassen

1. zur Durchführung dieses Gesetzes und der auf Grund dieses Gesetzes erlassenen Rechtsverordnungen, soweit die Bundesregierung zu ihrem Erlass ermächtigt ist,
2. über die Gestaltung der Jahresberichte nach § 23 Abs. 4 und
3. über die Angaben, die die zuständigen obersten Landesbehörden dem Bundesministerium für Arbeit und Sozialordnung für den Unfallverhütungsbericht nach § 25 Abs. 2 des Siebten Buches Sozialgesetzbuch bis zu einem bestimmten Zeitpunkt mitzuteilen haben. Verwaltungsvorschriften, die Bereiche des öffentlichen Dienstes einbeziehen, werden im Einvernehmen mit dem Bundesministerium des Innern erlassen.

§ 25
Bußgeldvorschriften

(1) Ordnungswidrig handelt, wer vorsätzlich oder fahrlässig

1. einer Rechtsverordnung nach § 18 Abs. 1 oder § 19 zuwiderhandelt, soweit sie für einen bestimmten Tatbestand auf diese Bußgeldvorschrift verweist, oder
2. a) als Arbeitgeber oder als verantwortliche Person einer vollziehbaren Anordnung nach § 22 Abs. 3 oder
   b) als Beschäftigter einer vollziehbaren Anordnung nach § 2 Abs. 3 Satz 1 Nr. 1

zuwiderhandelt.

(2) Die Ordnungswidrigkeit kann in den Fällen des Absatzes 1 Nr. 1 und 2 Buchstabe b mit einer Geldbuße bis zu zehntausend Deutsche Mark, in den Fällen des Absatzes 1 Nr. 2 Buchstabe a mit einer Geldbuße bis zu fünfzigtausend Deutsche Mark geahndet werden.

§ 26
Strafvorschriften

Mit Freiheitsstrafe bis zu einem Jahr oder mit Geldstrafe wird bestraft wer

1. eine in § 25 Abs. 1 Nr. 2 Buchstabe a bezeichnete Handlung beharrlich wiederholt oder
2. durch eine in § 25 Abs. 1 Nr. 1 oder Nr. 2 Buchstabe a bezeichnete vorsätzliche Handlung Leben oder Gesundheit eines Beschäftigten gefährdet.

12.2 Bauordnung für Berlin

Bauordnung für Berlin
(BauO Bln)

Fassung vom 3. September 1997
(GVBl. 1997 S. 422, ber. S. 512; 1999 S. 193)

Teil I
Allgemeine Vorschriften

§ 1
Anwendungsbereich

(1) Dieses Gesetz gilt für bauliche Anlagen und Bauprodukte. Es gilt auch für Grundstücke sowie für andere Anlagen und Einrichtungen, an die in diesem Gesetz oder in Vorschriften auf Grund dieses Gesetzes Anforderungen gestellt werden.

(2) Dieses Gesetz gilt nicht für

1. Anlagen des öffentlichen Verkehrs und ihre Nebenanlagen, mit Ausnahme von Gebäuden,
2. Anlagen, soweit sie der Bergaufsicht unterliegen, mit Ausnahme von Gebäuden,
3. Leitungen, die der öffentlichen Versorgung mit Wasser, Gas, Elektrizität, Wärme, der öffentlichen Abwasserbeseitigung oder dem Fernmeldewesen dienen,
4. Rohrleitungen, die dem Ferntransport von Stoffen dienen,
5. Krane und Krananlagen.

§ 2
Begriffe

(1) Bauliche Anlagen sind mit dem Erdboden verbundene, aus Bauprodukten hergestellte Anlagen. Eine Verbindung mit dem Boden besteht auch dann, wenn die Anlage durch eigene Schwere auf dem Boden ruht oder auf ortsfesten Bahnen begrenzt beweglich ist oder wenn die bauliche Anlage nach ihrem Verwendungszweck dazu bestimmt ist, überwiegend ortsfest benutzt zu werden. Als bauliche Anlagen gelten

1. Aufschüttungen und Abgrabungen,
2. Lagerplätze und Ausstellungsplätze,
3. Sportplätze,
4. Stellplätze,
5. Campingplätze, Wochenendplätze und Zeltplätze,
6. Gerüste,
7. Hilfseinrichtungen zur statischen Sicherung von Bauzuständen.

(2) Gebäude sind selbständig benutzbare, überdeckte bauliche Anlagen, die von Menschen betreten werden können und geeignet oder bestimmt sind, dem Schutz von Menschen, sowie von Tieren, Pflanzen oder anderen Sachen zu dienen.

(3) Hochhäuser sind Gebäude, bei denen der Fussboden mindestens eines Aufenthaltsraumes mehr als 22 m über der festgelegten Geländeoberfläche liegt.

(4) Vollgeschosse sind Geschosse, deren Deckenoberkante im Mittel mehr als 1,40 m über die festgelegte Geländeoberfläche hinausragt und die über mindestens zwei Drittel ihrer Grundfläche eine lichte Höhe von mindestens 2,30 m haben. Ein gegenüber den Aussenwänden des Gebäudes zurückgesetztes oberstes Geschoss (Staffelgeschoss) und Geschosse im Dachraum sind nur dann Vollgeschosse, wenn sie die lichte Höhe gemäss Satz I über mindestens zwei Drittel der Grundfläche des darunterliegenden Geschosses haben.

(5) Aufenthaltsräume sind Räume, die zum nicht nur vorübergehenden Aufenthalt von Menschen bestimmt oder geeignet sind.

(6) Stellplätze sind Flächen, die dem Abstellen von Kraftfahrzeugen ausserhalb der öffentlichen Verkehrsflächen dienen. Garagen sind ganz oder teilweise umschlossene Räume zum Abstellen von Kraftfahrzeugen. Ausstellungsräume, Verkaufsräume, Werkräume und Lagerräume für Kraftfahrzeuge gelten nicht als Stellplätze oder Garagen.

(7) Feuerstätten sind in oder an Gebäuden ortsfest benutzte Einrichtungen, die dazu bestimmt sind, durch Verbrennung Wärme zu erzeugen.

(8) Bauprodukte sind

1. Baustoffe, Bauteile und Anlagen, die hergestellt werden, um dauerhaft in bauliche Anlagen eingebaut zu werden,

2. aus Baustoffen und Bauteilen vorgefertigte Anlagen, die hergestellt werden, um mit dem Erdboden verbunden zu werden, wie Fertighäuser, Fertiggaragen und Silos.

(9) Bauart ist das Zusammenfügen von Bauprodukten zu baulichen Anlagen oder Teilen von baulichen Anlagen.

§ 3
Allgemeine Anforderungen

(1) Bauliche Anlagen sowie andere Anlagen und Einrichtungen im Sinne von § 1 Abs. 1 Satz 2 sind so anzuordnen, zu errichten, zu ändern und instand zu halten, dass die öffentliche Sicherheit oder Ordnung, insbesondere Leben, Gesundheit oder die natürlichen Lebensgrundlagen nicht gefährdet werden. Sie müssen ihrem Zweck entsprechend ohne Missstände zu nutzen sein.

(2) Bauprodukte dürfen nur verwendet werden, wenn bei ihrer Verwendung die baulichen Anlagen bei ordnungsgemässer Instandhaltung während einer dem Zweck entsprechenden angemessenen Zeitdauer die Anforderungen dieses Gesetzes oder auf Grund dieses Gesetzes erfüllen.

(3) Die von der für das Bauwesen zuständigen Senatsverwaltung durch öffentliche Bekanntmachung als Technische Baubestimmungen eingeführten technischen Regeln sind zu beachten. Bei der Bekanntmachung kann hinsichtlich ihres Inhalts auf die Fundstelle verwiesen werden. Von den Technischen Baubestimmungen kann abgewichen werden, wenn mit einer anderen Lösung in gleichem Maße die allgemeinen Anforderungen des Absatzes 1 erfüllt werden; § 18 Abs. 3 und § 21 bleiben unberührt.

(4) Für den Abbruch baulicher Anlagen sowie anderer Anlagen und Einrichtungen im Sinne des § 1 Abs. 1 Satz 2 und für ihre Nutzungsänderung gelten die Absätze 1 und 3 sinngemäß.

Teil II
Das Grundstück und seine Bebauung

§ 4
Bebauung der Grundstücke mit Gebäuden

(1) Gebäude dürfen nur errichtet werden, wenn das Grundstück in angemessener Breite an einer befahrbaren öffentlichen Straße liegt, oder wenn das Grundstück eine befahrbare, öffentlich-rechtlich gesicherte Zufahrt zu einer befahrbaren öffentlichen Straße hat; bei Wohnwegen kann auf die Befahrbarkeit verzichtet werden, wenn wegen des Brandschutzes Bedenken nicht bestehen.

(2) Die Errichtung eines Gebäudes auf mehreren Grundstücken ist nur zulässig, wenn öffentlich-rechtlich gesichert ist, dass keine Verhältnisse eintreten können, die den Vorschriften dieses Gesetzes oder den auf Grund dieses Gesetzes erlassenen Vorschriften zuwiderlaufen.

§ 5
Zugänge und Zufahrten auf den Grundstücken

(1) Von öffentlichen Straßen ist insbesondere für die Feuerwehr ein geradliniger Zugang oder Durchgang zu schaffen

1. zur Vorderseite rückwärtiger Gebäude oder
2. zur Rückseite von Gebäuden, wenn eine Rettung von Menschen ausser vom Treppenraum nur von der Gebäuderückseite aus möglich ist.

Der Zugang oder Durchgang muss mindestens 1,60 m breit sein und darf durch Einbauten nicht eingeengt werden. Die lichte Höhe des Zugangs oder Durchgangs muss mindestens 2 m betragen.

(2) Zu Gebäuden, bei denen die Oberkante der Brüstung notwendiger Fenster oder sonstiger zum Anleitern bestimmter Stellen mehr als 12,50 m über Gelände liegt, ist in den Fällen des Absatzes 1 anstelle eines Zugangs oder Durchgangs eine mindestens 3 m breite Zufahrt oder Durchfahrt zu schaffen. Die lichte Höhe der Zufahrt oder Durchfahrt muss mindestens 3,50 m betragen. Wände und Decken von Durchfahrten müssen feuerbeständig sein.

(3) Eine andere Verbindung als nach den Absätzen 1 oder 2 kann gestattet werden, wenn dadurch der Einsatz der Feuerwehr nicht behindert wird.

(4) Bei Gebäuden, die ganz oder mit Teilen mehr als 50 m von einer öffentlichen Straße entfernt sind, können Zufahrten oder Durchfahrten nach Absatz 2 zu den vor und hinter den Gebäuden gelegenen Grundstücksteilen verlangt werden.

(5) Bei Gebäuden, bei denen die Oberkante der Brüstung notwendiger Fenster oder sonstiger zum Anleitern bestimmter Stellen mehr als 12,50 m über Gelände liegt, muss für jede Wohnung oder Nutzungseinheit mindestens eine Aussenwand mit notwendigen Fenstern oder mit den zum Anleitern bestimmten Stellen für Feuerwehrfahrzeuge auf einer befahrbaren Fläche erreichbar sein; diese Fläche muss ein Aufstellen von Hubrettungsfahrzeugen ermöglichen. Satz 1 gilt nicht für Gebäude, bei denen die Rettung von Menschen aus jeder Nutzungseinheit über einen zweiten Treppenraum oder über einen Sicherheitstreppenraum (§ 15 Abs. 4 Satz 5) möglich ist.

(6) Die Zufahrten und Durchfahrten nach Absatz 2 sowie die befahrbaren Flächen nach Absatz 5 dürfen nicht durch Einbauten eingeengt werden und sind ständig freizuhalten; eine Kennzeichnung kann verlangt werden. Sie müssen von Feuerwehrfahrzeugen mit einer Achslast bis zu 10 t und einem zulässigen Gesamtgewicht bis zu 12 t befahren werden können. Die befahrbaren Flächen nach Absatz 5 müssen nach oben offen sein.

§ 6
Abstandflächen

(1) Vor den Aussenwänden von Gebäuden sind Abstandflächen von oberirdischen Gebäuden freizuhalten. Eine Abstandfläche ist nicht erforderlich vor Aussenwänden, die an Nachbargrenzen errichtet werden, wenn nach planungsrechtlichen Vorschriften das Gebäude an die Grenze gebaut werden muss oder darf; die Bauaufsichtsbehörde kann eine öffentlich-rechtliche Sicherung verlangen, dass vom Nachbargrundstück angebaut wird. Darf nach planungsrechtlichen Vorschriften nicht an die Nachbargrenze gebaut werden, ist aber auf dem Nachbargrundstück ein Gebäude an der Grenze vorhanden, so kann gestattet oder verlangt werden, dass angebaut wird. Muss nach planungsrechtlichen Vorschriften an die Nachbargrenze gebaut werden, ist aber auf dem Nachbargrundstück ein Gebäude mit Abstand zu dieser Grenze vorhanden, so kann gestattet oder verlangt werden, dass eine Abstandfläche eingehalten wird.

(2) Die Abstandflächen müssen auf dem Grundstück selbst liegen. Die Abstandflächen dürfen auch auf öffentlichen Verkehrsflächen und öffentlichen Grünflächen liegen, jedoch nur bis zu deren Mitte.

(3) Die Abstandflächen dürfen sich nicht überdecken; dies gilt nicht für

1. Außenwände, die in einem Winkel von mehr als 75 Grad zueinander stehen,
2. Außenwände zu einem fremder Sicht entzogenen Gartenhof bei Wohngebäuden mit nicht mehr als zwei Wohnungen, wie Atriumhäuser und
3. Gebäude und andere bauliche Anlagen; die in den Abstandflächen zulässig sind oder gestattet werden.

(4) Die Tiefe der Abstandfläche bemisst sich nach der Wandhöhe; sie wird senkrecht zur Wand gemessen. Als Wandhöhe gilt das Maß von der mittleren Geländeoberfläche vor der Wand bis zur Schnittlinie der Aussenfläche der Wand mit der Dachhaut oder bis zum oberen Abschluss der Wand. Bei Gebäuden mit in der Höhe gestaffelten Wänden ist die Wandhöhe für den jeweiligen Wandabschnitt entsprechend zu ermitteln. Als Wand gelten

1. Dächer und Dachteile mit einer Neigung von mehr als 70 Grad sowie davon zu beiden Seiten begrenzte Giebelflächen,
2. Dachaufbauten, die je Dachfläche zusammengerechnet in ihrer grössten Breite die Hälfte der Breite der darunterliegenden Außenwand überschreiten, und
3. Dachaufbauten, die nicht mindestens 50 cm hinter die Außenwand zurückspringen.

Die Höhe anderer Giebelflächen oder Dachaufbauten sowie von Dächern und Dachteilen mit einer Neigung von über 45 Grad bis 70 Grad ist der Wandhöhe zu einem Drittel hinzuzurechnen; hiervon ausgenommen sind Dachaufbauten, deren grösste Breite je Dachfläche zusammengerechnet ein Viertel der Breite der darunterliegenden Außenwand nicht überschreitet. Das sich ergebende Maß ist H.

(5) Die Tiefe der Abstandflächen beträgt 1 H, zu öffentlichen Verkehrsflächen und in Kerngebieten 0,5 H sowie in Gewerbe- und Industriegebieten 0,25 H. In Sondergebieten können geringere Tiefen als nach Satz 1 gestattet werden, wenn die Nutzung des Sondergebietes dies rechtfertigt. Die Tiefe der Abstandflächen beträgt minde-

stens 3 m. Den Abstandflächen nach Satz 1 kommt zur Hälfte ihres Maßes, mindestens jedoch zu 3 m, nachbarschützende Wirkung zu.

(6) An zwei Gebäudeseiten genügt vor Außenwänden in jeweils nur einem Gebäudeabschnitt von bis zu 16 m Länge als Tiefe der Abstandflächen 0,5 H, mindestens jedoch 3 m. Zu Grundstücksgrenzen darf ein Abstand von 0,5 H, mindestens jedoch von 3 m, dabei nicht unterschritten werden. Wird ein Gebäude an eine Grundstücksgrenze gebaut, gilt Satz 1 nur noch an einer anderen Gebäudeseite; wird ein Gebäude an zwei Grundstücksgrenzen gebaut, so ist Satz 1 nicht anzuwenden. Aneinandergebaute Gebäude sind wie ein Gebäude zu behandeln.

(7) Vor die Außenwand vortretende Bauteile wie Gesimse, Dachvorsprünge, Blumenfenster, Hauseingangstreppen und deren Überdachungen sowie Vorbauten wie Erker, Balkone und Wintergärten bleiben bei der Bemessung der Abstandflächen außer Betracht. Von den Nachbargrenzen müssen vortretende Bauteile mindestens 2 m und Vorbauten mindestens 3 m entfernt sein. Geringere Tiefen von Abstandflächen oder geringere Abstände können bei bestehenden Gebäuden gestattet werden

1. für Verkleidungen an Aussenwänden zum Zwecke der Energieeinsparung oder
2. für den Anbau von Treppen, Treppenräumen oder Aufzügen, wenn wesentliche Beeinträchtigungen angrenzender oder gegenüberliegender Räume nicht zu befürchten sind und zu Nachbargrenzen ein Abstand von mindestens 3 m eingehalten wird.

Die nachbarschützende Wirkung von Abstandflächen oder Abständen verringert sich um das Maß der gestatteten Abweichung.

(8) Abweichend von den Absätzen 5 und 6 darf die Tiefe der Abstandflächen von Gebäuden mit Feuerstätten oder mit mehr als 10 m^3 umbautem Raum 5 m nicht unterschreiten

1. bei Wänden aus brennbaren Baustoffen, die nicht mindestens feuerhemmend sind, sowie
2. bei feuerhemmenden Wänden, deren Oberfläche aus normalentflammbaren Baustoffen besteht oder die überwiegend eine Verkleidung aus normalentflammbaren Baustoffen haben.

Im übrigen bleiben die Absätze 5 und 6 unberührt.

(9) Abweichend von Absatz 5 genügt in Gewerbe- und Industriegebieten bei Wänden ohne Öffnungen als Tiefe der Abstandfläche

1. 1,50 m, wenn die Wände mindestens feuerhemmend sind und einschliesslich ihrer Verkleidungen aus nichtbrennbaren Baustoffen bestehen,
2. 3 m, wenn die Wände mindestens feuerhemmend sind oder einschliesslich ihrer Verkleidung aus nichtbrennbaren Baustoffen bestehen.

Dies gilt nicht für Abstandflächen gegenüber Grundstücksgrenzen.

(10) Für bauliche Anlagen, andere Anlagen und Einrichtungen, von denen Wirkungen wie von Gebäuden ausgehen, gelten die Absätze 1 bis 9 gegenüber Gebäuden und Nachbargrenzen sinngemäß.

(11) In den Abstandflächen eines Gebäudes sind mit einer Höhe bis zu 4 m über der festgelegten Geländeoberfläche zulässig

1. Garagen,
2. Gebäude ohne Feuerstätten und Aufenthaltsräume und
3. Anlagen und Einrichtungen nach Absatz 10.

Eine Verringerung der Tiefe ihrer Abstandflächen kann zu anderen Gebäuden auf dem Grundstück zugelassen werden, wenn davon keine wesentlichen Beeinträchtigungen gegenüberliegender Räume ausgehen.

(12) In den Abstandflächen eines Gebäudes sowie ohne eigene Abstandflächen sind zulässig

1. Garagen einschliesslich Abstellraum bis zu 8 m Länge an einer Nachbargrenze, wenn mit einer Wandhöhe bis zu 3 m über der mittleren Geländeoberfläche an die Nachbargrenze gebaut, eine Gesamthöhe von 4 m und eine Dachneigung von 45 Grad nicht überschritten und zu anderen Grundstücksgrenzen ein Abstand von mindestens 3 m eingehalten wird,
2. Stützmauern bis zu einer Höhe von 1,80 m, in Gewerbe- und Industriegebieten ohne Begrenzung der Höhe,
3. geschlossene Einfriedungen bis zu 3 m Länge und 2 m Höhe an einer Nachbargrenze,
4. untergeordnete Gebäude wie Kioske, Warenhallen und Toiletten auf öffentlichen Verkehrsflächen, wenn diese von bestehenden oder nach den baurechtlichen Vorschriften zulässigen künftigen

Gebäuden einen Abstand von mindestens 5 m einhalten; es können, Kioske ausgenommen, geringere Abstände zugelassen werden, wenn Bedenken wegen des Brandschutzes nicht bestehen.

(13) In überwiegend bebauten Gebieten können geringere Tiefen der Abstandflächen gestattet werden, wenn die Gestaltung des Straßenbildes oder besondere städtebauliche Verhältnisse dies erfordern und Gründe des Brandschutzes nicht entgegenstehen.

(14) Durch Festsetzung der Grundflächen der Gebäude und der Zahl der Vollgeschosse oder durch andere ausdrückliche Festsetzungen in einem Bebauungsplan können sich geringere Abstandflächen ergeben. Die Festsetzungen können zur Vermeidung von nachteiligen Auswirkungen geringerer Abstandflächen mit besonderen Anforderungen wie dem Ausschluss von Fenstern von Aufenthaltsräumen verbunden werden; auf diese Festsetzungen sind die Vorschriften des Baugesetzbuchs über die Aufstellung von Bauleitplänen und die Zulässigkeit von Vorhaben anzuwenden. Die Sätze 1 und 2 gelten für eine Rechtsverordnung über einen Vorhaben und Erschließungsplan entsprechend.

§ 7
Veränderung von Grundstücksgrenzen

Werden durch Veränderung der Grenzen bebauter Grundstücke Verhältnisse geschaffen, die öffentlich-rechtlichen Vorschriften zuwiderlaufen, so kann die Bauaufsichtsbehörde verlangen, dass ein baurechtmässiger Zustand hergestellt wird. Die Vorschriften der §§ 70 und 77 Abs. 3 Satz 1 gelten sinngemäß.

§ 8
Nicht überbaute Flächen der bebauten Grundstücke, Kinderspielplätze

(1) Die nicht überbauten Flächen der bebauten Grundstücke sind in einer Tiefe von 5 m hinter der festgesetzten Straßenbegrenzungslinie oder, wenn eine Straßenbegrenzungslinie nicht festgesetzt ist, hinter der tatsächlichen Straßengrenze (Vorgarten) gärtnerisch anzulegen und zu unterhalten, soweit sie nicht für Zugänge oder Zufahrten benötigt werden. Ausnahmen können gestattet werden. Eine Bepflanzung mit Bäumen und Sträuchern kann verlangt werden.

(2) Die übrigen nicht überbauten Flächen der bebauten Grundstücke sind gärtnerisch, unversiegelt anzulegen und zu unterhalten. Dies gilt

für Flächen, die als Zufahrten; als Stellplätze, als Kinderspielplätze und als Wirtschaftsflächen öffentlich-rechtlich erforderlich sind und in Kerngebieten, Gewerbegebieten und Industriegebieten als Arbeits- und Lagerflächen benötigt werden nur insoweit, wie deren Funktion dadurch nicht unzumutbar beeinträchtigt wird. Eine Bepflanzung mit Bäumen und Sträuchern kann verlangt werden.

(3) Bei der Errichtung von Gebäuden mit mehr als drei Wohnungen ist ein Spielplatz für Kinder anzulegen und instand zu halten (notwendiger Kinderspielplatz); Ausnahmen können gestattet werden, wenn nach der Zweckbestimmung des Gebäudes mit der Anwesenheit von Kindern nicht zu rechnen ist. Der Spielplatz muss auf dem Baugrundstück liegen; er kann auch auf einem unmittelbar angrenzenden Grundstück gestattet werden, wenn seine Benutzung zugunsten des Baugrundstücks öffentlich-rechtlich gesichert ist. Spielplätze sind zweckentsprechend und so anzulegen und instand zu halten, dass für die Kinder Gefahren oder unzumutbare Belästigungen nicht entstehen; Je Wohnung sollen mindestens 4 m^2 nutzbare Spielfläche vorhanden sein; der Spielplatz muss jedoch mindestens 50 m^2 groß und mindestens für Spiele von Kleinkindern geeignet sein. Bei Bauvorhaben mit mehr als 75 Wohnungen muss der Spielplatz auch für Spiele älterer Kinder geeignet sein. Bei bestehenden Gebäuden nach Satz 1 soll die Herstellung oder Erweiterung und die Instandhaltung von Kinderspielplätzen verlangt werden, wenn nicht im Einzelfall schwerwiegende Belange des Eigentümers dem entgegenstehen.

(4) Bei der Errichtung oder Änderung baulicher Anlagen kann verlangt werden, dass die Oberfläche der Grundstücke erhalten oder verändert wird, um eine Störung des Straßen-, Orts- oder Landschaftsbildes zu vermeiden oder zu beseitigen oder um die Oberfläche der Höhe der Verkehrsflächen oder der Nachbargrundstücke anzugleichen.

§ 9
Gemeinschaftsanlagen

(1) Die Herstellung, die Instandhaltung und der Betrieb von Gemeinschaftsanlagen, insbesondere für Stellplätze und Garagen, Kinderspielplätze und Wirtschaftsflächen, für die in einem Bebauungsplan Flächen festgesetzt sind, obliegen den Eigentümern der Grundstücke, für die diese Gemeinschaftsanlagen bestimmt sind. Ein Erbbauberechtigter tritt an die Stelle des Eigentümers. Ist der Bauherr nicht Eigentümer, so obliegt dem Bauherrn an Stelle des Eigentümers die Be-

teiligung an der Herstellung, Instandhaltung und dem Betrieb der Gemeinschaftsanlagen. Die Verpflichtung nach Satz 1 gilt auch für die Rechtsnachfolger.

(2) Eine Gemeinschaftsanlage muss hergestellt werden, sobald und soweit sie zur Erfüllung ihres Zweckes erforderlich ist. Die Bauaufsichtsbehörde kann durch schriftliche Anordnung den Zeitpunkt für die Herstellung bestimmen.

(3) Die Baugenehmigung kann davon abhängig gemacht werden, dass der Antragsteller in Höhe des voraussichtlich auf ihn entfallenden Anteils der Herstellungskosten Sicherheit leistet.

Teil III
Bauliche Anlagen

Abschnitt 1:
Gestaltung

§ 10 Gestaltung

(1) Bauliche Anlagen müssen nach Form, Massstab, Verhältnis der Baumassen und Bauteile zueinander, Werkstoff und Farbe so gestaltet sein, dass sie nicht verunstaltet wirken.

(2) Bauliche Anlagen sind mit ihrer Umgebung so in Einklang zu bringen, dass sie das Straßenbild, Ortsbild oder Landschaftsbild nicht verunstalten oder deren beabsichtigte Gestaltung nicht stören. Auf die erhaltenswerten Eigenarten der Umgebung ist Rücksicht zu nehmen.

§ 11
Werbeanlagen und Warenautomaten

(1) Anlagen der Aussenwerbung (Werbeanlagen) sind alle ortsfesten Einrichtungen, die der Ankündigung oder Anpreisung oder als Hinweis auf Gewerbe oder Beruf dienen und vom öffentlichen Verkehrsraum aus sichtbar sind. Hierzu zählen insbesondere Schilder, Beschriftungen, Bemalungen, Lichtwerbungen, Schaukästen sowie für Zettelanschläge und Bogenanschläge oder Lichtwerbung bestimmte Säulen, Tafeln und Flächen.

(2) Für Werbeanlagen, die bauliche Anlagen sind, gelten die in diesem Gesetz an bauliche Anlagen gestellten Anforderungen. Für Wer-

beanlagen, die keine baulichen Anlagen sind, und für Warenautomaten gilt § 3 Abs. 1 sinngemäß. Die störende Häufung von Werbeanlagen und Warenautomaten ist unzulässig.

(3) In Kleinsiedlungsgebieten, Dorfgebieten, reinen Wohngebieten und allgemeinen Wohngebieten sind nur Werbeanlagen zulässig an der Stätte der Leistung sowie Anlagen für amtliche Mitteilungen und zur Unterrichtung der Bevölkerung über kirchliche, kulturelle, politische, sportliche und ähnliche Veranstaltungen; die jeweils freie Fläche dieser Anlagen darf auch für andere Werbung verwendet werden. In reinen Wohngebieten darf an der Stätte der Leistung nur mit Hinweisschildern geworben werden. Auf öffentlichen Straßen und an Haltestellen des öffentlichen Personennahverkehrs können auch andere Werbeanlagen zugelassen werden, soweit diese die Eigenart des Gebietes und das Orts- und Landschaftsbild nicht beeinträchtigen. In Naturschutzgebieten und Landschaftsschutzgebieten, in öffentlichen Grünanlagen und Erholungsanlagen sowie auf Friedhöfen sind Werbeanlagen unzulässig.

(4) Die Vorschriften dieses Gesetzes sind nicht anzuwenden auf

1. Anschläge und Lichtwerbung an dafür genehmigten Säulen, Tafeln und Flächen,
2. Werbemittel an Zeitungsverkaufsstellen und Zeitschriftenverkaufsstellen,
3. Auslagen und Dekorationen in Fenstern und Schaukästen,
4. Wahlwerbung für die Dauer eines Wahlkampfes.

Abschnitt 2: Allgemeine Anforderungen an die Bauausführung

§ 12 Baustelle

(1) Baustellen sind so einzurichten, dass bauliche Anlagen ordnungsgemäß errichtet, geändert oder abgebrochen werden können und Gefahren oder vermeidbare Belästigungen nicht entstehen sowie eine Verunreinigung der Baustellen und ihrer Umgebung mit Müll verhindert wird. Durch die Einrichtung von Baustellen und deren Betrieb darf der Straßenverkehr nicht mehr als unabweisbar beeinträchtigt werden; das Nähere regelt das Berliner Straßengesetz. Der Brandschutz muss sichergestellt sein; die hierfür notwendigen

Einrichtungen und Geräte müssen auf der Baustelle vorhanden und betriebsbereit sein.

(2) Bei Bauarbeiten, durch die unbeteiligte Personen gefährdet werden können, ist die Gefahrenzone abzugrenzen oder durch Warnzeichen zu kennzeichnen. Soweit erforderlich, sind Baustellen mit einem Bauzaun abzugrenzen, mit Schutzvorrichtungen gegen herabfallende Gegenstände zu versehen und zu beleuchten. Zu erhaltende Bäume sind zu schützen.

(3) Bei der Ausführung genehmigungsbedürftiger und nach § 56a genehmigungsfrei gestellter Bauvorhaben hat der Bauherr an der Baustelle ein Schild, das die Bezeichnung des Bauvorhabens sowie die Namen und Anschriften des Entwurfsverfassers, des Bauleiters und der Unternehmer für den Rohbau enthalten muss, dauerhaft und von der öffentlichen Straße aus sichtbar anzubringen.

§ 13
Standsicherheit

(1) Jede bauliche Anlage muss im ganzen und in ihren einzelnen Teilen für sich allein standsicher sein. Die Standsicherheit anderer baulicher Anlagen und die Tragfähigkeit des Baugrundes des Nachbargrundstücks dürfen nicht gefährdet werden.

(2) Die Verwendung gemeinsamer Bauteile für mehrere bauliche Anlagen ist zulässig, wenn öffentlich-rechtlich gesichert ist, dass die gemeinsamen Bauteile bei Abbruch einer der baulichen Anlagen bestehen bleiben können.

§ 14
Schutz gegen schädliche Einflüsse

Bauliche Anlagen sowie andere Anlagen und Einrichtungen im Sinne von § 1 Abs. 1 Satz 2 müssen so angeordnet und beschaffen sein, dass durch Wasser, Feuchtigkeit, pflanzliche und tierische Schädlinge sowie andere chemische, physikalische oder biologische Einflüsse Gefahren oder unzumutbare Belästigungen nicht entstehen. Baugrundstücke müssen für bauliche Anlagen entsprechend geeignet sein.

§ 15
Brandschutz

(1) Bauliche Anlagen müssen so beschaffen sein, dass der Entstehung eines Brandes und der Ausbreitung von Feuer und Rauch vorgebeugt wird und bei einem Brand wirksame Löscharbeiten und die Rettung von Menschen und Tieren möglich sind.

(2) Leichtentflammbare Baustoffe dürfen nicht verwendet werden; dies gilt nicht für Baustoffe, wenn sie in Verbindung mit anderen Baustoffen nicht leichtentflammbar sind.

(3) Feuerbeständige Bauteile müssen in den wesentlichen Teilen aus nichtbrennbaren Baustoffen bestehen.

(4) Jede Nutzungseinheit mit Aufenthaltsräumen muss in jedem Geschoss über mindestens zwei voneinander unabhängige Rettungswege erreichbar sein. Der erste Rettungsweg muss in Nutzungseinheiten, die nicht zu ebener Erde liegen, über mindestens eine notwendige Treppe (§ 31 Abs. 1) führen. Der zweite Rettungsweg kann eine weitere notwendige Treppe sein; für Nutzungseinheiten mit begrenzter Personenzahl kann er auch eine mit Rettungsgeräten der Feuerwehr erreichbare Stelle sein. Für Wohnungen, die sich über zwei Geschosse erstrecken, genügt als zweiter Rettungsweg eine mit Rettungsgeräten der Feuerwehr erreichbare Stelle je Wohnung. Ein zweiter Rettungsweg ist nicht erforderlich, wenn die Rettung über einen Treppenraum möglich ist, in den Feuer und Rauch nicht eindringen können (Sicherheitstreppenraum).

§ 16
Wärmeschutz, Schallschutz und Erschütterungsschutz

(1) Gebäude müssen einen ihrer Nutzung und den klimatischen Verhältnissen entsprechenden Wärmeschutz haben.

(2) Gebäude müssen einen ihrer Nutzung entsprechenden Schallschutz haben. Geräusche, Erschütterungen oder Schwingungen, die von ortsfesten Einrichtungen in baulichen Anlagen oder auf Baugrundstücken ausgehen, sind so zu dämmen, dass Gefahren oder unzumutbare Belästigungen nicht entstehen.

§ 17
Verkehrssicherheit

(1) Bauliche Anlagen und die dem Verkehr dienenden nicht überbauten Flächen von bebauten Grundstücken müssen verkehrssicher sein.

(2) Die Sicherheit und Leichtigkeit des öffentlichen Verkehrs darf durch bauliche Anlagen oder ihre Nutzung nicht gefährdet werden.

Abschnitt 3:
Bauprodukte und Bauarten

§ 18
Bauprodukte

(1) Bauprodukte dürfen für die Errichtung, Änderung und Instandhaltung baulicher Anlagen nur verwendet werden, wenn sie für den Verwendungszweck von den nach Absatz 2 in der Bauregelliste A bekanntgemachten technischen Regeln nicht oder nicht wesentlich abweichen oder mit den in Absatz 3 genannten Zulassungen, Prüfzeugnissen oder Zustimmungen übereinstimmen; das ist anzunehmen, wenn sie nach § 22 das Übereinstimmungszeichen (Ü-Zeichen) tragen, für den Verwendungszweck nach den Vorschriften

1. des Bauproduktengesetzes,
2. anderer Mitgliedstaaten der Europäischen Gemeinschaften oder anderer Vertragsstaaten des Abkommens über den Europäischen Wirtschaftsraum zur Umsetzung der Richtlinie 89/106/EWG des Rates zur Angleichung der Rechts- und Verwaltungsvorschriften der Mitgliedstaaten über Bauprodukte (Bauproduktenrichtlinie) vom 21. Dezember 1988 (ABl. EG Nr. L 40 S.12), zuletzt geändert durch Richtlinie 93/68/EWG des Rates vom 22. Juli 1993 (ABl. EG Nr. L 220 S. 1), oder
3. zur Umsetzung sonstiger Richtlinien der Europäischen Gemeinschaften, soweit diese die wesentlichen Anforderungen nach § 5 Abs. 1 des Bauproduktengesetzes berücksichtigen,

in den Verkehr gebracht und gehandelt werden dürfen und die nach Absatz 7 Nr. 1 in der Bauregelliste B festgelegten Klassen und Leistungsstufen erfüllen; das ist anzunehmen, wenn sie das Zeichen der Europäischen Gemeinschaften (CE-Zeichen) tragen und dieses Zeichen diese Klassen und Leistungsstufen ausweist, nach Absatz 4 in

Liste C bekanntgemacht sind und demzufolge eines Ü-Zeichens nicht bedürfen oder

4. von allgemein anerkannten Regeln der Technik, die nicht in der Bauregelliste A bekanntgemacht sind (sonstige Bauprodukte), nicht abweichen; sie bedürfen ebenfalls keines Ü-Zeichens. Sonstige Bauprodukte, die von allgemein anerkannten Regeln der Technik abweichen, bedürfen keines Nachweises ihrer Verwendbarkeit nach Absatz 3.

(2) Für Bauprodukte, für deren Verwendbarkeit nicht nur die Vorschriften nach Absatz 1 Nr. 2 gelten, sind in der Bauregelliste A die technischen Regeln aufzuführen, die zur Erfüllung der in diesem Gesetz und in Vorschriften auf Grund dieses Gesetzes an bauliche Anlagen gestellten Anforderungen erforderlich sind. Diese technischen Regeln gelten als Technische Baubestimmungen im Sinne des § 3 Abs. 3 Satz 1.

(3) Nicht geregelte Bauprodukte sind solche, für die es allgemein anerkannte Regeln der Technik nicht gibt, die die Anforderungen nach Absatz 1 Nr. 2 nicht erfüllen oder die von den in der Bauregelliste A bekanntgemachten technischen Regeln wesentlich abweichen. Sie bedürfen einer allgemeinen bauaufsichtlichen Zulassung (§ 19), eines allgemeinen bauaufsichtlichen Prüfzeugnisses (§ 19a) oder einer Zustimmung im Einzelfall (§ 20).

(4) Bauprodukte, die für die Erfüllung der Anforderungen dieses Gesetzes oder auf Grund dieses Gesetzes nur eine untergeordnete Bedeutung haben, werden in der Liste C geführt.

(5) Bei Bauprodukten nach Absatz 1 Nr. 1, deren Herstellung in aussergewöhnlichem Masse von der Fachkenntnis und Erfahrung der damit betrauten Personen oder von einer Ausstattung mit besonderen Vorrichtungen abhängt, kann in der allgemeinen bauaufsichtlichen Zulassung, in der Zustimmung im Einzelfall oder durch Rechtsverordnung der für das Bauwesen zuständigen Senatsverwaltung vorgeschrieben werden, dass der Hersteller über solche Fachkräfte und Vorrichtungen verfügen muss und den Nachweis hierüber gegenüber einer Prüfstelle nach § 22c Abs. 1 Satz 1 Nr. 6 zu erbringen hat. In der Rechtsverordnung können Mindestanforderungen an die Ausbildung, die durch Prüfung nachzuweisende Befähigung und die Ausbildungsstätten einschliesslich der Anerkennungsvoraussetzungen gestellt werden.

(6) Für Bauprodukte, die wegen ihrer besonderen Eigenschaften oder ihres besonderen Verwendungszweckes einer aussergewöhnlichen Sorgfalt bei Einbau, Transport, Instandhaltung oder Reinigung bedürfen, kann in der allgemeinen bauaufsichtlichen Zulassung, in der Zustimmung im Einzelfall oder durch Rechtsverordnung der für das Bauwesen zuständigen Senatsverwaltung die Überwachung dieser Tätigkeiten durch eine Überwachungsstelle nach § 22c Abs. 1 vorgeschrieben werden.

(7) In der Bauregelliste B kann festgelegt werden, welche der Klassen und Leistungsstufen, die in Normen, Leitlinien oder europäischen technischen Zulassungen nach dem Bauproduktengesetz oder in anderen Vorschriften zur Umsetzung von Richtlinien der Europäischen Gemeinschaften enthalten sind, Bauprodukte nach Absatz 1 Nr. 2 erfüllen müssen, bekanntgemacht werden, inwieweit andere Vorschriften zur Umsetzung von Richtlinien der Europäischen Gemeinschaften die wesentlichen Anforderungen nach § 5 Abs. 1 des Bauproduktengesetzes nicht berücksichtigen.

(8) Die Bauregellisten A und B sowie die Liste C sind vom Deutschen Institut für Bautechnik im Einvernehmen mit der für das Bauwesen zuständigen Senatsverwaltung in den Mitteilungen Deutsches Institut für Bautechnik – Amtlicher Teil – öffentlich bekanntzumachen.

§ 19
Allgemeine bauaufsichtliche Zulassung

(1) Für nicht geregelte Bauprodukte, deren Verwendbarkeit im Sinne des § 3 Abs. 2 nachgewiesen ist, kann das Deutsche Institut für Bautechnik auf schriftlichen Antrag eine allgemeine bauaufsichtliche Zulassung erteilen. Das gilt nicht, soweit nach § 19a ein allgemeines bauaufsichtliches Prüfzeugnis ausreichend ist oder für Bauprodukte, die in der Liste C bekanntgemacht sind.

(2) Dem Antrag sind die zu seiner Begründung erforderlichen Unterlagen beizufügen. Soweit erforderlich, sind Probestücke vom Antragsteller zur Verfügung zu stellen oder durch Sachverständige, die das Deutsche Institut für Bautechnik bestimmen kann, zu entnehmen oder Probeausführungen unter Aufsicht der Sachverständigen herzustellen. § 60 Abs. 2 gilt entsprechend.

(3) Das Deutsche Institut für Bautechnik kann für die Prüfung der Probestücke die sachverständige Stelle und für Probeausführungen die Ausführungsstelle und die Ausführungszeit vorschreiben.

(4) Die allgemeine bauaufsichtliche Zulassung wird widerruflich und für eine bestimmte Frist erteilt, die in der Regel fünf Jahre beträgt. Die Zulassung kann mit weiteren Nebenbestimmungen erteilt werden. Sie kann auf schriftlichen Antrag in der Regel um fünf Jahre verlängert werden; § 64 Abs. 2 Satz 2 gilt entsprechend.

(5) Die Zulassung wird unbeschadet der Rechte Dritter erteilt.

(6) Das Deutsche Institut für Bautechnik hat die von ihm erteilten allgemeinen bauaufsichtlichen Zulassungen nach Gegenstand und wesentlichem Inhalt öffentlich bekanntzumachen.

(7) Allgemeine bauaufsichtliche Zulassungen nach dem Recht anderer Länder gelten auch im Land Berlin.

§ 19a
Allgemeines bauaufsichtliches Prüfzeugnis

(1) Das Deutsche Institut für Bautechnik hat im Einvernehmen mit der für das Bauwesen zuständigen Senatsverwaltung zu bestimmen, welche nicht geregelten Bauprodukte, deren Verwendung nicht der Erfüllung erheblicher Anforderungen an die Sicherheit baulicher Anlagen dient oder die nach allgemein anerkannten Prüfverfahren beurteilt werden, lediglich eines allgemeinen bauaufsichtlichen Prüfzeugnisses bedürfen. Diese Bestimmung erfolgt in der Bauregelliste A durch Bezugnahme auf die für solche Bauprodukte einschlägigen technischen Regeln oder durch Bezeichnung der Bauprodukte selbst.

(2) Ein allgemeines bauaufsichtliches Prüfzeugnis kann für die in Absatz 1 genannten Bauprodukte von Prüfstellen nach § 22c Abs. 1 erteilt werden, wenn die Verwendbarkeit der Bauprodukte im Sinne des § 3 Abs. 2 nachgewiesen ist. § 19 Abs. 2 bis 7 gilt entsprechend.

§ 20
Zustimmung zur Verwendung von Bauprodukten im Einzelfall

Die für das Bauwesen zuständige Senatsverwaltung kann für nicht geregelte Bauprodukte auf schriftlichen Antrag eine Zustimmung zur Verwendung des Bauprodukts im Einzelfall erteilen, wenn die Verwendbarkeit des Bauprodukts im Sinne des § 3 Abs. 2 für den Einzelfall nachgewiesen ist. Wenn Gefahren im Sinne des § 3 Abs. 1 nicht zu erwarten sind, kann die für das Bauwesen zuständige Senatsverwaltung im Einzelfall die Verwendung auch ohne Zustimmung nach Satz 1 gestatten.

§ 21
Bauarten

Bauarten, die von den Technischen Baubestimmungen wesentlich abweichen oder für die es allgemein anerkannte Regeln der Technik nicht gibt (nicht geregelte Bauarten), dürfen bei der Errichtung, Änderung und Instandhaltung baulicher Anlagen nur angewendet werden, wenn für sie eine allgemeine bauaufsichtliche Zulassung oder eine Zustimmung im Einzelfall erteilt worden ist. Anstelle einer allgemeinen bauaufsichtlichen Zulassung genügt ein allgemeines bauaufsichtliches Prüfzeugnis, wenn die Bauart nicht der Erfüllung erheblicher Anforderungen an die Sicherheit baulicher Anlagen dient oder nach allgemein anerkannten Prüfverfahren beurteilt wird. Diese Bauarten sind mit der Angabe der massgebenden technischen Regeln und, soweit es keine allgemein anerkannten Regeln der Technik gibt, mit der Bezeichnung der Bauarten in der Bauregelliste A bekanntzumachen. Dies gilt nicht, wenn Gefahren im Sinne des § 3 Abs. 1 nicht zu erwarten sind und die für das Bauwesen zuständige Senatsverwaltung auf Antrag im Einzelfall oder für genau begrenzte Fälle allgemein festgelegt hat, dass eine allgemeine bauaufsichtliche Zulassung, ein allgemeines bauaufsichtliches Prüfzeugnis oder eine Zustimmung im Einzelfall nicht erforderlich ist. § 18 Abs. 5 und 6 sowie die §§ 19 und 20 gelten entsprechend.

§ 22
Übereinstimmungsnachweis

(1) Die für Bauprodukte nach § 18 Abs. 1 Nr. 1 erforderliche Übereinstimmung mit den für den Verwendungszweck geltenden

1. technischen Regeln nach § 18 Abs. 2,
2. allgemeinen bauaufsichtlichen Zulassungen (§ 19 Abs. 1),
3. allgemeinen bauaufsichtlichen Prüfzeugnissen (§ 19a Abs. 1) oder
4. Zustimmungen im Einzelfall (§ 20 Satz 1)

bedarf der Bestätigung nach Absatz 2 und der Kennzeichnung nach Absatz 5. Als Übereinstimmung gilt auch eine Abweichung, die nicht wesentlich ist.

(2) Die Bestätigung der Übereinstimmung erfolgt durch

1. Übereinstimmungserklärung des Herstellers (§ 22a) oder
2. Übereinstimmungszertifikat einer Zertifizierungsstelle, soweit nach § 22b vorgeschrieben.

(3) Die für das Bauwesen zuständige Senatsverwaltung kann im Einzelfall auf Antrag die Verwendung von Bauprodukten ohne ein vorgeschriebenes Übereinstimmungszertifikat gestatten, wenn auf andere Weise nachgewiesen ist, dass diese Bauprodukte den technischen Regeln, Zulassungen, Prüfzeugnissen oder Zustimmungen nach Absatz 1 entsprechen.

(4) Für Bauarten gelten die Absätze 1 bis 3 entsprechend.

(5) Die Übereinstimmungserklärung und die Erklärung, dass ein Übereinstimmungszertifikat erteilt ist oder eine Gestattung nach Absatz 3 vorliegt, hat der Hersteller durch Kennzeichnung der Bauprodukte mit dem Übereinstimmungszeichen (Ü-Zeichen) unter Hinweis auf den Verwendungszweck abzugeben.

(6) Das Ü-Zeichen ist auf dem Bauprodukt, auf einem Beipackzettel oder auf seiner Verpackung oder, wenn dies Schwierigkeiten bereitet auf dem Lieferschein oder auf einer Anlage zum Lieferschein anzubringen.

(7) Ü-Zeichen aus anderen Ländern und solche aus anderen Staaten gelten auch im Land Berlin.

§ 22a
Übereinstimmungserklärung des Herstellers

(1) Der Hersteller darf eine Übereinstimmungserklärung nur abgeben, wenn er durch werkseigene Produktionskontrolle sichergestellt hat, dass das von ihm hergestellte Bauprodukt den massgebenden technischen Regeln, der allgemeinen bauaufsichtlichen Zulassung, dem allgemeinen bauaufsichtlichen Prüfzeugnis oder der Zustimmung im Einzelfall entspricht.

(2) In der Bauregelliste A, in den allgemeinen bauaufsichtlichen Zulassungen und in den Zustimmungen im Einzelfall kann zusätzlich eine Prüfung der Bauprodukte durch eine Prüfstelle nach § 22c Abs. 1 vor Abgabe der Übereinstimmungserklärung des Herstellers vorgeschrieben werden, wenn dies zur Sicherung einer ordnungsgemäßen Herstellung erforderlich ist. In diesen Fällen hat die Prüfstelle das Bauprodukt daraufhin zu überprüfen und zu bestätigen, ob es den massgebenden technischen Regeln, der allgemeinen bauaufsichtlichen Zulassung, dem allgemeinen bauaufsichtlichen Prüfzeugnis oder der Zustimmung im Einzelfall entspricht

§22b
Übereinstimmungszertifikat

(1) Ein Übereinstimmungszertifikat kann insbesondere für Bauprodukte, die in Serie hergestellt werden, in der allgemeinen bauaufsichtlichen Zulassung, in der Zustimmung im Einzelfall oder in der Bauregelliste A vorgeschrieben werden, wenn dies zum Nachweis einer ordnungsgemäßen Herstellung erforderlich ist.

(2) Das Übereinstimmungszertifikat ist von einer Zertifizierungsstelle nach § 22c Abs. 1 zu erteilen, wenn das Bauprodukt

1. den massgebenden technischen Regeln, der allgemeinen bauaufsichtlichen Zulassung, dem allgemeinen bauaufsichtlichen Prüfzeugnis oder der Zustimmung im Einzelfall entspricht und
2. einer werkseigenen Produktionskontrolle des Herstellers sowie einer Fremdüberwachung nach Maßgabe des Absatzes 3 unterliegt

(3) Die Fremdüberwachung ist von einer Überwachungsstelle nach § 22c Abs. 1 durchzuführen. Im Rahmen der Fremdüberwachung ist in regelmäßigen Abständen zu prüfen, ob das Bauprodukt fortlaufend den maßgebenden technischen Regeln, der allgemeinen bauaufsichtlichen Zulassung, dem allgemeinen bauaufsichtlichen Prüfzeugnis oder der Zustimmung im Einzelfall entspricht.

§ 22c
Prüf-, Überwachungs- und Zertifizierungsstellen

(1) Die für das Bauwesen zuständige Senatsverwaltung kann eine Person, Stelle oder Überwachungsgemeinschaft als

1. Prüfstelle für die Erteilung allgemeiner bauaufsichtlicher Prüfzeugnisse (§ 19a Abs. 2),
2. Prüfstelle für die Überprüfung von Bauprodukten vor Abgabe der Übereinstimmungserklärung durch den Hersteller (§ 22a Abs. 2),
3. Überwachungsstelle für die Überwachung nach § 18 Abs. 6,
4. Überwachungsstelle für die Fremdüberwachung (§ 22b Abs. 3),
5. Zertifizierungsstelle (§ 22b Abs. 2) oder
6. Prüfstelle für die Überprüfung nach § 18 Abs. 5

anerkennen, wenn sie oder die bei ihr Beschäftigten nach ihrer Ausbildung, Fachkenntnis, persönlichen Zuverlässigkeit ihrer Unparteilichkeit und ihren Leistungen die Gewähr dafür bieten, dass diese Aufgaben den öffentlich-rechtlichen Vorschriften entsprechend wahrgenommen werden, und wenn sie über die erforderlichen Vorrichtungen verfügen. Satz 1 ist entsprechend auf Behörden anzuwenden, wenn sie ausreichend mit geeigneten Fachkräften besetzt und mit den erforderlichen Vorrichtungen ausgestattet sind.

(2) Die für das Bauwesen zuständige Senatsverwaltung hat auf Antrag eine Person, Stelle, Überwachungsgemeinschaft oder Behörde als Stelle nach Artikel 16 Abs. 2 der Bauproduktenrichtlinie anzuerkennen, wenn in dem in Artikel 16 Abs. 2 der Bauproduktenrichtlinie vorgesehenen Verfahren nachgewiesen ist, dass die Person, Stelle, Überwachungsgemeinschaft oder Behörde die Voraussetzungen erfüllt, nach den Vorschriften eines Mitgliedstaates der Europäischen Gemeinschaften oder eines anderen Vertragsstaates des Abkommens über den Europäischen Wirtschaftsraum zu prüfen, zu überwachen oder zu zertifizieren.

(3) Die Anerkennung von Prüf-, Überwachungs- und Zertifizierungsstellen anderer Länder gilt auch im Land Berlin. Prüf-, Überwachungs- und Zertifizierungsergebnisse von Stellen, die nach Artikel 16 Abs. 2 der Bauproduktenrichtlinie von einem anderen Mitgliedstaat der Europäischen Gemeinschaften oder von einem anderen Vertragsstaat des Abkommens über den Europäischen Wirtschaftsraum anerkannt worden sind, stehen entsprechend dieser Anerkennung den Ergebnissen der in Absatz 1 genannten Stellen gleich.

Abschnitt 4: Wände, Decken, Dächer und Vorbauten

§ 23 Tragende Wände, Pfeiler und Stützen

(1) Bei Gebäuden mit mehr als drei Vollgeschossen sind tragende und aussteifende Wände und ihre Unterstützungen feuerbeständig herzustellen. Im übrigen sind tragende und aussteifende Wände mindestens feuerhemmend herzustellen; dies gilt nicht für freistehende Wohngebäude mit nur einer Wohnung. Für andere als Wohngebäude mit nicht mehr als einem Vollgeschoss können Ausnahmen gestattet werden, wenn wegen des Brandschutzes Bedenken nicht bestehen.

(2) Für tragende Pfeiler und Stützen gilt Absatz 1 entsprechend.

§ 24
Aussenwände

(1) Bei Gebäuden mit mehr als drei Vollgeschossen sind nichttragende Außenwände oder nichttragende Teile tragender Außenwände aus nichtbrennbaren Baustoffen herzustellen. Sie sind auch in mindestens feuerhemmender Bauart zulässig, wenn die Außenflächen aus mindestens schwerentflammbaren Baustoffen bestehen.

(2) Außenwandverkleidungen sind einschliesslich der Dämmstoffe aus mindestens schwerentflammbaren Baustoffen herzustellen; bei Gebäuden mit nicht mehr als drei Vollgeschossen sind normalentflammbare Baustoffe zulässig.

(3) Die Absätze 1 und 2 gelten nicht, wenn die Gefahr der Brandübertragung durch geeignete Vorkehrungen, wie mindestens 1,50 m vorkragende feuerbeständige Bauteile, vermindert wird.

§ 25
Trennwände

(1) In Gebäuden mit mehr als drei Vollgeschossen sind Trennwände zwischen Wohnungen sowie zwischen Wohnungen und fremden Räumen feuerbeständig herzustellen. Die Trennwände sind bis unter die Dachhaut oder bis zu einer feuerbeständigen Decke, bei ausgebauten Dachräumen bis zum oberen Raumabschluss, zu führen. Öffnungen sind zulässig, wenn sie wegen der Nutzung des Gebäudes erforderlich sind. Sie sind mit mindestens feuerhemmenden, selbstschliessenden Abschlüssen zu versehen; Ausnahmen können gestattet werden, wenn der Brandschutz auf andere Weise sichergestellt ist. Leitungen dürfen durch diese Wände nur hindurchgeführt werden, wenn eine Übertragung von Feuer und Rauch nicht zu befürchten ist oder Vorkehrungen hiergegen getroffen werden.

(2) In anderen als in Absatz 1 genannten Gebäuden müssen Trennwände zwischen Wohnungen sowie zwischen Wohnungen und fremden Räumen mindestens dieselbe Feuerwiderstandsdauer wie die tragenden Wände haben.

(3) Trennwände müssen wärmedämmend sein

1. zwischen Wohnungen sowie zwischen Wohnungen und fremden Räumen,

2. zwischen Aufenthaltsräumen und im allgemeinen unbeheizten Räumen, soweit die unbeheizten Räume nicht innerhalb der Wohnungen liegen oder zu den Aufenthaltsräumen gehören,
3. zwischen Aufenthaltsräumen und Treppenräumen oder Durchfahrten.

(4) Absatz 3 gilt nicht für Trennwände von Arbeitsräumen einschließlich Nebenräumen, die nicht an Wohnräume oder fremde Arbeitsräume grenzen, wenn wegen der Benutzung der Räume ein Wärmeschutz unmöglich oder unnötig ist.

§ 26
Brandwände

(1) Brandwände sind herzustellen

1. zum Abschluss von Gebäuden, bei denen die Abschlusswand bis zu 2,50 m von der Nachbargrenze errichtet wird, es sei denn, dass ein Abstand von mindestens 5 m zu bestehenden oder nach den baurechtlichen Vorschriften zulässigen künftigen Gebäuden öffentlich-rechtlich gesichert ist,
2. innerhalb ausgedehnter Gebäude und bei aneinandergereihten Gebäuden auf einem Grundstück in Abständen von höchstens 40 m; grössere Abstände können gestattet werden, wenn die Nutzung des Gebäudes es erfordert und wenn wegen des Brandschutzes Bedenken nicht bestehen,
3. zwischen Wohngebäuden und angebauten landwirtschaftlichen Betriebsgebäuden auf einem Grundstück sowie zwischen dem Wohnteil und dem landwirtschaftlichen Betriebsteil eines Gebäudes, wenn der umbaute Raum des Betriebsgebäudes oder des Betriebsteiles größer als 2000 m^3 ist.

Für Wohngebäude mit nicht mehr als zwei Wohnungen sind abweichend von Satz 1 Nr. 1 und 2 anstelle von Brandwänden feuerbeständige Wände zulässig; anstelle feuerbeständiger Wände sind auch andere Wände zulässig, wenn ein gleichwertiger Brandschutz nachgewiesen wird.

(2) Statt durchgehender innerer Brandwände können Wände in Verbindung mit öffnungslosen Decken gestattet werden, wenn die Nutzung der Gebäude dies erfordert und eine Übertragung von Feuer und Rauch in anschließende Räume sowie eine senkrechte Brandübertragung nicht zu befürchten ist oder die Gefahr der senkrechten

Brandübertragung durch geeignete Vorkehrungen, wie mindestens 1,50 m vorkragende feuerbeständige Bauteile, vermindert wird. Für diese Wände gelten die Absätze 4 bis 9. Die Decken und ihre Unterstützungen sowie die Abschlüsse der Treppenräume müssen feuerbeständig sein und aus nichtbrennbaren Baustoffen bestehen; Absatz 8 gilt entsprechend.

(3) Müssen auf einem Grundstück Gebäude oder Gebäudeteile, die über Eck zusammenstoßen, durch eine Brandwand getrennt werden, so muss der Abstand der Brandwand von der inneren Ecke mindestens 5 m betragen. Dies gilt nicht, wenn die Gebäude oder Gebäudeteile in einem Winkel von mehr als 120 Grad über Eck zusammenstoßen.

(4) Brandwände müssen feuerbeständig sein und aus nichtbrennbaren Baustoffen bestehen. Sie dürfen bei einem Brand ihre Standsicherheit nicht verlieren und müssen die Verbreitung von Feuer auf andere Gebäude oder Gebäudeteile verhindern.

(5) Die Brandwand ist bei Gebäuden bis zu drei Vollgeschossen mindestens bis unmittelbar unter die Dachhaut und bei Gebäuden mit mehr als drei Vollgeschossen entweder mindestens 30 cm über Dach zu führen oder in Höhe der Dachhaut mit einer beiderseitig 50 cm auskragenden feuerbeständigen Stahlbetonplatte abzuschließen; darüber dürfen brennbare Teile des Daches nicht weggeführt werden. Bei Gebäuden mit weicher Bedachung (§ 28 Abs. 4) ist die Brandwand 50 cm über Dach zu führen.

(6) Bauteile mit brennbaren Baustoffen dürfen Brandwände nicht überbrücken. Bauteile dürfen in Brandwände nur soweit eingreifen, dass der verbleibende Wandquerschnitt feuerbeständig bleibt. Für Leitungen, Leitungsschlitze und Schornsteine gilt Satz 2 entsprechend.

(7) Öffnungen in Brandwänden sowie in Wänden nach Absatz 1 Satz 2 sind unzulässig; sie können in inneren Brandwänden gestattet werden, wenn die Nutzung des Gebäudes dies erfordert. Die Öffnungen müssen mit feuerbeständigen, selbstschließenden Abschlüssen versehen sein; Ausnahmen können gestattet werden, wenn der Brandschutz auf andere Weise sichergestellt ist.

(8) Leitungen dürfen durch Brandwände sowie durch Wände nach Absatz 1 Satz 2 hindurchgeführt werden, wenn eine Übertragung von Feuer und Rauch nicht zu befürchten ist oder Vorkehrungen hierge-

gen getroffen sind. Rohrleitungen müssen aus nichtbrennbaren Baustoffen bestehen.

(9) In inneren Brandwänden können lichtdurchlässige Teilflächen gestattet werden, wenn diese feuerbeständig sind und aus nichtbrennbaren Baustoffen bestehen.

§ 27
Decken

(1) Decken und ihre Unterstützungen sind in Gebäuden mit mehr als fünf Vollgeschossen feuerbeständig herzustellen. Decken über Kellergeschossen und ihre Unterstützungen müssen feuerbeständig sein; dies gilt nicht für Wohngebäude mit nicht mehr als zwei Wohnungen.

(2) Decken und ihre Unterstützungen in Gebäuden bis zu fünf Vollgeschossen sind mindestens feuerhemmend herzustellen; Absatz 1 Satz 2 findet Anwendung. Satz 1 gilt nicht für freistehende Wohngebäude mit nur einer Wohnung. Für andere als Wohngebäude mit nicht mehr als einem Vollgeschoss können Ausnahmen gestattet werden, wenn wegen des Brandschutzes Bedenken nicht bestehen.

(3) Öffnungen in begehbaren Decken sind sicher abzudecken oder zu umwehren.

(4) Öffnungen in Decken, für die eine feuerhemmende oder feuerbeständige Bauart vorgeschrieben ist, sind unzulässig; sie können gestattet werden, wenn die Nutzung des Gebäudes dies erfordert. Die Öffnungen müssen nach der Bauart der Decken mit feuerhemmenden oder feuerbeständigen sowie selbstschliessenden Abschlüssen versehen werden; dies gilt nicht für den Abschluss von Öffnungen innerhalb von Wohnungen sowie bei einschiebbaren Treppen und Leitern nach § 31 Abs. 2 Satz 2. Ausnahmen von Satz 2 können gestattet werden, wenn der Brandschutz auf andere Weise sichergestellt ist. Leitungen dürfen durch feuerbeständige Decken nur hindurchgeführt werden, wenn eine Übertragung von Feuer und Rauch nicht zu befürchten ist oder Vorkehrungen hiergegen getroffen sind.

(5) Absatz 4 gilt nicht für Decken in Wohngebäuden mit nicht mehr als zwei Wohnungen.

§ 28
Dächer

(1) Die Dachhaut muss gegen Flugfeuer und strahlende Wärme widerstandsfähig sein (harte Bedachung). Teilflächen, die diesen Anforderungen nicht genügen, können gestattet werden, wenn Bedenken wegen des Brandschutzes nicht bestehen.

(2) Bei aneinandergebauten giebelständigen Gebäuden sind die Dächer für eine Brandbeanspruchung von innen nach aussen mindestens feuerhemmend auszubilden; ihre Unterstützungen müssen mindestens feuerhemmend sein. Öffnungen in den Dachflächen müssen, waagerecht gemessen, mindestens 2 m von der Gebäudetrennwand entfernt sein.

(3) An Dächer und Dachkonstruktionen, die Aufenthaltsräume abschließen, können wegen des Brandschutzes besondere Anforderungen gestellt werden.

(4) Bei freistehenden Gebäuden mit nicht mehr als drei Vollgeschossen kann eine Dachhaut, die den Anforderungen nach Absatz 1 nicht entspricht (weiche Bedachung), gestattet werden, wenn die Gebäude

1. von Grundstücksgrenzen einen Abstand von mindestens 12 m,
2. von Gebäuden auf demselben Grundstück mit harter Bedachung einen Abstand von mindestens 15 m,
3. von Gebäuden auf demselben Grundstück mit weicher Bedachung einen Abstand von mindestens 24 m und
4. von kleinen, nur Nebenzwecken dienenden Gebäuden ohne Feuerstätten auf demselben Grundstück einen Abstand von mindestens 5 m

einhalten. In den Fällen der Nummer 1 werden angrenzende öffentliche Verkehrsflächen zur Hälfte eingerechnet.

(5) Dachvorsprünge, Dachgesimse und Dachaufbauten sowie Glasdächer und Oberlichte sind so anzuordnen und herzustellen, dass Feuer nicht auf andere Gebäude, Gebäudeteile oder Nachbargrundstücke übertragen werden kann. Von Brandwänden oder von Wänden, die anstelle von Brandwänden zulässig sind, müssen mindestens 1,25 m entfernt sein

1. Oberlichte und Öffnungen in der Dachhaut; wenn diese Wände nicht mindestens 30 cm über Dach geführt sind,

2. Dachgauben und ähnliche Dachaufbauten aus brennbaren Baustoffen, wenn sie nicht durch diese Wände gegen Brandübertragung geschützt sind.

(6) Dächer, die zum auch nur zeitweiligen Aufenthalt von Menschen bestimmt sind, müssen umwehrt werden. Öffnungen und nichtbegehbare Glasflächen dieser Dächer sind gegen Betreten zu sichern.

(7) Die Dächer von Anbauten, die an Wände mit Fenstern anschließen, sind in einem Abstand von 5 m von diesen Wänden mindestens so widerstandsfähig gegen Feuer herzustellen, wie die Decken des anschließenden Gebäudes.

(8) Bei Dächern an Verkehrsflächen und über Eingängen können Vorrichtungen zum Schutz gegen das Herabfallen von Schnee und Eis verlangt werden.

(9) Für die vom Dach aus vorzunehmenden Arbeiten sind sicher benutzbare Vorrichtungen anzubringen.

(10) Der Dachraum muss vom Treppenraum aus zugänglich sein; dies gilt nicht für Wohngebäude mit nicht mehr als zwei Wohnungen.

§ 29
Vorbauten

(1) Für Balkone, Erker und andere Vorbauten sowie für Loggien gelten die Vorschriften für Wände, Decken und Dächer sinngemäß. Die Verwendung brennbarer Baustoffe oder die Verwendung nichtbrennbarer Baustoffe anstelle einer Bauart mit Feuerwiderstandsdauer ist zulässig, wenn keine Bedenken wegen des Brandschutzes bestehen. § 15 Abs. 2 bleibt unberührt.

(2) Balkone, Erker und ähnliche zum Betreten bestimmte Vorbauten, die über die Flucht der vorderen oder hinteren Aussenwand des Nachbargebäudes hinausragen, müssen bei aneinandergereihten Gebäuden von dem Nachbargebäude einen Abstand einhalten, der ihrer eigenen Ausladung entspricht, mindestens jedoch 1 m beträgt. Ausnahmen können gestattet werden, wenn wegen des Brandschutzes Bedenken nicht bestehen.

(3) Vordächer müssen so angeordnet oder beschaffen sein, dass sie Rettungsmaßnahmen und Löscharbeiten zulassen.

(4) Die Fundamente baulicher Anlagen dürfen bis 2,50 m Tiefe höchstens 15 cm, bei mehr als 2,50 m Tiefe höchstens 25 cm unter die öf-

fentliche Straße vortreten, die Fundamente vorspringender Bauteile nicht weiter als diese selbst.

(5) Stufen und Rampen dürfen in die öffentliche Straße nicht hineinragen. Von der öffentlichen Straße abwärts führende Stufen dürfen erst in einer Entfernung von 30 cm von der öffentlichen Straße beginnen.

(6) Kellerlichtschächte und Betriebsschächte dürfen einschliesslich Wandungen in wenigstens 3 m breite Gehwege bis zu 50 cm hineinragen. Bei Gehwegen von geringerer Breite kann ein Hineinragen gestattet werden.

(7) Von Grund aus aufgeführte Bauteile, die der architektonischen Gliederung dienen und die nur geringfügige Breiten aufweisen, wie Pfeiler, Profilierungen und Einfassungen dürfen bei einer Gehwegbreite

1. bis 3 m höchstens 15 cm,
2. über 3 m höchstens 25 cm

in den Gehweg hineinragen.

(8) Balkone, Erker und andere Vorbauten dürfen nur an öffentlichen Straßen von mindestens 12 m Breite in den Raum über der öffentlichen Straße hineinragen. Zwischen der Unterkante der Vorbauten und der öffentlichen Straße muss eine lichte Höhe von mindestens 3 m verbleiben; eine lichte Höhe von 4,50 m kann verlangt werden, wenn die Sicherheit oder Leichtigkeit des Verkehrs es erfordert. Die Ausladung darf bei einer Breite der öffentlichen Straße von 12 m höchstens 60 cm betragen; bei breiteren öffentlichen Straßen ist für je 1 m Breite ein weiteres Ausladen um 10 cm, in der Regel jedoch nur bis 1,15 m insgesamt zulässig. Balkone dürfen bis zu 1,50 m ausladen.

(9) Schaufenstervorbauten dürfen im Erdgeschoss bei einer Gehwegbreite

1. bis 3 m höchstens 15 cm,
2. über 3 m höchstens 25 cm

in den Gehweg hineinragen.

(10) Türen und Tore dürfen nicht in die öffentliche Straße aufschlagen. Fenster, Fenstertüren und Fensterläden dürfen bis zu einer Höhe von 3 m über Gehwegen und bis zu einer Höhe von 4,50 m über Fahrbahnen nicht in den Raum über der öffentlichen Straße aufschlagen.

(11) Unter heruntergelassenen Sonnenschutzdächern muss eine lichte Höhe von 2,20 m über dem Gehweg und ein Abstand von mindestens 1,10 m von der Fahrbahn verbleiben.

§ 30
Vortreten von Werbeanlagen und Warenautomaten

(1) An Gebäuden angebrachte Werbeanlagen dürfen innerhalb einer Höhe bis zu 3 m über der öffentlichen Straße bei einer Gehwegbreite

1. bis 3 m höchstens 15 cm,
2. über 3 m höchstens 25 cm

in den Gehweg hineinragen.

(2) In einer Höhe von mehr als 3 m über der öffentlichen Straße dürfen Werbeanlagen höchstens 25 cm in den Raum über der öffentlichen Straße hineinragen. Sie dürfen bis zu 60 cm hineinragen, wenn die öffentliche Straße 12 m breit ist und die Werbeanlage überwiegend senkrecht zur Gebäudefront ausgerichtet ist; bei breiteren öffentlichen Straßen ist für je 1 m Breite ein weiteres Ausladen um 16 cm, in der Regel jedoch nur bis 1,15 m insgesamt zulässig. Es kann verlangt werden, dass zwischen der Unterkante der Werbeanlagen und der öffentlichen Straße eine lichte Höhe von mindestens 4,50 m verbleibt, wenn die Sicherheit oder Leichtigkeit des Verkehrs dies erfordert.

(3) An Gebäuden angebrachte oder an Gebäuden aufgestellte Warenautomaten dürfen bei einer Gehwegbreite

1. bis 3 m höchstens 15 cm,
2. über 3 m bis 5 m höchstens 25 cm,
3. über 5 m höchstens 35 cm

in den Gehweg hineinragen.

(4) Für Werbeanlagen und Warenautomaten, die an Balkonen, Erkern, Veranden, Pfeilern und anderen Vorbauten angebracht werden, vermindert sich das nach den Absätzen 1 bis 3 zulässige Maß des Hineinragens um das Maß, mit dem der Vorbau selbst in den Raum über der öffentlichen Straße hineinragt.

Abschnitt 5:
Treppen, Rettungswege, Aufzüge und Öffnungen

§ 31
Treppen

(1) Bei Wohngebäuden mit mehr als zwei Wohnungen müssen die Wohnungen im untersten Vollgeschoss stufenlos erreichbar sein. Jedes nicht zu ebener Erde liegende Geschoss und der benutzbare Dachraum eines Gebäudes müssen über mindestens eine Treppe zugänglich sein (notwendige Treppe); weitere Treppen können gefordert werden, wenn die Rettung von Menschen im Brandfall nicht auf andere Weise möglich ist. Statt notwendiger Treppen können Rampen mit flacher Neigung gestattet werden.

(2) Einschiebbare Treppen und Rolltreppen sind als notwendige Treppen unzulässig. Bei Wohngebäuden mit nicht mehr als zwei Wohnungen sind einschiebbare Treppen und Leitern als Zugang zu einem Dachraum ohne Aufenthaltsräume zulässig; sie können als Zugang zu sonstigen Räumen, die keine Aufenthaltsräume sind, gestattet werden, wenn wegen des Brandschutzes Bedenken nicht bestehen.

(3) In Gebäuden mit mehr als zwei Wohnungen sind die notwendigen Treppen in einem Zuge zu allen angeschlossenen Geschossen zu führen; sie müssen mit den Treppen zum Dachraum unmittelbar verbunden sein.

(4) Die tragenden Teile notwendiger Treppen sind bei Gebäuden mit mehr als drei Vollgeschossen aus nichtbrennbaren Baustoffen herzustellen; bei Gebäuden mit mehr als fünf Vollgeschossen müssen sie feuerbeständig sein.

(5) Die nutzbare Breite der Treppen und Treppenabsätze notwendiger Treppen muss mindestens 1 m betragen. In Wohngebäuden mit nicht mehr als zwei Wohnungen und innerhalb von Wohnungen genügt eine Breite von 80 cm. Für Treppen mit geringer Benutzung können geringere Breiten gestattet werden.

(6) Treppen müssen mindestens einen festen und griffsicheren Handlauf haben. Bei grosser nutzbarer Breite der Treppen können Handläufe auf beiden Seiten und Zwischenhandläufe gefordert werden.

(7) Die freien Seiten der Treppen und Treppenabsätze müssen durch Geländer gesichert werden. Für Treppengeländer gilt § 36 Abs. 5 und 6 entsprechend. Fenster, die unmittelbar an Treppen liegen und deren Brüstungen unter der notwendigen Geländerhöhe liegen, sind zu sichern.

(8) Eine Treppe darf nicht unmittelbar hinter einer Tür enden, die in Richtung der Treppe aufschlägt; zwischen Treppe und Tür ist ein Treppenabsatz anzuordnen, der mindestens so tief sein soll, wie die Tür breit ist.

§ 32
Treppenräume

(1) Jede notwendige Treppe muss in einem eigenen, durchgehenden und an einer Aussenwand angeordneten Treppenraum liegen. Innenliegende Treppenräume können gestattet werden, wenn ihre Benutzung durch Raucheintritt nicht gefährdet werden kann und wegen des Brandschutzes Bedenken nicht bestehen. Für die innere Verbindung von höchstens zwei Geschossen derselben Wohnung sind innenliegende Treppen ohne eigenen Treppenraum zulässig.

(2) Von jeder Stelle eines Aufenthaltsraumes sowie eines Kellergeschosses muss der Treppenraum mindestens einer notwendigen Treppe oder ein Ausgang ins Freie in höchstens 35 m Entfernung erreichbar sein. Sind mehrere Treppen erforderlich, so sind sie so zu verteilen, dass die Rettungswege möglichst kurz sind.

(3) Jeder Treppenraum nach Absatz 1 muss auf möglichst kurzem Wege einen sicheren Ausgang ins Freie haben. Der Ausgang muss mindestens so breit sein wie die zugehörigen notwendigen Treppen und darf nicht eingeengt werden. Verkleidungen und Einbauten aus brennbaren Baustoffen sind in Treppenräumen und ihren Ausgängen ins Freie unzulässig.

(4) Übereinanderliegende Kellergeschosse müssen mindestens zwei getrennte Ausgänge haben. Von je zwei Ausgängen jedes Kellergeschosses muss mindestens einer unmittelbar oder durch einen eigenen, an einer Außenwand liegenden Treppenraum ins Freie führen. Auf eigene Treppenräume für jedes Kellergeschoss kann verzichtet werden, wenn wegen des Brandschutzes Bedenken nicht bestehen.

(5) Die Wände von Treppenräumen notwendiger Treppen und ihrer Zugänge zum Freien müssen feuerbeständig und in Gebäuden mit

mehr als drei Vollgeschossen in der Bauart von Brandwänden hergestellt sein. Dies gilt nicht für Treppenraumwände, die Außenwände sind, wenn der Treppenraum im Brandfalle nicht von außen, insbesondere durch andere Wandöffnungen oder andere Bauteile, gefährdet werden kann. Leitungen dürfen durch Treppenraumwände nur hindurchgeführt werden, wenn Vorkehrungen gegen Brandübertragung getroffen sind.

(6) Der obere Abschluss der Treppenräume muss den Anforderungen des Brandschutzes an die Decke über dem obersten Vollgeschoss des Gebäudes genügen. Die Überdachung des Treppenraumes mit einem Glasdach kann gestattet werden, wenn Bedenken wegen des Brandschutzes nicht bestehen.

(7) Treppenräume dürfen je Geschoss nur Öffnungen zu höchstens vier Wohnungen oder Nutzungseinheiten vergleichbarer Größe haben; in Geschossen mit mehr als vier Wohnungen oder Nutzungseinheiten vergleichbarer Größe sind allgemein zugängliche Geschossflure anzuordnen.

(8) In Treppenräumen müssen Öffnungen zum Kellergeschoss, zu nicht ausgebauten Dachräumen, Werkstätten, Läden, Lagerräumen und ähnlichen Räumen mindestens feuerhemmende, selbstschliessende Türen, Öffnungen zu allgemein zugänglichen Fluren dichte und selbstschliessende Türen erhalten. Alle anderen Öffnungen; die nicht ins Freie führen, müssen bei Gebäuden mit mehr als zwei Vollgeschossen dichte Türen erhalten.

(9) Treppenräume müssen zu lüften und zu beleuchten sein. Treppenräume, die an einer Außenwand liegen, müssen in jedem Geschoss Fenster von mindestens 60 cm x 90 cm Grösse haben, die geöffnet werden können, und eine Brüstung von nicht mehr als 1,20 m Höhe haben. Innenliegende Treppenräume müssen in Gebäuden mit mehr als fünf Vollgeschossen eine von der allgemeinen Beleuchtung unabhängige Beleuchtung haben.

(10) In Gebäuden mit mehr als fünf Vollgeschossen und bei innenliegenden Treppenräumen ist an der obersten Stelle des Treppenraumes eine Rauchabzugsvorrichtung mit einer Grösse von mindestens 5 vom Hundert der Grundfläche, mindestens jedoch von 1 m^2 anzubringen, die vom Erdgeschoss und vom obersten Treppenabsatz aus zu öffnen sein muss. Es kann verlangt werden, dass die Rauchabzugsvorrichtung auch von anderen Stellen aus bedient werden kann.

Ausnahmen können gestattet werden, wenn der Rauch auf andere Weise abgeführt werden kann.

(11) Auf Wohngebäude mit nicht mehr als zwei Wohnungen sind die Absätze 1 bis 10 nicht anzuwenden.

§ 33
Allgemein zugängliche Flure

(1) Die nutzbare Breite allgemein zugänglicher Flure muss für den größten zu erwartenden Verkehr ausreichen; Flure von mehr als 30 m Länge sollen durch nicht abschließbare, dichte und selbstschließende Türen unterteilt werden. In den Fluren ist eine Folge von weniger als drei Stufen unzulässig.

(2) Wände allgemein zugänglicher Flure sind unbeschadet der §§ 23 bis 26 in Gebäuden mit mehr als zwei Vollgeschossen mindestens feuerhemmend aus nichtbrennbaren Baustoffen herzustellen und bis an die Rohdecken zu führen; Türen müssen dicht schließen. Ausnahmen können gestattet werden, wenn wegen des Brandschutzes Bedenken nicht bestehen.

(3) Die Wände offener Gänge vor den Aussenwänden, die die einzige Verbindung zwischen Aufenthaltsräumen und Treppenräumen herstellen, sind in Gebäuden mit mehr als drei Vollgeschossen in ihren tragenden Teilen einschliesslich des Abschlusses über dem obersten Gang feuerbeständig herzustellen. Im übrigen gilt Absatz 2 entsprechend.

(4) Verkleidungen, Unterdecken und Dämmstoffe aus brennbaren Baustoffen sind in allgemein zugänglichen Fluren und offenen Gängen in Gebäuden mit mehr als zwei Vollgeschossen unzulässig.

§ 34
Aufzüge

(1) Aufzugsanlagen sind so anzuordnen, zu errichten, zu ändern, instand zu halten und zu betreiben, dass die öffentliche Sicherheit oder Ordnung, insbesondere Leben oder Gesundheit, nicht gefährdet werden. Die allgemein anerkannten Regeln der Technik sind zu beachten.

(2) Aufzüge im Innern von Gebäuden müssen eigene feuerbeständige Schächte haben. In einem Aufzugsschacht dürfen bis zu drei Aufzüge liegen. In Gebäuden bis zu fünf Vollgeschossen dürfen Aufzüge

ohne eigene Schächte innerhalb der Umfassungswände des Treppenraumes liegen. Sie müssen sicher umkleidet sein.

(3) Der Fahrschacht muss zu lüften sein und eine Rauchabzugsvorrichtung mit einer Grösse von mindestens 2,5 vom Hundert der Grundfläche des Aufzugsschachtes, mindestens jedoch von 0,10 m^2 haben.

(4) Fahrschachttüren und andere Öffnungen in feuerbeständigen Schachtwänden sind so herzustellen, dass Feuer und Rauch nicht in andere Geschosse übertragen werden können.

(5) Bei Aufzügen, die ausserhalb von Gebäuden liegen oder die nicht mehr als drei übereinanderliegende Geschosse verbinden, sowie bei vereinfachten Güteraufzügen, Kleingüteraufzügen, Mühlenaufzügen, Lagerhausaufzügen und Behindertenaufzügen können Ausnahmen von den Absätzen 2 und 3 gestattet werden, wenn wegen der Betriebssicherheit und des Brandschutzes Bedenken nicht bestehen.

(6) In Gebäuden mit mehr als fünf Vollgeschossen müssen Aufzüge in ausreichender Zahl eingebaut werden, von denen einer auch zur Aufnahme von Lasten, Krankentragen und Rollstühlen geeignet sein muss. Hierbei ist das oberste Vollgeschoss nicht zu berücksichtigen, wenn seine Nutzung einen Aufzug nicht erfordert oder wenn es in bestehenden Gebäuden nachträglich zu Wohnzwecken ausgebaut wird. Fahrkörbe zur Aufnahme einer Krankentrage müssen eine nutzbare Grundfläche von mindestens 1,10 m x 2,10 m, zur Aufnahme eines Rollstuhles von mindestens 1,10 m x 1,40 m haben; Türen müssen eine lichte Durchgangsbreite von mindestens 90 cm haben. Vor den Aufzügen muss eine ausreichende Bewegungsfläche vorhanden sein, für Rollstühle mindestens 1,40 m x 1,40 m. Zur Aufnahme von Rollstühlen bestimmte Aufzüge sollen von der öffentlichen Straße aus stufenlos erreichbar sein und stufenlos erreichbare Haltestellen in allen Geschossen mit Aufenthaltsräumen haben. Soweit Obergeschosse von Behinderten im Rollstuhl stufenlos zu erreichen sein müssen, gelten die Sätze 1 bis 5 auch für Gebäude mit weniger als sechs Vollgeschossen.

§ 35
Fenster, Türen, Kellerlichtschächte

(1) Können die Fensterflächen nicht gefahrlos vom Erdboden, vom Innern des Gebäudes oder von Loggien und Balkonen aus gereinigt

werden, so sind Vorrichtungen wie Aufzüge, Halterungen oder Stangen anzubringen, die eine Reinigung von außen ermöglichen.

(2) Glastüren und andere Glasflächen, die bis zum Fußboden allgemein zugänglicher Verkehrsflächen herabreichen, sind so zu kennzeichnen, dass sie leicht erkannt werden können. Für größere Glasflächen können Schutzmaßnahmen zur Sicherung des Verkehrs verlangt werden.

(3) Gemeinsame Kellerlichtschächte für übereinanderliegende Kellergeschosse sind unzulässig.

(4) Öffnungen in Fenstern, die als Rettungswege dienen, müssen im Lichten mindestens 0,90 m x 1,20 m gross und nicht höher als 1,20 m über der Fußbodenoberkante angeordnet sein. Liegen diese Öffnungen in Dachschrägen oder Dachaufbauten, so darf ihre Unterkante oder ein davor liegender Austritt von der Traufkante nur so weit entfernt sein, dass Personen sich bemerkbar machen und von der Feuerwehr gerettet werden können.

§ 36
Umwehrungen

(1) In, an und auf baulichen Anlagen sind Flächen, die im allgemeinen zum Begehen bestimmt sind und unmittelbar an mehr als 1 m tiefer liegende Flächen angrenzen, zu umwehren. Dies gilt nicht, wenn die Umwehrung dem Zweck der Flächen widerspricht, wie bei Verladerampen, Kais und Schwimmbecken.

(2) Nicht begehbare Oberlichte und Glasabdeckungen in Flächen, die im allgemeinen zum Begehen bestimmt sind, sind zu umwehren, wenn sie weniger als 0,50 m aus diesen Flächen herausragen.

(3) Kellerlichtschächte und Betriebsschächte, die an Verkehrsflächen liegen, sind zu umwehren oder verkehrssicher abzudecken; liegen sie in Verkehrsflächen, so sind sie in Höhe der Verkehrsflächen verkehrssicher abzudecken. Abdeckungen an und in öffentlichen Verkehrsflächen müssen gegen unbefugtes Abheben gesichert sein.

(4) Fensterbrüstungen müssen bis zum fünften Vollgeschoss mindestens 0,80 m, über dem fünften Vollgeschoss mindestens 0,90 m hoch sein. Geringere Brüstungshöhen sind zulässig, wenn durch andere Vorrichtungen, wie Geländer, die nach Absatz 5 vorgeschriebenen Mindesthöhen eingehalten werden. Im Erdgeschoss können geringere Brüstungshöhen gestattet werden.

(5) Andere notwendige Umwehrungen müssen folgende Mindesthöhen haben:

1. Umwehrungen zur Sicherung von Öffnungen in begehbaren Decken, Dächern sowie Umwehrungen von Flächen mit 1 m bis 12 m Absturzhöhe 0,90 m,
2. Umwehrungen von Flächen mit mehr als 12 m Absturzhöhe 1,10 m.

(6) In an und auf Gebäuden, bei denen in der Regel mit der Anwesenheit von Kindern gerechnet werden muss, dürfen Öffnungen in Geländern, Brüstungen und anderen Umwehrungen mindestens in einer Richtung nicht breiter als 12 cm sein. Sie sind so auszubilden, dass Kindern das Überklettern erschwert wird. Ein waagerechter Zwischenraum zwischen Umwehrung und der zu sichernden Fläche darf nicht grösser als 4 cm sein.

Abschnitt 6:
Haustechnische Anlagen und Feuerungsanlagen

§ 37
Lüftungsanlagen, Installationsschächte und Installationskanäle

(1) Lüftungsanlagen müssen betriebssicher und brandsicher sein; sie dürfen den ordnungsgemäßen Betrieb von Feuerstätten nicht beeinträchtigen.

(2) Lüftungsleitungen sowie deren Verkleidungen und Dämmstoffe müssen aus nichtbrennbaren Baustoffen bestehen; Ausnahmen können gestattet werden, wenn Bedenken wegen des Brandschutzes nicht bestehen. Lüftungsanlagen in Gebäuden mit mehr als zwei Vollgeschossen und Lüftungsanlagen, die Brandwände überbrücken, sind so herzustellen, dass Feuer und Rauch nicht in andere Geschosse oder Brandabschnitte übertragen werden können.

(3) Lüftungsanlagen sind so herzustellen, dass sie Gerüche und Staub nicht in andere Räume übertragen. Die Weiterleitung von Schall in fremde Räume muss gedämmt sein.

(4) Lüftungsleitungen dürfen nicht in Schornsteine eingeführt werden; die gemeinsame Benutzung von Lüftungsleitungen zur Lüftung und zur Ableitung von Abgasen kann gestattet werden. Die Abluft ist ins Freie zu führen. Nicht zur Lüftungsanlage gehörende Einrichtungen sind in Lüftungsleitungen unzulässig.

(5) Lüftungsschächte, die aus Mauersteinen oder aus Formstücken für Schornsteine hergestellt sind, müssen den Anforderungen an Schornsteine entsprechen und gekennzeichnet werden.

(6) Für raumlufttechnische Anlagen und Warmluftheizungen gelten die Absätze 1 bis 5 sinngemäss.

(7) Installationsschächte und Installationskanäle sowie deren Verkleidungen und Dämmstoffe müssen aus nichtbrennbaren Baustoffen bestehen. Absatz 2 und Absatz 3 Satz 2 gelten sinngemäß.

(8) Die Absätze 2, 3, 6 und 7 gelten nicht für Lüftungsanlagen in Wohngebäuden mit nicht mehr als zwei Wohnungen und nicht für Lüftungsanlagen innerhalb einer Wohnung.

§ 38
Feuerungsanlagen, Wärme- und Brennstoffversorgungsanlagen

(1) Feuerstätten und Abgasanlagen, wie Schornsteine, Abgasleitungen und Verbindungsstücke (Feuerungsanlagen), Anlagen zur Abführung von Verbrennungsgasen ortsfester Verbrennungsmotoren sowie Behälter und Rohrleitungen für brennbare Gase und Flüssigkeiten müssen betriebssicher und brandsicher sein und dürfen auch sonst nicht zu Gefahren und unzumutbaren Belästigungen führen können. Die Weiterleitung von Schall in fremde Räume muss ausreichend gedämmt sein. Abgasanlagen müssen leicht und sicher zu reinigen sein.

(2) Für die Anlagen zur Verteilung von Wärme und zur Warmwasserversorgung gilt Absatz 1 Satz 1 und 2 sinngemäß.

(3) Feuerstätten, ortsfeste Verbrennungsmotoren und Verdichter sowie Behälter für brennbare Gase und Flüssigkeiten dürfen nur in Räumen aufgestellt werden, bei denen nach Lage, Größe, baulicher Beschaffenheit und Benutzungsart Gefahren nicht entstehen.

(4) Die Abgase der Feuerstätten sind durch Abgasanlagen über Dach, die Verbrennungsgase ortsfester Verbrennungsmotoren sind durch Anlagen zur Abführung dieser Gase über Dach abzuleiten. Abgasanlagen sind in solcher Zahl und Lage und so herzustellen, dass die Feuerstätten des Gebäudes ordnungsgemäss angeschlossen werden können. Ausnahmen von Satz 1 können gestattet werden, wenn Gefahren oder unzumutbare Belästigungen nicht entstehen.

(5) Die Abgase von Gasfeuerstätten mit abgeschlossenem Verbrennungsraum, denen die Verbrennungsluft durch dichte Leitungen vom Freien zuströmt (raumluftunabhängige Gasfeuerstätten), dürfen abweichend von Absatz 4 durch die Aussenwand ins Freie geleitet werden, wenn

1. eine Ableitung des Abgases über Dach nicht oder nur mit unverhältnismäßig hohem Aufwand möglich ist und
2. die Nennwärmeleistung der Feuerstätte 11 kW zur Beheizung und 28 kW zur Warmwasserbereitung nicht überschreitet

und Gefahren oder unzumutbare Belästigungen nicht entstehen.

(6) Ohne Abgasanlagen sind zulässig

1. Gasfeuerstätten, wenn durch einen sicheren Luftwechsel im Aufstellraum gewährleistet ist, dass Gefahren oder unzumutbare Belästigungen nicht entstehen,
2. Gas-Haushalt-Kochgeräte mit einer Nennwärmeleistung von nicht mehr als 11 kW, wenn der Aufstellraum einen Rauminhalt von mehr als 20 m^3 aufweist und mindestens eine Tür ins Freie oder ein Fenster, das geöffnet werden kann, hat,
3. nicht leitungsgebundene Gasfeuerstätten zur Beheizung von Räumen, die nicht gewerblichen Zwecken dienen, sowie Gas-Durchlauferhitzer, wenn diese Gasfeuerstätten besondere Sicherheitseinrichtungen haben, die die Kohlenmonoxidkonzentration im Aufstellraum so begrenzen, dass Gefahren oder unzumutbare Belästigungen nicht entstehen.

(7) Gasfeuerstätten dürfen in Räumen nur aufgestellt werden, wenn durch besondere Vorrichtungen an den Feuerstätten oder durch Lüftungsanlagen sichergestellt ist, dass gefährliche Ansammlungen von unverbranntem Gas in den Räumen nicht entstehen.

(8) Brennstoffe sind so zu lagern, dass Gefahren oder unzumutbare Belästigungen nicht entstehen.

§ 39
Wasserversorgungsanlagen

(1) Gebäude mit Aufenthaltsräumen dürfen nur errichtet werden, wenn die Versorgung mit Trinkwasser dauernd gesichert ist. Zur Brandbekämpfung muss eine ausreichende Wassermenge zur Verfügung stehen. Wasserversorgungsanlagen sind so anzuordnen, her-

zustellen und instand zu halten, dass sie betriebssicher sind und Gefahren oder unzumutbare Belästigungen nicht entstehen.

(2) Jede Wohnung muss eigene Wasserzähler haben. Dies gilt nicht bei Nutzungsänderungen, wenn die Anforderung nach Satz 1 nur mit unverhältnismäßigem Mehraufwand erfüllt werden kann.

§ 40
Anlagen für Abwasser und Niederschlagwasser

(1) Bauliche Anlagen dürfen nur errichtet werden, wenn die einwandfreie Beseitigung der Abwasser dauernd gesichert ist. Die Anlagen dafür sind so anzuordnen, herzustellen und instand zu halten, dass sie betriebssicher sind und Gefahren oder unzumutbare Belästigungen nicht entstehen.

(2) Grundstücke, auf denen Abwasser anfallen und die an betriebsfähig kanalisierten Straßen liegen oder die von solchen Straßen zugänglich sind, sind an die öffentliche Entwässerung anzuschließen, sobald die Entwässerungsleitungen betriebsfähig hergestellt sind (Anschlusszwang). Der Anschlusszwang gilt nicht für Niederschlagwasser, wenn Massnahmen zu dessen Rückhaltung oder Versickerung durch Bebauungsplan festgesetzt oder sonst angeordnet oder genehmigt sind. In Gebieten offener Bauweise soll Niederschlagwasser dem Untergrund zugeführt werden.

§ 41
Einleitung der Abwasser in Kläranlagen, Abwassersammelgruben oder Sickeranlagen

(1) Kläranlagen, Abwassersammelgruben oder Sickeranlagen dürfen nur hergestellt werden, wenn die Abwasser in eine öffentliche Entwässerung nicht eingeleitet werden können.

(2) Die Einleitung der Abwasser in Kläranlagen oder in Abwassersammelgruben ist nur zulässig, wenn die einwandfreie weitere Beseitigung innerhalb und außerhalb des Grundstücks dauernd gesichert ist. Niederschlagwasser dürfen nicht in dieselbe Abwassersammelgrube wie die übrigen Abwasser und nicht in Kläranlagen geleitet werden.

(3) Abwassersammelgruben und Kläranlagen müssen wasserdicht und ausreichend gross sein. Sie müssen eine dichte und sichere Abdeckung sowie Reinigungs- und Entleerungsöffnungen haben. Diese

Öffnungen dürfen nur vom Freien aus zugänglich sein. Die Anlagen sind so zu entlüften, dass Gesundheitsschäden oder unzumutbare Belästigungen nicht entstehen. Die Zuleitungen zu Abwasserbeseitigungsanlagen müssen geschlossen, dicht und, soweit erforderlich, zum Reinigen eingerichtet sein.

(4) Kläranlagen, Abwassersammelgruben und Lüftungseinrichtungen von Sickeranlagen sollen von Öffnungen zu Aufenthaltsräumen mindestens 5 m entfernt sein. Kläranlagen, Abwassersammelgruben und Sickeranlagen müssen von Gebäuden und Nachbargrenzen mindestens 2 m entfernt sein.

(5) Werden nicht mehr benutzte Abwasserbeseitigungsanlagen nicht beseitigt, so sind sie so zu sichern, dass Gefahren nicht entstehen können.

§ 42
Abfallschächte

(1) Abfallschächte sind nur zulässig, wenn sie getrennte Einfüllöffnungen und die zugehörigen getrennten Sammelräume für Abfälle zur Verwertung und Abfälle zur Beseitigung besitzen. Abfallschächte, ihre Einfüllöffnungen und die zugehörigen Sammelräume sind ausserhalb von Aufenthaltsräumen anzulegen. Abfallschächte und Sammelräume müssen aus feuerbeständigen Bauteilen bestehen. Verkleidungen, Dämmstoffe und innere Wandschalen und Einrichtungen innerhalb des Schachtes und des Sammelraumes müssen aus nichtbrennbaren Baustoffen bestehen. Der Einbau einer Feuerlöscheinrichtung kann verlangt werden.

(2) Abfallschächte sind bis zur obersten Einfüllöffnung ohne Querschnittsänderungen senkrecht zu führen. Eine ständig wirkende Lüftung muss gesichert sein. Abfallschächte müssen so beschaffen sein, dass sie Abfälle sicher abführen, dass Feuer, Rauch, Gerüche und Staub nicht in das Gebäude dringen können und dass die Weiterleitung von Schall gedämmt wird.

(3) Die Einfüllöffnungen müssen so beschaffen sein, dass Staubbelästigungen nicht auftreten und sperrige Abfälle nicht eingebracht werden können. Am oberen Ende des Abfallschachtes ist eine Reinigungsöffnung vorzusehen. Alle Öffnungen sind mit Verschlüssen aus nichtbrennbaren Baustoffen zu versehen.

(4) Der Abfallschacht muss in einen ausreichend grossen Sammelraum münden. Die inneren Zugänge des Sammelraumes sind mit feuerbeständigen, selbstschließenden Türen zu versehen. Der Sammelraum muss vom Freien aus zugänglich und entleerbar sein. Die Abfallstoffe sind in beweglichen Abfallbehältern zu sammeln. Der Sammelraum muss eine ständig wirksame Lüftung und einen Bodenablauf mit Geruchverschluss haben.

§ 43
Anlagen für feste Abfallstoffe

Für die vorübergehende Aufbewahrung fester Abfallstoffe sind dichte Abfallbehälter außerhalb der Gebäude herzustellen oder aufzustellen. Zur Gewährleistung eines getrennten Sammelsystems für Abfälle zur Verwertung sind Stellflächen für die dazu erforderlichen Abfallbehälter einzurichten. Sie sollen von Öffnungen von Aufenthaltsräumen und von brennbaren Bauteilen mindestens 5 m, von den Nachbargrenzen mindestens 2 m entfernt sein. Für bewegliche Abfallbehälter ist ein befestigter Platz an nicht störender Stelle auf dem Grundstück vorzusehen, der nicht mehr als 30 m von befahrbaren Wegen entfernt sein soll. Ihre Aufstellung innerhalb von Gebäuden in besonderen Räumen kann gestattet werden. Plätze für Abfallbehälter müssen sicher und leicht erreichbar sein.

Abschnitt 7:
Aufenthaltsräume und Wohnungen

§ 44 Aufenthaltsräume

(1) Aufenthaltsräume müssen eine für ihre Benutzung ausreichende Grundfläche und unbeschadet des § 46 Abs. 4 eine lichte Höhe von mindestens 2,50 m haben.

(2) Aufenthaltsräume müssen unmittelbar ins Freie führende und senkrecht stehende Fenster von solcher Zahl und Beschaffenheit haben, dass die Räume ausreichend mit Tageslicht beleuchtet und belüftet werden können (notwendige Fenster). Geneigte Fenster sowie Oberlichte anstelle von Fenstern können gestattet werden, wenn wegen des Brandschutzes Bedenken nicht bestehen.

(3) Verglaste Vorbauten und Loggien sind vor notwendigen Fenstern zulässig, wenn eine ausreichende Lüftung und Beleuchtung mit Tageslicht sichergestellt ist.

(4) Aufenthaltsräume, deren Benutzung eine Beleuchtung mit Tageslicht verbietet, sind ohne notwendige Fenster zulässig, wenn dies durch besondere Maßnahmen, wie den Einbau von raumlufttechnischen Anlagen und Beleuchtungsanlagen, ausgeglichen wird. Für Aufenthaltsräume, die nicht dem Wohnen dienen, kann anstelle einer Beleuchtung mit Tageslicht und Lüftung nach Absatz 2 eine Ausführung nach Satz 1 gestattet werden, wenn wegen des Brandschutzes und der Gesundheit Bedenken nicht bestehen.

§ 45
Wohnungen

(1) Jede Wohnung muss von anderen Wohnungen und fremden Räumen baulich abgeschlossen sein und einen eigenen, abschließbaren Zugang unmittelbar vom Freien, von einem Treppenraum, einem Flur oder einem anderen Vorraum haben. Wohnungen in Wohngebäuden mit nicht mehr als zwei Wohnungen brauchen nicht abgeschlossen zu sein. Wohnungen in Gebäuden, die nicht nur zum Wohnen dienen, müssen einen besonderen Zugang haben; gemeinsame Zugänge können gestattet werden, wenn Gefahren oder unzumutbare Belästigungen für die Benutzer der Wohnungen nicht entstehen.

(2) Jede Wohnung muss eine Küche oder Kochnische haben.

(3) Für Wohngebäude mit mehr als drei Vollgeschossen sollen leicht erreichbare und gut zugängliche Abstellräume für Kinderwagen und Fahrräder hergestellt werden.

(4) Für Gebäude mit mehr als zwei Wohnungen sollen ausreichend grosse Trockenräume zur gemeinschaftlichen Benutzung eingerichtet werden.

§ 46
Aufenthaltsräume und Wohnungen in Kellergeschossen und Dachräumen

(1) In Kellergeschossen sind Aufenthaltsräume und Wohnungen zulässig, wenn das Gelände, das an ihre Aussenwände mit notwendigen Fenstern anschließt, in einer für die Beleuchtung mit Tageslicht ausreichenden Entfernung und Breite vor den notwendigen Fenstern nicht mehr als 0,5 m über dem Fussboden der Aufenthaltsräume liegt.

(2) Aufenthaltsräume, deren Benutzung eine Beleuchtung mit Tageslicht verbietet, ferner Verkaufsräume, Gaststätten, ärztliche Behandlungsräume, Sport-, Spiel- und Bastelräume in Zusammenhang mit Wohnnutzung sowie ähnliche Räume können in Kellergeschossen gestattet werden. § 44 Abs. 4 Satz 1 gilt sinngemäß.

(3) Räume nach Absatz 2 müssen unmittelbar mit Rettungswegen in Verbindung stehen, die ins Freie führen. Die Räume und Rettungswege müssen von anderen Räumen im Kellergeschoss feuerbeständig abgetrennt sein. Dies gilt nicht für Wohngebäude mit nicht mehr als zwei Wohnungen.

(4) Aufenthaltsräume im Dachraum müssen eine lichte Raumhöhe von mindestens 2,30 m über mindestens die Hälfte ihrer Grundfläche haben; Raumteile mit einer lichten Höhe bis 1,50 m bleiben außer Betracht.

(5) Aufenthaltsräume und Wohnungen im Dachraum müssen einschließlich ihrer Zugänge mit mindestens feuerhemmenden Wänden und Decken gegen den nicht ausgebauten Dachraum abgeschlossen sein; dies gilt nicht für freistehende Wohngebäude mit nur einer Wohnung.

(6) Die Anforderungen nach Absatz 5 gelten auch für Sport-, Spiel- und Bastelräume in Zusammenhang mit Wohnnutzung. Sie müssen darüber hinaus einen zweiten gesicherten Rettungsweg im Sinne des § 15 Abs. 4 haben.

§ 47
Bäder und Toilettenräume

(1) Jede Wohnung muss einen Waschraum mit Badewanne oder Dusche haben. Fensterlose Bäder sind nur zulässig, wenn eine wirksame Lüftung sichergestellt ist.

(2) Jede Wohnung muss mindestens eine Toilette mit Wasserspülung haben. Toilettenräume für Wohnungen müssen innerhalb der Wohnung liegen. Fensterlose Toilettenräume sind nur zulässig, wenn eine wirksame Lüftung sichergestellt ist. Für Anlagen, die für einen grösseren Personenkreis bestimmt sind, ist eine ausreichende Zahl von Toiletten herzustellen.

Abschnitt 8: Besondere Anlagen

§ 48 Stellplätze und Abstellmöglichkeiten für Fahrräder

(1) Bei der Errichtung öffentlich zugänglicher Gebäude sind Stellplätze in ausreichender Zahl für schwer Gehbehinderte und Behinderte im Rollstuhl anzubieten. Bei der Errichtung baulicher Anlagen und anderer Anlagen, bei denen ein Zu- und Abfahrtsverkehr zu erwarten ist, sind ausreichende Abstellmöglichkeiten für Fahrräder herzustellen. Werden Anlagen nach Satz 1 und 2 geändert oder ändert sich ihre Nutzung, so sind Stellplätze nach Satz 1 und Abstellmöglichkeiten für Fahrräder in solcher Anzahl und Größe herzustellen, dass sie die infolge der Nutzungsänderung zusätzlich zu erwartenden Fahrzeuge aufnehmen können.

(2) Die Stellplätze nach Absatz 1 Satz 1 können auf dem Baugrundstück oder in zumutbarer Entfernung davon auf einem geeigneten Grundstück hergestellt werden, dessen Benutzung für diesen Zweck öffentlich-rechtlich gesichert ist. Die Abstellmöglichkeiten für Fahrräder sind auf dem Baugrundstück zu schaffen.

(3) Stellplätze müssen so angeordnet werden, dass ihre Benutzung die Gesundheit nicht schädigt und das Arbeiten und Wohnen, die Ruhe und die Erholung in der Umgebung durch Lärm oder Luftschadstoffe nicht über das zumutbare Maß hinaus stört. Sie müssen von den öffentlichen Straßen aus auf möglichst kurzem Wege zu erreichen und verkehrssicher sein. Stellplatzflächen sind durch Anpflanzung von Bäumen und Sträuchern gärtnerisch zu gestalten.

§ 49 Untergeordnete Gebäude

Bei kleinen, nur Nebenzwecken dienenden Gebäuden ohne Feuerstätten können Ausnahmen von den Vorschriften der §§ 23 bis 47 gestattet werden, wenn wegen der öffentlichen Sicherheit oder Ordnung Bedenken nicht bestehen. Das gleiche gilt für freistehende andere eingeschossige Gebäude, die entweder nicht für einen Aufenthalt oder nur für einen vorübergehenden Aufenthalt bestimmt sind, wie Lauben, Unterkunftshütten, Baubuden und Unterkünfte auf Baustellen sowie für Schankveranden von Gaststätten, die im Verhältnis zur Gaststätte von untergeordneter Bedeutung sind.

§ 50
Bauliche Anlagen und Räume besonderer Art oder Nutzung

(1) Ist zu erwarten, dass durch die besondere Art oder Nutzung baulicher Anlagen oder Räume die Benutzer oder die Allgemeinheit gefährdet werden, so können abweichend von den Vorschriften dieses Gesetzes zur Gefahrenabwehr erforderliche besondere Anforderungen gestellt werden. Soweit es wegen der besonderen Art oder Nutzung baulicher Anlagen oder Räume oder wegen besonderer Anforderungen nach Satz 1 der Einhaltung der Vorschriften dieses Gesetzes nicht bedarf, können Erleichterungen gestattet werden. Als Nachweis dafür, dass die besonderen Anforderungen erfüllt sind, können bestimmte Bescheinigungen verlangt werden; ferner können Nachprüfungen und deren Wiederholung in festzulegenden Zeitabschnitten verlangt werden.

(2) Die Vorschriften des Absatzes 1 gelten insbesondere für

1. Hochhäuser,
2. Geschäftshäuser und Verkaufsstätten,
3. Versammlungsstätten, Gaststätten und Beherbergungsbetriebe,
4. Bürogebäude und Verwaltungsgebäude,
5. Krankenhäuser, Altenpflegeheime, Entbindungsheime und Säuglingsheime,
6. Schulen und Sportstätten,
7. bauliche Anlagen und Räume von großer Ausdehnung oder mit erhöhter Brandgefahr, Explosionsgefahr oder Verkehrsgefahr,
8. bauliche Anlagen und Räume, die für gewerbliche Betriebe bestimmt sind,
9. bauliche Anlagen und Räume, deren Nutzung mit einem starken Abgang unreiner Stoffe verbunden ist,
10. Fliegende Bauten,
11. Zelte, soweit sie nicht Fliegende Bauten sind,
12. Campingplätze, Wochenendplätze und Zeltplätze,
13. bauliche Anlagen für die Landwirtschaft,
14. Garagen.

(3) Bei baulichen Anlagen und Räumen besonderer Art oder Nutzung, für die Rechtsverordnungen bestehen, ist Absatz 1 nicht anzuwenden.

§ 51
Behindertengerechtes Bauen

(1) Öffentlich zugängliche bauliche Anlagen müssen so hergestellt und instand gehalten werden, dass Behinderte, insbesondere schwer Gehbehinderte und Behinderte im Rollstuhl, sowie alte Menschen und Personen mit Kleinkindern sie ohne fremde Hilfe zweckentsprechend nutzen können. § 50 Abs. 1 und 2 bleibt unberührt.

(2) Sollen rechtmäßig bestehende bauliche Anlagen nach Absatz 1 in ihrer Nutzung oder wesentlich baulich geändert werden, gelten die in Absatz 1 genannten Anforderungen entsprechend; bei einer wesentlichen baulichen Änderung bleiben im übrigen die in § 77 Abs. 4 aufgestellten Voraussetzungen unberührt.

(3) In den baulichen Anlagen nach Absatz 1 sind neben den Rettungswegen im Sinne von § 15 Abs. 4 zusätzliche bauliche Maßnahmen für die Selbstrettung von Behinderten im Rollstuhl nur dann erforderlich, wenn die Anlage oder Teile davon von diesem Personenkreis überdurchschnittlich, bezogen auf den Bevölkerungsanteil der Behinderten, genutzt werden. Anderenfalls genügen betriebliche Massnahmen, die die Rettung mittels fremder Hilfe sowie eine Brandschutzunterweisung für das Personal und für den Nutzerkreis zur Evakuierung hilfebedürftiger Personen vorschreiben.

Teil IV
Die am Bau Beteiligten

§ 52 Bauherr

(1) Der Bauherr hat zur Vorbereitung, Ausführung und Bauüberwachung eines genehmigungsbedürftigen oder nach § 56a genehmigungsfrei gestellten Bauvorhabens einen Entwurfsverfasser, Unternehmer und einen Bauleiter zu bestellen. Dem Bauherrn obliegen die nach den öffentlich-rechtlichen Vorschriften erforderlichen Anzeigen und Nachweise an die Bauaufsichtsbehörde.

(2) Sind die vom Bauherrn bestellten Personen für ihre Aufgabe nach Sachkunde und Erfahrung nicht geeignet, so kann die Bauaufsichtsbehörde vor und während der Bauausführung verlangen, dass ungeeignete Beauftragte durch geeignete ersetzt oder Sachverständige herangezogen werden. Die Bauaufsichtsbehörde kann die Bauarbei-

ten einstellen lassen, bis geeignete Beauftragte oder Sachverständige bestellt sind.

(3) Wechselt der Bauherr, so hat der neue Bauherr dies der Bauaufsichtsbehörde unverzüglich schriftlich mitzuteilen.

(4) Vor Baubeginn hat der Bauherr der Bauaufsichtsbehörde die Namen des Bauleiters und der Fachbauleiter und während der Bauausführung einen Wechsel der Bauleiter mitzuteilen.

§ 52a
Entwurfsverfasser

(1) Der Entwurfsverfasser muss nach Sachkunde und Erfahrung zur Vorbereitung des jeweiligen Bauvorhabens geeignet sein. Er ist für die Vollständigkeit und Brauchbarkeit seines Entwurfs verantwortlich. Der Entwurfsverfasser hat dafür zu sorgen, dass die für die Ausführung notwendigen Einzelzeichnungen, Einzelberechnungen und Anweisungen geliefert werden und den genehmigten Bauvorlagen und den öffentlich-rechtlichen Vorschriften entsprechen.

(2) Hat der Entwurfsverfasser auf einzelnen Fachgebieten nicht die erforderliche Sachkunde und Erfahrung, so sind geeignete Sachverständige heranzuziehen. Diese sind für die von ihnen gefertigten Unterlagen verantwortlich. Für das ordnungsgemäße Ineinandergreifen aller Fachentwürfe bleibt der Entwurfsverfasser verantwortlich.

§ 52b
Unternehmer

(1) Jeder Unternehmer ist für die ordnungsgemäße, den baurechtlichen Vorschriften und den genehmigten Bauvorlagen entsprechende Ausführung der von ihm übernommenen Arbeiten und insoweit für die ordnungsgemäße Einrichtung und den sicheren Betrieb der Baustelle verantwortlich. Er hat die erforderlichen Nachweise über die Verwendbarkeit der verwendeten Bauprodukte und Bauarten zu erbringen und auf der Baustelle bereitzuhalten. Er darf, unbeschadet der Vorschriften des § 62, Arbeiten nicht ausführen oder ausführen lassen, bevor nicht die dafür notwendigen Unterlagen und Anweisungen an der Baustelle vorliegen.

(2) Die Unternehmer haben auf Verlangen der Bauaufsichtsbehörde für Bauarbeiten, bei denen die Sicherheit der baulichen Anlagen in aussergewöhnlichem Maße von der besonderen Fachkenntnis und

Erfahrung des Unternehmers oder von einer Ausstattung des Unternehmens mit besonderen Vorrichtungen abhängt, nachzuweisen, dass sie für solche Bauarbeiten diese Voraussetzungen erfüllen und das Unternehmen über die erforderlichen Vorrichtungen verfügt.

(3) Hat der Unternehmer für einzelne Arbeiten nicht die erforderliche Fachkenntnis und Erfahrung, so sind geeignete Fachunternehmer oder Fachleute heranzuziehen. Diese sind für ihre Arbeiten verantwortlich.

§ 53
Bauleiter

Der Bauleiter hat darüber zu wachen, dass die Baumaßnahme den öffentlich-rechtlichen Vorschriften und den genehmigten Bauvorlagen entsprechend durchgeführt wird. Er hat im Rahmen dieser Aufgabe auf den sicheren bautechnischen Betrieb der Baustelle, insbesondere auf das gefahrlose Ineinandergreifen der Arbeiten der Unternehmer, zu achten.

Teil V
Bauaufsichtsbehörden und Verwaltungsverfahren

§ 54 Befugnisse der Bauaufsichtsbehörden

Die mit dem Vollzug dieses Gesetzes beauftragten Personen sind, soweit dies zur Ausübung ihres Amtes erforderlich ist, berechtigt, Grundstücke und bauliche Anlagen sowie zur Verhütung dringender Gefahren für die öffentliche Sicherheit und Ordnung auch Wohnungen zu betreten. Das Grundrecht der Unverletzlichkeit der Wohnung (Artikel 13 des Grundgesetzes) wird insoweit eingeschränkt.

§ 55
Genehmigungsbedürftige Vorhaben

(1) Die Errichtung, die Änderung, die Nutzungsänderung und der Abbruch baulicher Anlagen bedürfen der Baugenehmigung, soweit in den §§ 56, 56a, 66, 67 und 68 oder durch Rechtsverordnung nach § 76 Abs. 2 oder 4 Nr. 1 nichts anderes bestimmt ist.

(2) Genehmigungsbedürftig sind auch andere Anlagen und Einrichtungen nach § 1 Abs. 1 Satz 2, soweit in den §§ 56, 56a, 67 und 68 oder durch Rechtsverordnung nach § 76 Abs. 2 oder 4 Nr. 1 nichts anderes

bestimmt ist, insbesondere die Errichtung, das Herstellen, das Ändern und die Beseitigung von

1. Feuerungsanlagen,
2. Stellplätzen,
3. notwendigen Kinderspielplätzen,
4. Anlagen zur Beseitigung von Abwasser und Niederschlagwasser auf Grundstücken.

(3) Die Baugenehmigungsbehörde kann im Einzelfall bei geringfügigen genehmigungsbedürftigen Vorhaben von der Erteilung der Baugenehmigung absehen; der Antragsteller ist entsprechend zu bescheiden.

§ 56
Genehmigungsfreie Vorhaben

(1) Die Errichtung, Herstellung oder Änderung folgender baulicher Anlagen, anderer Anlagen und Einrichtungen bedarf keiner Baugenehmigung:

1. Gebäude
   a. Gebäude ohne Aufenthaltsräume, Toiletten oder Feuerstätten, mit Ausnahme von Garagen, wenn die Gebäude nicht mehr als 30 m^3 Brutto-Rauminhalt haben und weder Verkaufs- noch Ausstellungszwecken dienen,
   b. Gebäude bis 4 m Höhe, die einem landwirtschaftlichen, forstwirtschaftlichen oder erwerbsgärtnerischen Betrieb dienen und nur zum vorübergehenden Schutz von Pflanzen oder Tieren oder zur Unterbringung von Ernteerzeugnissen bestimmt sind,
   c. Gewächshäuser bis 15 m^3 Brutto-Rauminhalt,
   d. Gewächshäuser bis 4 m Höhe, die einem landwirtschaftlichen, forstwirtschaftlichen oder erwerbsgärtnerischen Betrieb dienen,
   e. Wochenendhäuser bis 40 m^2 Grundfläche und 4 m Höhe in festgesetzten Wochenendhausgebieten,
   f. untergeordnete Gebäude wie Kioske, Verkaufswagen, Wartehallen und Toiletten auf öffentlichen Verkehrsflächen.
2. Feuerungs- und andere Energieerzeugungsanlagen
   a. Feuerungsanlagen bis zu 300 kW Nennwärmeleistung; die Feuerungsanlagen dürfen jedoch erst in Betrieb genommen werden,

wenn der Bezirksschornsteinfegermeister die Tauglichkeit und die sichere Benutzbarkeit der Schornsteine mit den Schornsteinanschlüssen bescheinigt hat,

b. Wärmepumpen,

c. Solarenergieanlagen und Sonnenkollektoren in und an Dach- oder Außenwandflächen.

3. Leitungen und Anlagen für Lüftung, Wasser- und Energieversorgung und Abwasserbeseitigung

   a. Lüftungsanlagen, andere raumlufttechnische Anlagen und Warmluftheizungen, sofern die zugehörigen Leitungen nicht durch feuerbeständige Wände oder Decken oder durch Brandwände geführt werden; entsprechendes gilt für Installationsschächte und -kanäle,

   b. Anlagen zur Beseitigung von Abwasser und Niederschlagwasser,

   c. Abwasserbehandlungsanlagen (Kläranlagen) für höchstens täglich 8 m^3 häusliches Schmutzwasser,

   d. Wasserversorgungsanlagen einschließlich der Warmwasserversorgungsanlagen, der Einrichtungsgegenstände und der Armaturen,

   e. Leitungen für Gas, Elektrizität oder Wärme,

   f. Anlagen zur Verteilung von Wärme bei Warmwasser- und Niederdruckdampfheizungen.

4. Maste, Antennen und ähnliche bauliche Anlagen

   a. Maste und sonstige Unterstützungen für Freileitungen,

   b. Antennenanlagen bis 10 m Höhe und Parabolantennen mit einem Durchmesser bis 1,20 m,

   c. ortsveränderliche Antennenträger, die nur vorübergehend aufgestellt werden,

   d. Sirenen und deren Maste,

   e. Signalhochbauten der Landesvermessung,

   f. Fahnenmaste,

   g. Blitzschutzanlagen.

5. Behälter, Wasserbecken

   a. Behälter für verflüssigte Gase mit einem Fassungsvermögen von weniger als 1 m^3,

b. Behälter für nicht verflüssigte Gase bis 6 m^3 Behälterinhalt,
c. Gärfutterbehälter bis 6 m Höhe
d. Anlagen zur Lagerung wassergefährdender Stoffe oder brennbarer Flüssigkeiten mit einem Gesamtrauminhalt der Behälter bis 1 m^3, einschließlich Rohrleitungen, Auffangräumen und Auffangvorrichtungen sowie der zugehörigen Betriebs- und Sicherheitseinrichtungen und Schutzvorkehrungen,
e. sonstige drucklose Behälter bis 50 m^3 Behälterinhalt und bis 3 m Höhe, ausgenommen für Jauche und Gülle,
f. Wasserbecken bis 100 m^3 Beckeninhalt.

6. Einfriedungen, Stützmauern, Verkehrsanlagen, Überbrückungen, Unterführungen
   a. Einfriedungen bis 2 m Höhe,
   b. offene Einfriedungen ohne Sockel für Grundstücke, die einem land- oder forstwirtschaftlichen Betrieb dienen,
   c. Stützmauern bis 2 m Höhe,
   d. private Verkehrsanlagen sowie damit verbundene oder selbständige Überbrückungen und Unterführungen mit einer lichten Weite bis 5 m.

7. Bauliche Anlagen auf Campingplätzen, in Gärten und zur Freizeitgestaltung
   a. Wohnwagen, Zelte und bauliche Anlagen, die keine Gebäude sind, auf Campingplätzen,
   b. bauliche Anlagen, die der Gartennutzung, der Gartengestaltung oder der zweckentsprechenden Einrichtung von Gärten dienen, wie Bänke, Sitzgruppen, Pergolen oder nicht überdachte Terrassen, ausgenommen Gebäude und Einfriedungen,
   c. bauliche Anlagen, die der zweckentsprechenden Einrichtung von Sport- und Kinderspielplätzen dienen, wie Tore für Ballspiele, Schaukeln und Klettergerüste, ausgenommen Gebäude und Tribünen,
   d. bauliche Anlagen ohne Aufenthaltsräume auf Abenteuerspielplätzen
   e. Sprungschanzen, Sprungtürme und Rutschbahnen bis 10 m Höhe
   f. luftgetragene Schwimmbeckenüberdachungen bis 100 m^2 Grundfläche.

8. Werbeanlagen, Warenautomaten, Hinweisschilder
   a. Werbeanlagen mit einer Ansichtsfläche bis 0,6 m^2,
   b. vorübergehend angebrachte oder aufgestellte Werbeanlagen an der Stätte der Leistung, wenn die Anlagen nicht fest mit dem Boden oder anderen baulichen Anlagen verbunden sind,
   c. Werbeanlagen an der Stätte der Leistung, wenn diese keine baulichen Anlagen und nicht in Höhe von Obergeschossen angeordnet sind,
   d. vorübergehend angebrachte oder aufgestellte Werbeanlagen auf Baustellen,
   e. Werbeanlagen für zeitlich begrenzte Veranstaltungen,
   f. Warenautomaten.
9. Vorübergehend aufgestellte oder genutzte Anlagen
   a. Fliegende Bauten bis 5 m Höhe, die nicht dazu bestimmt sind, von Besuchern betreten zu werden,
   b. Fliegende Bauten bis 5 m Höhe, die für Kinder betrieben werden und eine Geschwindigkeit von höchstens 1 m/s haben,
   c. Bühnen, die Fliegende Bauten sind, einschließlich Überdachungen und sonstiger Aufbauten bis 5 m Höhe, mit einer Grundfläche bis 100 m^2 und einer Fußbodenhöhe bis 1,50 m,
   d. Zelte, die Fliegende Bauten sind, mit einer Grundfläche bis 75 m^2,
   e. Toilettenwagen,
   f. Gerüste der Regelausführung,
   g. Baustelleneinrichtungen einschließlich Lagerhallen, Schutzhallen und Unterkünfte,
   h. vorübergehend genutzte unbefestigte Lagerplätze für landwirtschaftliche, forstwirtschaftliche und erwerbsgärtnerische Erzeugnisse,
   i. Behelfsbauten, die der Landesverteidigung, dem Katastrophenschutz oder der Unfallhilfe dienen und nur vorübergehend aufgestellt werden,
   j. bauliche Anlagen, die zu Straßenfesten und ähnlichen Veranstaltungen nur vorübergehend errichtet werden und die keine Fliegenden Bauten sind,

k. eingeschossige bauliche Anlagen, die für höchstens drei Monate auf Messe- und Ausstellungsgeländen errichtet werden, ausgenommen Fliegende Bauten.

10. Tragende und nichttragende Bauteile
    a. die geringfügige und die Standsicherheit nicht berührende Änderung tragender oder aussteifender Bauteile innerhalb von Gebäuden,
    b. nichttragende Wände in bestehenden Gebäuden,
    c. Fenster und Türen sowie deren Öffnungen in Außenwänden bestehender Wohngebäude,
    d. Anstriche, Verputz oder Dämmputz baulicher Anlagen,
    e. Dächer von bestehenden Wohngebäuden einschließlich der Dachkonstruktion ohne Änderung der bisherigen äußeren Abmessungen.

11. Sonstige bauliche Anlagen und Teile baulicher Anlagen
    a. selbständige Aufschüttungen und Abgrabungen bis 3 m Höhe oder Tiefe,
    b. bauliche Anlagen wie Denkmale, Skulpturen und Springbrunnen bis 4 m Höhe sowie Grabmale auf Friedhöfen,
    c. Ausstellungs- und Lagerplätze bis 300 m^2 Fläche,
    d. Fahrradabstellanlagen,
    e. Fahrzeugwaagen,
    f. Regallager bis 5 m Lagerhöhe,
    g. Teppichstangen,
    h. Markisen,
    i. Hochsitze,
    j. unbedeutende bauliche Anlagen und Einrichtungen, die vorstehend nicht erfasst sind.

(2) Die Nutzungsänderung baulicher Anlagen bedarf keiner Baugenehmigung, wenn

1. für die neue Nutzung keine anderen oder weitergehenden öffentlich-rechtlichen Vorschriften gelten als für die bisherige Nutzung,
2. bisher anders genutzte Räume eines Wohngebäudes mit nicht mehr als zwei Wohnungen als Aufenthaltsräume genutzt werden sollen, die zu diesen Wohnungen gehören,

3. Räume in bestehenden Wohngebäuden, die in Bäder oder Toiletten umgebaut werden sollen.

(3) Keiner Baugenehmigung bedarf der Abbruch oder die Beseitigung von

1. baulichen Anlagen, anderen Anlagen und Einrichtungen nach Absatz 1,
2. Gebäuden bis 500 m^3 Brutto-Rauminhalt,
3. ortsfesten Behältern bis 300 m^3 Behälterinhalt
4. Feuerungsanlagen.

(4) Keiner Baugenehmigung bedürfen Instandhaltungsarbeiten.

(5) Auch genehmigungsfreie Vorhaben müssen den materiellen Vorschriften dieses Gesetzes entsprechen.

§ 56a
Genehmigungsfreistellung

(1) Keiner Baugenehmigung bedarf die Errichtung oder Änderung von

1. Wohngebäuden bis zu drei Vollgeschossen,
2. anderen Gebäuden ohne Aufenthaltsräume mit insgesamt nicht mehr als 200 m^2 Geschossfläche und nicht mehr als zwei Vollgeschossen sowie
3. von Stellplätzen, Garagen und Nebenanlagen für die Gebäude nach Nummer 1 und 2,

soweit die Vorhaben nicht bereits nach § 56 genehmigungsfrei oder durch Rechtsverordnung nach § 76 Abs. 2 oder 4 Nr. 1 genehmigungsfrei gestellt sind und die Voraussetzungen nach Absatz 2 vorliegen. Satz 1 gilt auch für Nutzungsänderungen von Gebäuden, deren Errichtung oder Änderung bei geänderter Nutzung nach Satz 1 genehmigungsfrei wäre.

(2) Vorhaben nach Absatz 1 sind genehmigungsfrei gestellt, wenn

1. die Vorhaben
   a. innerhalb des räumlichen Geltungsbereichs eines Bebauungsplanes oder einer Rechtsverordnung über einen Vorhaben- und Erschließungsplan liegen, die Festsetzungen im Sinne von § 30 Abs. 1 des Baugesetzbuches enthalten, oder

b. in einem Vorbescheid abschließend als insgesamt planungsrechtlich zulässig festgestellt worden sind,

2. die Erschließung gesichert ist und

3. die Bauaufsichtsbehörde nicht erklärt, dass das Genehmigungsverfahren durchgeführt werden soll.

Die Erklärung nach Satz 1 Nr. 3 ist zulässig, wenn beabsichtigt ist, eine Veränderungssperre nach § 14 des Baugesetzbuches zu erlassen oder eine Zurückstellung nach § 15 des Baugesetzbuches zu beantragen, oder wenn die Überprüfung des Vorhabens in einem Genehmigungsverfahren aus anderen Gründen für erforderlich gehalten wird. Darauf, dass die Bauaufsichtsbehörde von der Erklärungsmöglichkeit keinen Gebrauch macht, besteht kein Rechtsanspruch. § 56 Abs. 5 gilt entsprechend.

(3) Der Bauaufsichtsbehörde sind Bauvorlagen einzureichen, die § 57 Abs. 2 und 4 entsprechen. Den Bauvorlagen ist eine Erklärung des Entwurfsverfassers und der für einzelne Fachgebiete hinzugezogenen Sachverständigen beizufügen, dass das Vorhaben den öffentlichrechtlichen Vorschriften entspricht sowie die erforderlichen Genehmigungen, Bewilligungen und Erlaubnisse eingeholt werden und die Voraussetzungen nach Absatz 1 vorliegen. Nachweise über die Standsicherheit von Gebäuden nach Absatz 1 Satz 1 Nr. 1 und 2 müssen von einem Prüfingenieur für Baustatik geprüft sein. Über Ausnahmen und Befreiungen entscheidet die Bauaufsichtsbehörde auf besonderen Antrag.

(4) Mit der Ausführung des Vorhabens darf sechs Wochen nach Eingang der Bauvorlagen bei der Bauaufsichtsbehörde begonnen werden. Die Bauaufsichtsbehörde hat innerhalb von zehn Arbeitstagen die Bauvorlagen auf Vollständigkeit zu überprüfen. Sind sie unvollständig, so hat die Bauaufsichtsbehörde unverzüglich mitzuteilen, welche Ergänzungen erforderlich sind und dass die Frist nach Satz 1 erst nach Eingang der angeforderten Unterlagen beginnt. Mit der Ausführung des Vorhabens darf nicht begonnen werden, wenn die Bauaufsichtsbehörde vor Ablauf der Frist die Durchführung eines Genehmigungsverfahrens nach Absatz 2 Satz 1 Nr. 3 erklärt oder die eingereichten Bauvorlagen beanstandet. § 62 Abs. 7 und 8 gilt sinngemäß.

(5) Bauliche Anlagen nach Absatz 1 dürfen erst benutzt werden, wenn sie ordnungsgemäß fertiggestellt und sicher benutzbar sind. Ihre Fertigstellung ist der Bauaufsichtsbehörde eine Woche vor der

Inbenutzungnahme anzuzeigen. Mit der Anzeige sind der Bauaufsichtsbehörde einzureichen:

1. eine Bestätigung des Prüfingenieurs für Baustatik, dass die bauliche Anlage entsprechend dem nach Absatz 3 geprüften Nachweis der Standsicherheit errichtet oder geändert worden ist,
2. eine Bescheinigung des Bezirksschornsteinfegermeisters über die Tauglichkeit und die sichere Benutzbarkeit der Schornsteine mit den Schornsteinanschlüssen und
3. eine Bestätigung des Bauleiters, dass das Bauvorhaben entsprechend den eingereichten Bauvorlagen und den Anforderungen nach § 53 ausgeführt wurde.

(6) Die Genehmigungsfreiheit entbindet nicht von der Pflicht zur Einhaltung der Anforderungen, die durch öffentlich-rechtliche Vorschriften an bauliche Anlagen gestellt werden; hierzu gehört auch die Einholung der erforderlichen Genehmigungen, Bewilligungen und Erlaubnisse vor Baubeginn.

§ 57
Bauantrag und Bauvorlagen

(1) Der Bauantrag bedarf der Schriftform.

(2) Mit dem Bauantrag sind alle für die Beurteilung des Bauvorhabens und die Bearbeitung des Bauantrages erforderlichen Unterlagen (Bauvorlagen) einzureichen. Es kann gestattet werden, dass einzelne Bauvorlagen nachgereicht werden.

(3) In besonderen Fällen kann zur Beurteilung der Einwirkung der baulichen Anlage auf die Umgebung verlangt werden, dass die bauliche Anlage in geeigneter Weise auf dem Grundstück dargestellt wird.

(4) Der Bauherr und der Entwurfsverfasser haben den Bauantrag, der Entwurfsverfasser die Bauvorlagen zu unterschreiben. Die von Sachverständigen bearbeiteten Unterlagen müssen auch von diesen unterschrieben sein. Ist der Bauherr nicht Grundstückseigentümer, so kann die Zustimmung des Grundstückseigentümers zu dem Bauvorhaben gefordert werden.

(5) Sind genehmigungsbedürftige Vorhaben ohne Baugenehmigung oder genehmigungsfrei gestellte Vorhaben ohne die nach § 56a Abs. 3 der Bauaufsichtsbehörde einzureichenden Bauvorlagen begonnen

oder fertiggestellt worden, so kann die Bauaufsichtsbehörde die nachträgliche Einreichung der Bauvorlagen verlangen.

§ 58
Bauvorlageberechtigung

(1) Bauvorlagen für die Errichtung oder Änderung genehmigungsbedürftiger oder nach § 56a zu behandelnder Gebäude müssen von einem bauvorlageberechtigten Entwurfsverfasser unterschrieben sein.

(2) Bauvorlageberechtigt ist, wer auf Grund

1. des Berliner Architekten- und Baukammergesetzes die Berufsbezeichnung „Architekt" oder
2. des Gesetzes zum Schutz der Berufsbezeichnung „Ingenieur" als Angehöriger einer Fachrichtung des Bauingenieurwesens die Berufsbezeichnung „Ingenieur"

zu führen berechtigt ist. In den Fällen des Satzes 1 Nr. 2 bedarf es ferner einer praktischen Tätigkeit von mindestens zwei Jahren im Bauwesen. Bauvorlageberechtigt ist ferner, wer

1. die Berufsbezeichnung „Innenarchitekt" oder „Landschaftsarchitekt" führen darf für die mit der Berufsaufgabe verbundenen Tätigkeiten,
2. unter Beschränkung auf sein Fachgebiet Bauvorlagen aufstellt, die üblicherweise von Fachkräften mit einer anderen Ausbildung, als sie die zuvor genannten Personen haben, aufgestellt werden,
3. die Berufsbezeichnung „Ingenieur" in den Fachrichtungen Architektur, Hochbau oder Bauingenieurwesen führen darf, mindestens zwei Jahre als Ingenieur tätig war und Bediensteter einer juristischen Person des öffentlichen Rechts ist, für die dienstliche Tätigkeit.

(3) Bauvorlageberechtigt für

1. Wohngebäude mit nicht mehr als zwei Wohnungen,
2. eingeschossige gewerbliche Gebäude bis 250 m^2 Grundfläche und bis 5 m Wandhöhe, gemessen von der Geländeoberfläche bis zur Schnittlinie zwischen Dachhaut und Außenwand,
3. Garagen bis 100 m^2 Nutzfläche,
4. Behelfsbauten, untergeordnete Gebäude und bauliche Anlagen,
5. einfache Änderungen von Gebäuden

sind ferner die Angehörigen der Fachrichtungen Architektur, Hochbau oder Bauingenieurwesen, die an einer deutschen Hochschule, einer deutschen öffentlichen oder staatlich anerkannten Ingenieurschule oder an einer dieser gleichrangigen deutschen Lehreinrichtung das Studium erfolgreich abgeschlossen haben, sowie die staatlich geprüften Techniker der Fachrichtung Bautechnik und die Handwerksmeister des Bau- und Zimmererfachs. Dies gilt auch für Staatsangehörige eines anderen Mitgliedsstaates der Europäischen Union oder eines anderen Vertragsstaates des Abkommens über den europäischen Wirtschaftsraum mit als gleichrangig geltenden Abschlüssen. Abweichungen können zugelassen werden.

(4) Unternehmen dürfen Bauvorlagen als Entwurfsverfasser unterschreiben, wenn sie diese unter der Leitung eines Bauvorlageberechtigten nach Absatz 1 aufstellen. Auf den Bauvorlagen ist der Name des Bauvorlageberechtigten anzugeben.

§ 59
Vorbescheid

(1) Vor Einreichung des Bauantrages kann auf schriftlichen Antrag des Bauherrn zu einzelnen Fragen des Bauvorhabens ein schriftlicher Bescheid (Vorbescheid) erteilt werden. Der Vorbescheid gilt drei Jahre. Die Frist kann auf schriftlichen Antrag jeweils bis zu einem Jahr verlängert werden.

(2) § 57 Abs. 2 bis 4, § 60 Abs. 2 sowie §§ 61 und 62 Abs. 1 und 3 bis 5 gelten sinngemäß.

§ 60
Behandlung des Bauantrages

(1) Bedarf die Erteilung der Baugenehmigung nach anderen Vorschriften der Zustimmung oder des Einvernehmens einer anderen Behörde oder Dienststelle, so gilt diese als erteilt, wenn sie nicht sechs Wochen nach Eingang des Ersuchens unter Angabe der Gründe verweigert wird. Stellungnahmen anderer Behörden oder Dienststellen können im bauaufsichtlichen Verfahren unberücksichtigt bleiben, wenn sie nicht innerhalb von sechs Wochen nach Aufforderung zur Stellungnahme bei der Bauaufsichtsbehörde eingehen. Eine Verlängerung der Frist um einen Monat ist in begründeten Ausnahmefällen möglich. Zeitvorgaben nach anderen Rechtsvorschriften bleiben hiervon unberührt. Die Bauaufsichtsbehörde entscheidet über

den Bauantrag innerhalb einer Frist von sechs Wochen. Die Frist beginnt, sobald die vollständigen Bauvorlagen und alle für die Entscheidung notwendigen Stellungnahmen und Nachweise vorliegen.

(2) Die Bauaufsichtsbehörde soll den Bauantrag zurückweisen, wenn die Bauvorlagen unvollständig sind oder erhebliche Mängel aufweisen.

(3) Einer Prüfung bautechnischer Nachweise bedarf es nicht, soweit mit dem Bauantrag Nachweise vorgelegt werden, die von einem Prüfamt für Baustatik allgemein geprüft sind (Typenprüfung). Typenprüfungen anderer Länder im Geltungsbereich des Grundgesetzes gelten auch im Land Berlin.

(4) Die Bauaufsichtsbehörde kann auf Kosten des Bauherrn für die Prüfung eines technisch schwierigen Bauantrages Sachverständige heranziehen. Mit Zustimmung des Bauherrn und auf seine Kosten können Sachverständige auch für die Prüfung anderer Bauanträge herangezogen werden.

(5) Legt der Bauherr Bescheinigungen eines Sachverständigen im Sinne der Rechtsverordnung nach § 76 Abs. 4 Nr. 2 vor, so gelten die bauaufsichtlichen Anforderungen für den in der jeweiligen Rechtsverordnung dem Sachverständigen zugewiesenen Bereich als eingehalten. Die Bauaufsichtsbehörde kann die Vorlage solcher Bescheinigungen verlangen.

§ 60a
Vereinfachtes Baugenehmigungsverfahren

(1) Im vereinfachten Baugenehmigungsverfahren werden

1. Wohngebäude bis zu drei Vollgeschossen,
2. eingeschossige Gebäude, auch mit Aufenthaltsräumen, bis 200 m^2 Grundfläche,
3. Gebäude ohne Aufenthaltsräume bis 100 m^2 Grundfläche und mit nicht mehr als zwei Vollgeschossen und
4. Stellplätze, Garagen und Nebenanlagen für die Gebäude nach Nummer 1 bis 3

nur nach Maßgabe der Absätze 2 bis 4 geprüft und überwacht, soweit sie nicht nach § 56 genehmigungsfrei oder nach § 56a oder durch Rechtsverordnungen nach § 76 Abs. 2 oder 4 Nr. 1 genehmigungsfrei gestellt sind.

(2) Im vereinfachten Verfahren wird die Vereinbarkeit des Vorhabens mit den Vorschriften dieses Gesetzes oder auf Grund dieses Gesetzes nur nach §§ 4, 5, 6, 8 Abs. 3 sowie §§ 13, 48, 50 und 51 geprüft. Die Prüfung der Vereinbarkeit mit anderen öffentlich-rechtlichen Vorschriften bleibt hiervon unberührt. Die Erteilung einer Baugenehmigung kann auch versagt werden, wenn Verstöße gegen nicht zu prüfende Vorschriften dieses Gesetzes oder auf Grund dieses Gesetzes festgestellt werden.

(3) Auch soweit eine Prüfung entfällt, sind Bauvorlagen einzureichen. Über Ausnahmen und Befreiungen entscheidet die Bauaufsichtsbehörde auf besonderen Antrag.

(4) Der Entwurfsverfasser und die für einzelne Fachgebiete hinzugezogenen Sachverständigen haben, soweit eine Prüfung entfällt, jeweils für ihre Fachgebiete Erklärungen abzugeben, dass das Bauvorhaben den öffentlich-rechtlichen Vorschriften entspricht.

(5) Mit der Anzeige der Fertigstellung nach § 72 Abs. 1 Satz 1 ist eine Bestätigung des Bauleiters vorzulegen, dass das Bauvorhaben entsprechend den eingereichten Bauvorlagen und den Anforderungen nach § 53 ausgeführt wurde.

§ 61
Ausnahmen und Befreiungen

(1) Die Bauaufsichtsbehörde kann Ausnahmen von Vorschriften dieses Gesetzes und von Vorschriften auf Grund dieses Gesetzes, die Sollvorschriften sind oder in denen Ausnahmen vorgesehen sind (nicht zwingende Vorschriften), gestatten, wenn die Ausnahmen mit den öffentlichen Belangen vereinbar sind und die festgelegten Voraussetzungen vorliegen.

(2) Die Bauaufsichtsbehörde kann von zwingenden Vorschriften dieses Gesetzes oder von zwingenden Vorschriften auf Grund dieses Gesetzes auf schriftlichen Antrag befreien, wenn

1. Gründe des Wohls der Allgemeinheit die Abweichung erfordern,
2. die Durchführung der Vorschrift im Einzelfall zu einer offenbar nicht beabsichtigten Härte führen würde und die Abweichung mit den öffentlichen Belangen vereinbar ist; eine nicht beabsichtigte Härte liegt auch dann vor, wenn auf andere Weise dem Zweck einer technischen Anforderung nachweislich entsprochen wird, oder

3. es zur praktischen Erprobung neuer Bau- und Wohnformen, von Maßnahmen zur Kostendämpfung, zur Verwirklichung von Vorhaben zur Energieeinsparung oder zur Schonung der natürlichen Lebensgrundlagen durch Versuchsbauten der Abweichung bedarf; vom Bauherrn ist nachzuweisen, dass Gefahren für die öffentliche Sicherheit oder Ordnung hierdurch nicht entstehen.

Befreiungen sind schriftlich zu erteilen.

(3) Ist für bauliche Anlagen, andere Anlagen oder Einrichtungen, die keiner Baugenehmigung bedürfen, eine Ausnahme oder Befreiung erforderlich, so ist die Ausnahme oder Befreiung schriftlich zu beantragen.

(4) Ist eine Ausnahme oder Befreiung unter Bedingungen, befristet oder unter dem Vorbehalt des Widerrufs erteilt worden, so ist die Genehmigung entsprechend einzuschränken.

(5) Ausnahmen oder Befreiungen, die sich nachteilig auf die Umwelt, Natur und Landschaft oder die Nachbarschaft auswirken können, sind durch Maßnahmen zur Verbesserung des Wohnumfeldes, insbesondere durch naturbelassene Grünflächen, auszugleichen.

§ 62
Baugenehmigung und Baubeginn

(1) Die Baugenehmigung ist zu erteilen, wenn das Vorhaben den öffentlich-rechtlichen Vorschriften entspricht. Mit der Baugenehmigung gelten alle Ausnahmen als erteilt. Für Lüftungsanlagen und Klimaanlagen, Feuerungsanlagen und ähnliche Anlagen kann auf Antrag eine besondere Baugenehmigung auch nach Erteilung der Baugenehmigung nach Satz 1 erteilt werden; dies gilt sinngemäß auch für die Genehmigung der Standsicherheit.

(2) Werden als Folge der Anwendung des Absatzes 1 Satz 3 Änderungen der Baugenehmigung nach Absatz 1 Satz 1 notwendig, so können für die bereits begonnenen Teile des Vorhabens zusätzliche Anforderungen gestellt werden. Die dadurch entstehenden Kosten trägt der Antragsteller

(3) Die Baugenehmigung bedarf der Schriftform. Eine Ausfertigung der mit einem Genehmigungsvermerk zu versehenden Bauvorlagen ist der Baugenehmigung beizufügen.

(4) Die Baugenehmigung gilt auch für und gegen den Rechtsnachfolger des Bauherrn.

(5) Die Baugenehmigung wird unbeschadet der Rechte Dritter erteilt.

(6) Vor Erteilung der Baugenehmigung darf mit der Ausführung des Vorhabens, abgesehen von der Einrichtung der Baustelle, nicht begonnen werden.

(7) Vor Baubeginn muss die Grundrissfläche des Gebäudes abgesteckt und seine Höhenlage festgelegt sein. Baugenehmigungen und Bauvorlagen müssen an der Baustelle von Baubeginn an vorliegen.

(8) Der Bauherr hat den Ausführungsbeginn genehmigungsbedürftiger Vorhaben und die Wiederaufnahme der Bauarbeiten nach einer Unterbrechung von mehr als drei Monaten mindestens eine Woche vorher der Bauaufsichtsbehörde schriftlich mitzuteilen.

(9) In den Fällen des § 57 Abs. 5 wird von der Bauaufsichtsbehörde von Amts wegen ein Baugenehmigungsverfahren durchgeführt.

(10) Die Genehmigung nach den §§ 4, 8, 16 und 19 des Bundes-Immissionsschutzgesetzes, die Erlaubnis nach den auf Grund des § 11 des Gerätesicherheitsgesetzes erlassenen Vorschriften sowie die Genehmigung nach § 7 des Atomgesetzes, nach § 17 des Sprengstoffgesetzes und nach § 8 des Gentechnikgesetzes schließen eine Baugenehmigung ein.

§ 63
Teilbaugenehmigung

(1) Ist ein Bauantrag eingereicht, so kann der Beginn der Bauarbeiten für die Baugrube und für einzelne Bauteile oder Bauabschnitte auf schriftlichen Antrag schon vor Erteilung der Baugenehmigung schriftlich gestattet werden (Teilbaugenehmigung). § 62 gilt sinngemäß.

(2) In der Baugenehmigung können für die bereits begonnenen Teile des Bauvorhabens zusätzliche Anforderungen gestellt werden, wenn sich bei der weiteren Prüfung der Bauvorlagen ergibt, dass die zusätzlichen Anforderungen im Hinblick auf die Vorschriften dieses Gesetzes oder im Hinblick auf Vorschriften auf Grund dieses Gesetzes erforderlich sind.

§ 64
Geltungsdauer der Genehmigung

(1) Die Baugenehmigung und die Teilbaugenehmigung erlöschen, wenn innerhalb von drei Jahren nach ihrer Erteilung mit der Ausführung des Bauvorhabens nicht begonnen oder die Bauausführung ein Jahr unterbrochen worden ist.

(2) Die Frist nach Absatz 1 kann auf schriftlichen Antrag jeweils bis zu einem Jahr verlängert werden. Die Frist kann auch rückwirkend verlängert werden, wenn der Antrag vor Fristablauf bei der Bauaufsichtsbehörde eingegangen ist.

§ 65
Typengenehmigung

(1) Für bauliche Anlagen, die in derselben Ausführung an mehreren Stellen errichtet werden sollen, kann die für das Bauwesen zuständige Senatsverwaltung eine allgemeine Genehmigung (Typengenehmigung) erteilen, wenn die baulichen Anlagen den bauaufsichtlichen Vorschriften entsprechen und ihre Brauchbarkeit für den jeweiligen Verwendungszweck nachgewiesen ist. Eine Typengenehmigung kann auch erteilt werden für bauliche Anlagen, die in unterschiedlicher Ausführung, aber nach einem bestimmten System und aus bestimmten Bauteilen an mehreren Stellen errichtet werden sollen; in der Typengenehmigung ist die zulässige Veränderbarkeit festzulegen. Für Fliegende Bauten wird eine Typengenehmigung nicht erteilt.

(2) Die Typengenehmigung bedarf der Schriftform. Sie darf nur unter dem Vorbehalt des Widerrufs und nur für eine bestimmte Frist erteilt werden, die fünf Jahre nicht überschreiten soll. Die Geltungsdauer kann auf schriftlichen Antrag jeweils bis zu fünf Jahren verlängert werden. Eine Ausfertigung der mit einem Genehmigungsvermerk zu versehenden Bauvorlagen ist der Typengenehmigung beizufügen.

(3) Die Typengenehmigung kann unter Auflagen und Bedingungen erteilt werden, die sich insbesondere auf die Herstellung, Baustoffeigenschaften, Kennzeichnung oder Verwendung beziehen.

(4) Typengenehmigungen anderer Länder im Geltungsbereich des Grundgesetzes gelten auch im Land Berlin.

(5) § 57 Abs. 2 und 4 sowie § 60 Abs. 2 und 3 gelten entsprechend.

(6) Eine Typengenehmigung entbindet nicht von der Verpflichtung, eine Baugenehmigung (§ 62) oder eine Zustimmung (§ 67) einzuholen.

(7) Die in der Typengenehmigung entschiedenen Fragen brauchen von der Bauaufsichtsbehörde nicht geprüft zu werden. Soweit es auf Grund örtlicher Verhältnisse im Einzelfall erforderlich ist, kann die Bauaufsichtsbehörde weitere Auflagen machen oder genehmigte Typen ausschließen.

§ 66
Genehmigung Fliegender Bauten

(1) Fliegende Bauten sind bauliche Anlagen, die geeignet und bestimmt sind, an verschiedenen Orten wiederholt aufgestellt und zerlegt zu werden und deren Aufstellungsdauer an einem Ort zeitlich begrenzt ist. Baustelleneinrichtungen und Gerüste gelten nicht als Fliegende Bauten.

(2) Fliegende Bauten bedürfen, bevor sie erstmals aufgestellt und in Gebrauch genommen werden, einer Ausführungsgenehmigung. Dies gilt nicht für die in § 56 Abs. 1 Nr. 9 Buchstabe a bis e genannten Fliegenden Bauten.

(3) Die Ausführungsgenehmigung wird von der Bauaufsichtsbehörde erteilt, in deren Bereich der Antragsteller seinen Wohnsitz oder seine gewerbliche Niederlassung hat. Hat der Antragsteller seinen Wohnsitz oder seine gewerbliche Niederlassung nicht in einem Land im Geltungsbereich des Grundgesetzes, so ist die Bauaufsichtsbehörde zuständig, in deren Bereich der Fliegende Bau erstmals aufgestellt und in Gebrauch genommen werden soll.

(4) Die Ausführungsgenehmigung wird für eine bestimmte Frist erteilt, die höchstens fünf Jahre betragen soll; sie kann auf schriftlichen Antrag von der für die Erteilung der Ausführungsgenehmigung zuständigen Bauaufsichtsbehörde jeweils bis zu fünf Jahren verlängert werden. Die Ausführungsgenehmigung wird in ein Prüfbuch eingetragen, dem eine Ausfertigung der mit einem Genehmigungsvermerk zu versehenden Bauvorlagen beizufügen ist. Ausführungsgenehmigungen anderer Länder im Geltungsbereich des Grundgesetzes gelten auch im Land Berlin.

(5) Der Inhaber der Ausführungsgenehmigung hat den Wechsel seines Wohnsitzes oder seiner gewerblichen Niederlassung oder die

Übertragung eines Fliegenden Baues an Dritte der Behörde anzuzeigen, die die Ausführungsgenehmigung erteilt hat. Die Behörde hat die Änderungen in das Prüfbuch einzutragen und sie, wenn mit den Änderungen ein Wechsel der Zuständigkeit verbunden ist, der nunmehr zuständigen Behörde mitzuteilen.

(6) Fliegende Bauten dürfen unbeschadet anderer Vorschriften nur in Gebrauch genommen werden, wenn ihre Aufstellung der Bauaufsichtsbehörde des Aufstellungsortes unter Vorlage des Prüfbuches angezeigt ist und die Fliegenden Bauten von ihr abgenommen sind (Gebrauchsabnahme). Das Ergebnis der Abnahme ist in das Prüfbuch einzutragen.

(7) Die für die Erteilung der Gebrauchsabnahme zuständige Bauaufsichtsbehörde kann Auflagen machen oder die Aufstellung oder den Gebrauch Fliegender Bauten untersagen, soweit dies nach den örtlichen Verhältnissen oder zur Abwehr von Gefahren erforderlich ist, insbesondere weil die Betriebssicherheit oder Standsicherheit nicht oder nicht mehr gesichert ist oder weil von der Ausführungsgenehmigung abgewichen wird. Wird die Aufstellung oder der Gebrauch auf Grund von Mängeln am Fliegenden Bau untersagt, so ist dies in das Prüfbuch einzutragen. Die ausstellende Behörde ist zu benachrichtigen, das Prüfbuch ist einzuziehen und der ausstellenden Behörde zuzuleiten, wenn die Herstellung ordnungsgemäßer Zustände innerhalb angemessener Frist nicht zu erwarten ist.

(8) Bei Fliegenden Bauten, die von Besuchern betreten und längere Zeit an einem Aufstellungsort betrieben werden, kann die für die Gebrauchsabnahme zuständige Bauaufsichtsbehörde aus Gründen der Sicherheit Nachabnahmen durchführen. Das Ergebnis der Nachabnahme ist in das Prüfbuch einzutragen.

(9) § 57 Abs. 2 und 4 und § 71 Abs. 1, 3 bis 5 gelten entsprechend.

§ 67
Vorhaben des Bundes und der Länder

(1) Vorhaben des Bundes und der Länder bedürfen keiner Baugenehmigung, Bauüberwachung und Bauzustandsbesichtigung, wenn der öffentliche Bauherr die Leitung der Entwurfsarbeiten und die Bauüberwachung einem Beamten des höheren bautechnischen Verwaltungsdienstes oder einem Angestellten mit entsprechender Vorbildung, der im öffentlichen Dienst beschäftigt ist, übertragen hat. Vorhaben des Bundes und der Länder bedürfen der Zustimmung,

wenn sie nach § 55 genehmigungsbedürftig sind. Die Sätze 1 und 2 gelten auch für Vorhaben anderer Stellen, die für sie von Behörden des Bundes oder der Länder errichtet werden.

(2) § 57 Abs. 1 bis 4 und §§ 59 bis 64 gelten entsprechend; eine Prüfung der bautechnischen Ausführung findet nicht statt. Der öffentliche Bauherr trägt die Verantwortung, dass Entwurf und Ausführung der baulichen Anlagen den öffentlich-rechtlichen Vorschriften entsprechen.

(3) Die für das Bauwesen zuständige Senatsverwaltung kann bestimmen, dass Absatz 1 auf Vorhaben Berlins ganz oder teilweise nicht anzuwenden ist.

(4) Bauliche Anlagen, die der Landesverteidigung dienen und sich in militärischen Sicherheitsbereichen befinden, die nach § 2 Abs. 2 des Gesetzes über die Anwendung unmittelbaren Zwanges und die Ausübung besonderer Befugnisse durch Soldaten der Bundeswehr und zivile Wachpersonen vom 12. August 1965 (BGBl. I S.796) festgesetzt sind, sind abweichend von den Absätzen 1 bis 3 der für das Bauwesen zuständigen Senatsverwaltung vor Baubeginn in geeigneter Weise zur Kenntnis zu bringen. Im übrigen wirken die Bauaufsichtsbehörden nicht mit. § 66 Abs. 2 bis 9 findet auf Fliegende Bauten, die der Landesverteidigung dienen, keine Anwendung.

§ 68
Öffentliche Verkehrs-, Versorgungs-, Abfallentsorgungs- und Abwasserbeseitigungsanlagen sowie Wasserbauten, Sprengstofflager

Einer Baugenehmigung oder einer Zustimmung sowie der Bauüberwachung und der Bauzustandsbesichtigungen nach den Vorschriften dieses Gesetzes bedürfen nicht

1. Betriebsanlagen der landeseigenen Verkehrsunternehmen,
2. bauliche Anlagen in und an oberirdischen Gewässern, einschließlich der Anlagen zur Nutzung, zur Unterhaltung und zum Ausbau der Gewässer, der Deiche und der Dämme, mit Ausnahme von Gebäuden mit mehr als 20 m^2 Grundfläche oder 4 m Höhe,
3. Anlagen für das Fernmeldewesen, für die öffentliche Versorgung mit Elektrizität, Gas, Öl, Wärme, Wasser, für die öffentliche Abfallentsorgung oder die Abwasserwirtschaft, mit Ausnahme von ortsfesten Behältern für Gas mit einem Behälterinhalt von mehr als 6 m^3, von ortsfesten Behältern für verflüssigte Gase mit einem Fas-

sungsvermögen ab 3 t, von Gebäuden mit mehr als 20 m^2 Grundfläche oder 4 m Höhe sowie von sonstigen oberirdischen Anlagen mit einer Höhe von mehr als 20 m oder einem umbauten Raum oder Behälterinhalt von mehr als 100 m^3,

4. Sprengstofflager, für die besondere Vorschriften gelten, mit Ausnahme von Gebäuden mit mehr als 20 m^2 Grundfläche oder 4 m Höhe.

§ 68a
Verbot unrechtmäßig gekennzeichneter Bauprodukte

Sind Bauprodukte entgegen § 22 mit dem Ü-Zeichen gekennzeichnet, so kann die Bauaufsichtsbehörde die Verwendung dieser Bauprodukte untersagen und deren Kennzeichnung entwerten oder beseitigen lassen.

§ 69
Baueinstellung

(1) Die Einstellung der Bauarbeiten kann angeordnet werden, wenn

1. die Ausführung eines genehmigungsbedürftigen oder zustimmungsbedürftigen oder genehmigungsfrei gestellten Bauvorhabens entgegen den Vorschriften des § 62 Abs. 6 oder § 56a Abs. 4 begonnen wurde,
2. bei der Ausführung eines Bauvorhabens von den genehmigten oder nach § 56a Abs. 3 einzureichenden Bauvorlagen abgewichen oder gegen baurechtliche Vorschriften verstoßen wird,
3. Bauprodukte verwendet werden, die unberechtigt mit dem CE-Zeichen (§ 18 Abs. 1 Nr. 2) oder dem Ü-Zeichen (§ 22 Abs. 5) gekennzeichnet sind.

(2) Werden unzulässige Bauarbeiten trotz einer schriftlich oder mündlich verfügten Einstellung fortgesetzt, so kann die Bauaufsichtsbehörde die Baustelle versiegeln oder die an der Baustelle vorhandenen Bauprodukte, Geräte, Maschinen und Bauhilfsmittel in amtlichen Gewahrsam bringen.

§ 70
Beseitigung baulicher Anlagen

(1) Werden bauliche Anlagen im Widerspruch zu öffentlich-rechtlichen Vorschriften errichtet oder geändert, so kann die Bauaufsichts-

behörde die teilweise oder vollständige Beseitigung der baulichen Anlagen anordnen, wenn nicht auf andere Weise rechtmässige Zustände hergestellt werden können. Werden bauliche Anlagen im Widerspruch zu öffentlich-rechtlichen Vorschriften benutzt, so kann diese Benutzung untersagt werden.

(2) Absatz 1 gilt für Werbeanlagen und Warenautomaten entsprechend.

§ 71
Bauüberwachung

(1) Die Bauaufsichtsbehörde kann die Einhaltung der öffentlich-rechtlichen Vorschriften und Anforderungen und die ordnungsgemäße Erfüllung der Pflichten der am Bau Beteiligten überwachen. Sie kann einen amtlichen Nachweis darüber verlangen, dass die Grundrissflächen und die festgelegten Höhenlagen der Gebäude (§ 62 Abs. 7) eingehalten sind.

(2) Die Bauaufsichtsbehörde und die von ihr Beauftragten können Proben von Bauprodukten, soweit erforderlich auch aus fertigen Bauteilen, entnehmen und prüfen lassen.

(3) Den mit der Überwachung beauftragten Personen ist jederzeit Einblick in die Genehmigungen, Zulassungen, Prüfzeugnisse, Übereinstimmungserklärungen, Übereinstimmungszertifikate, Überwachungsnachweise, Zeugnisse und Aufzeichnungen über die Prüfungen von Bauprodukten, in die Bautagebücher und andere vorgeschriebene Aufzeichnungen zu gewähren.

(4) Die Bauaufsichtsbehörde kann für die Überwachung technisch schwieriger Bauausführungen besondere Sachverständige heranziehen. Mit Zustimmung des Bauherrn können besondere Sachverständige auch für die Überwachung anderer Bauausführungen herangezogen werden.

(5) Die Kosten für den Nachweis nach Absatz 1, für die Probeentnahmen und Prüfungen nach Absatz 2, für die Heranziehung besonderer Sachverständiger nach Absatz 4 sowie für Prüfungen, Überwachungen und Nachweise auf Grund von Rechtsverordnungen nach § 76 Abs. 1 Nr. 4, Abs. 3 bis 5 trägt der Bauherr.

§ 72
Bauzustandsbesichtigung

(1) Der Abschluss der Rohbauarbeiten und die Fertigstellung genehmigungsbedürftiger baulicher Anlagen, anderer Anlagen und Einrichtungen sind der Bauaufsichtsbehörde vom Bauherrn jeweils zwei Wochen vorher anzuzeigen, um der Bauaufsichtsbehörde eine Besichtigung des Bauzustandes zu ermöglichen. Die Rohbauarbeiten sind abgeschlossen, wenn die tragenden Teile, Schornsteine, Brandwände, notwendigen Treppen und die Dachkonstruktion vollendet sind. Zur Fertigstellung müssen auch die Wasserversorgungs- und Abwasserbeseitigungsanlagen hergestellt sein. Zur Besichtigung des Rohbaus sind die Bauteile, die für die Standsicherheit und, soweit möglich, die Bauteile, die für die Feuersicherheit, den Wärme- und Schallschutz sowie für die Abwasserbeseitigung wesentlich sind, derart offen zu halten, dass Masse und Ausführungsart geprüft werden können. Der Bauherr hat für die Besichtigungen und die damit verbundenen möglichen Prüfungen die erforderlichen Arbeitskräfte und Geräte bereitzustellen.

(2) Ob und in welchem Umfang eine Besichtigung nach Absatz 1 durchgeführt wird bleibt dem Ermessen der Bauaufsichtsbehörde überlassen. Über das Ergebnis der Besichtigung ist auf Verlangen des Bauherrn eine Bescheinigung auszustellen.

(3) Die Bauaufsichtsbehörde kann über Absatz 1 hinaus verlangen, dass ihr oder einem Beauftragten Beginn und Beendigung bestimmter Bauarbeiten angezeigt werden.

(4) Der Bauaufsichtsbehörde ist bis zum Abschluss der Rohbauarbeiten eine Bescheinigung des Bezirksschornsteinfegermeisters über die Tauglichkeit der Schornsteine und bis zur Fertigstellung der baulichen Anlage eine Bescheinigung des Bezirksschornsteinfegermeisters über die sichere Benutzbarkeit der Schornsteine mit den Schornsteinanschlüssen beizubringen.

(5) Mit dem Innenausbau darf erst einen Tag nach dem in der Anzeige nach Absatz 1 genannten Zeitpunkt des Abschlusses der Rohbauarbeiten begonnen werden, soweit die Bauaufsichtsbehörde nicht einem früheren Beginn des Innenausbaus zugestimmt hat.

(6) Die Bauaufsichtsbehörde kann verlangen, dass bei Bauausführungen die Arbeiten erst fortgesetzt oder die Anlagen und Ein-

richtungen erst benutzt werden, wenn sie von ihr oder einem beauftragten Sachverständigen geprüft worden sind.

(7) Bauliche Anlagen, andere Anlagen und Einrichtungen dürfen erst benutzt werden, wenn sie ordnungsgemäß fertiggestellt und sicher benutzbar sind, frühestens jedoch eine Woche nach dem in der Anzeige nach Absatz 1 genannten Zeitpunkt der Fertigstellung. Die Bauaufsichtsbehörde soll gestatten, dass die Anlage oder Einrichtung ganz oder teilweise schon früher benutzt wird, wenn Bedenken wegen der öffentlichen Sicherheit oder Ordnung nicht bestehen.

§ 73
Baulasten und Baulastenverzeichnis

(1) Durch Erklärung gegenüber der Bauaufsichtsbehörde können Grundstückseigentümer öffentlich-rechtliche Verpflichtungen zu einem ihre Grundstücke betreffenden Tun, Dulden oder Unterlassen übernehmen, die sich nicht schon aus öffentlich-rechtlichen Vorschriften ergeben. Erbbauberechtigte können ihr Erbbaurecht in entsprechender Weise belasten. Baulasten werden unbeschadet der Rechte Dritter mit der Eintragung in das Baulastenverzeichnis wirksam und wirken auch gegenüber dem Rechtsnachfolger

(2) Die Erklärung nach Absatz 1 bedarf der Schriftform; die Unterschrift muss öffentlich beglaubigt oder vor der Bauaufsichtsbehörde geleistet oder von ihr anerkannt werden.

(3) Die Baulast geht durch schriftlichen Verzicht der Bauaufsichtsbehörde unter. Der Verzicht ist zu erklären, wenn ein öffentliches Interesse an der Baulast nicht mehr besteht. Vor dem Verzicht sollen der Verpflichtete und die durch die Baulast Begünstigten angehört werden. Der Verzicht wird mit der Löschung der Baulast im Baulastenverzeichnis wirksam.

(4) In das Baulastenverzeichnis können auch eingetragen werden

1. andere öffentlich-rechtliche Verpflichtungen des Grundstückseigentümers zu einem sein Grundstück betreffenden Tun, Dulden oder Unterlassen,
2. Auflagen, Bedingungen, Befristungen und Widerrufsvorbehalte.

(5) Wer ein berechtigtes Interesse darlegt, kann in das Baulastenverzeichnis Einsicht nehmen oder sich Abschriften erteilen lassen.

§ 74
Kosten der Prüfingenieure

Für Prüfungen und Überwachungen, die im bauaufsichtlichen Verfahren auf die von der für das Bauwesen zuständigen Senatsverwaltung als Sachverständige anerkannten Prüfingenieure übertragen werden, sind Kosten (Gebühren und Auslagen) nach Maßgabe einer nach § 76 Abs. 7 zu erlassenden Kostenordnung zu entrichten. Kostengläubiger ist der Prüfingenieur, der die kostenpflichtige Prüfung oder Überwachung vornimmt. Zur Zahlung der Kosten ist der Bauherr verpflichtet. Der Prüfingenieur hat die Kosten gegenüber dem Kostenschuldner geltend zu machen. Die Kosten werden auf Antrag des Prüfingenieurs im Verwaltungszwangsverfahren beigetrieben; die Vollstreckungsanordnung erlässt die Behörde, die die Prüfung oder Überwachung übertragen hat. Im übrigen gelten die Vorschriften des Gesetzes über Gebühren und Beiträge sinngemäß.

Teil VI
Ordnungswidrigkeiten, Rechtsverordnungen, Übergangs- und Schlussvorschriften

§ 75 Ordnungswidrigkeiten

(1) Ordnungswidrig handelt, wer vorsätzlich oder fahrlässig

1. einer Vorschrift einer auf Grund dieses Gesetzes erlassenen Rechtsverordnung zuwiderhandelt, soweit die Rechtsverordnung für einen bestimmten Tatbestand auf diese Bußgeldvorschrift verweist,
2. einer vollziehbaren Anordnung der Bauaufsichtsbehörde nach den § 7, § 40 Abs. 2, § 52 Abs. 2, §§ 54, 57 Abs. 5, § 66 Abs. 7 Satz 1, § 69 Abs. 1, §§ 70 und 77 oder einer vollziehbaren Anordnung auf Grund einer zu diesem Gesetz erlassenen Rechtsverordnung zuwiderhandelt, soweit die Rechtsverordnung für einen bestimmten Tatbestand auf die Bußgeldvorschriften verweist,
3. entgegen § 55 Abs. 1 und 2 oder § 63 Abs. 1 ohne die erforderliche Baugenehmigung, Teilbaugenehmigung, abweichend von den nach § 56a Abs. 4 zu beachtenden zeitlichen Beschränkungen oder abweichend von den genehmigten oder nach § 56a Abs. 3 eingereichten Bauvorlagen bauliche Anlagen, andere Anlagen oder Einrichtungen errichtet, herstellt, ändert, benutzt, abbricht oder beseitigt,

4. Bauprodukte mit dem Ü-Zeichen kennzeichnet (§ 22 Abs. 5), obwohl er nicht Hersteller ist oder als Hersteller zur Abgabe der Übereinstimmungserklärung nicht befugt ist, weil die Voraussetzungen nach § 22a oder § 22b Abs. 2 nicht vorliegen,
5. Bauprodukte ohne Ü-Zeichen verwendet, obwohl die Voraussetzungen nach § 18 Abs. 1 Nr. 3, Nr. 4 oder § 20 Satz 2 nicht vorliegen,
6. Bauarten entgegen § 21 ohne allgemeine bauaufsichtliche Zulassung, allgemeines bauaufsichtliches Prüfzeugnis oder Zustimmung im Einzelfall anwendet,
7. als Entwurfsverfasser oder Sachverständiger eine unrichtige Erklärung nach § 56a Abs. 3 Satz 2 oder § 60a Abs. 4 abgibt,
8. entgegen der Vorschrift des § 62 Abs. 6 Bauarbeiten beginnt,
9. entgegen der Vorschrift des § 72 Abs. 3 Beginn und Beendigung bestimmter Bauarbeiten nicht anzeigt,
10. entgegen der Vorschrift des § 56 Abs. 1 Nr. 2 Buchstabe a, § 56a Abs. 5 Satz 3 Nr. 2 oder § 72 Abs. 4 die Bescheinigungen des Bezirksschornsteinfegermeisters nicht oder nicht fristgerecht vorlegt,
11. entgegen der Vorschrift des § 72 Abs. 5 vorzeitig mit dem Innenausbau beginnt,
12. entgegen der Vorschrift des § 56a Abs. 5 oder § 72 Abs. 7 Satz 1 bauliche Anlagen vorzeitig benutzt,
13. die nach § 62 Abs. 8 vorgeschriebene Anzeige nicht oder nicht fristgerecht erstattet,
14. als Bauherr, Bauleiter oder deren Vertreter der Vorschrift des § 52 Abs. 1, 3 oder 4 oder des § 53 zuwiderhandelt.

(2) Die Ordnungswidrigkeit kann mit einer Geldbuße bis zu einer Million Deutsche Mark geahndet werden.

§ 76
Rechtsverordnungen und Verwaltungsvorschriften

(1) Zur Verwirklichung der in § 3 bezeichneten allgemeinen Anforderungen wird die für das Bauwesen zuständige Senatsverwaltung ermächtigt, durch Rechtsverordnung Vorschriften zu erlassen über

1. die nähere Bestimmung allgemeiner Anforderungen in den §§ 4 bis 37 und 39 bis 49,

2. die nähere Bestimmung allgemeiner Anforderungen in § 38, insbesondere über Feuerungsanlagen, Anlagen zur Lagerung brennbarer Flüssigkeiten oder Gase, Anlagen zur Verteilung von Wärme oder zur Warmwasserversorgung, Brennstoffleitungsanlagen, Räume zur Lagerung von festen Brennstoffen und über Aufstellräume für Feuerstätten, Dampfkesselanlagen oder Behälter für brennbare Flüssigkeiten oder Gase, Verbrennungsmotore oder Verdichter,
3. besondere Anforderungen zur Gefahrenabwehr oder Erleichterungen, die sich aus der besonderen Art oder Nutzung baulicher Anlagen oder Räume ergeben (§§ 50 und 51), sowie über die Erstreckung solcher Anforderungen zur Gefahrenabwehr auf bestehende Anlagen dieser Art,
4. eine durch eine vom Betreiber zu beteiligende sachkundige Person von Zeit zu Zeit zu wiederholende Nachprüfung von Anlagen, die zur Verhütung von Gefahren ständig ordnungsgemäß instand gehalten werden müssen, und die Erstreckung dieser Nachprüfungspflicht auf bestehende Anlagen,
5. die Anwesenheit fachkundiger Personen beim Betrieb technisch schwieriger baulicher Anlagen und Einrichtungen, wie Bühnenbetriebe und technisch schwierige Fliegende Bauten,
6. den Nachweis der Befähigung der in Nummer 5 genannten Personen,
7. Umfang und Nachweis der Befähigung der in Nummer 4 genannten sachkundigen Personen.

(2) Die für das Bauwesen zuständige Senatsverwaltung wird ermächtigt, zum bauaufsichtlichen Verfahren durch Rechtsverordnung Vorschriften zu erlassen über

1. Umfang, Inhalt und Zahl der Bauvorlagen,
2. die erforderlichen Anträge, Anzeigen, Nachweise und Bescheinigungen,
3. soweit erforderlich, das Verfahren im einzelnen.

Die für das Bauwesen zuständige Senatsverwaltung kann dabei für verschiedene Arten von Bauvorhaben unterschiedliche Anforderungen und Verfahren festlegen.

(3) Die für das Bauwesen zuständige Senatsverwaltung wird ermächtigt, durch Rechtsverordnung vorzuschreiben, dass zum Nachweis der ordnungsgemäßen Bauausführung Bescheinigungen, Be-

stätigungen oder Nachweise des Entwurfsverfassers, der Unternehmer, des Bauleiters, der Fachbauleiter, von Sachverständigen, sachverständigen Personen und Stellen oder Behörden über die Einhaltung bauaufsichtlicher Anforderungen vorzulegen sind.

(4) Die für das Bauwesen zuständige Senatsverwaltung wird ermächtigt, zur Vereinfachung, Erleichterung oder Beschleunigung des bauaufsichtlichen Verfahrens oder zur Entlastung der Bauaufsichtsbehörden durch Rechtsverordnung Vorschriften zu erlassen über

1. weitere und weitergehende Freistellungen von der Genehmigungsbedürftigkeit,
2. die Heranziehung von Sachverständigen, sachverständigen Personen oder Stellen und die Übertragung von Prüfaufgaben der Bauaufsichtsbehörde im Rahmen des bauaufsichtlichen Verfahrens einschließlich der Bauüberwachung und Bauzustandsbesichtigung oder der bauaufsichtlichen Überwachung bestehender baulicher Anlagen auf Sachverständige oder sachverständige Stellen.

(5) In der Rechtsverordnung nach Absatz 4 Nr. 2 können insbesondere geregelt werden

1. Mindestanforderungen an die Fachkenntnis,
2. Mindestanforderungen an die Berufserfahrung,
3. die Fortbildung,
4. die Beibringung von Nachweisen der persönlichen Zuverlässigkeit und über das Bestehen einer ausreichenden Haftpflichtversicherung,
5. die Festsetzung einer Altersgrenze,
6. eine besondere Anerkennung der Sachverständigen oder sachverständigen Stellen, das Verfahren und die Voraussetzungen für die Anerkennung, ihren Widerruf, ihre Rücknahme und ihr Erlöschen,
7. die durch Prüfungen nachzuweisende Befähigung,
8. das Prüfungsverfahren, die Prüfungsinhalte, die Bestellung und Zusammensetzung der Prüfungsorgane sowie die Vergütung für Prüfungen und
9. die Vergütung der Sachverständigen oder sachverständigen Stellen.

(6) Die für das Bauwesen zuständige Senatsverwaltung wird ermächtigt, durch Rechtsverordnung zu bestimmen, dass die Anforderungen der auf Grund des § 11 des Gerätesicherheitsgesetzes und des

§ 13 Abs. 2 des Energiewirtschaftsgesetzes erlassenen Rechtsverordnungen entsprechend für Anlagen gelten, die nicht gewerblichen Zwecken dienen und nicht im Rahmen wirtschaftlicher Unternehmen Verwendung finden. Die für das Bauwesen zuständige Senatsverwaltung kann auch Aufgaben aus diesen Verordnungen auf Sachverständige übertragen. Dabei kann sie auch vorschreiben, dass danach zu erteilende Erlaubnisse die Baugenehmigung oder die Zustimmung einschließlich der zugehörigen Ausnahmen und Befreiungen einschließen, sowie dass § 12 Abs. 2 des Gerätesicherheitsgesetzes insoweit Anwendung findet.

(7) Die für das Bauwesen zuständige Senatsverwaltung wird ermächtigt, durch Rechtsverordnung Vorschriften über die den Prüfingenieuren nach § 74 zustehenden Kosten zu erlassen. Die Gebührensätze sind so zu bemessen, dass der mit den Prüfungen und Überwachungen verbundene Arbeitsaufwand und der den Prüfingenieuren entstehende Personal- und Sachaufwand abgegolten werden. Sie sind unter Berücksichtigung des Schwierigkeitsgrades und des Umfanges der durchzuführenden Tätigkeiten in Tausendsteln des Rohbauwertes der baulichen Anlagen oder Bauteile, auf die sich die Prüfungen oder Überwachungen beziehen, zu bestimmen. Die Gebührensätze sind bei bis zu 50.000.000 Deutsche Mark steigendem Rohbauwert degressiv zu gestalten. Bei gleichartigen Tätigkeiten innerhalb eines Auftrages sind Gebührenermäßigungen vorzusehen. Für Tätigkeiten, die sich nicht nach Satz 3 bemessen lassen oder die sachlich oder zeitlich beschränkte Überwachungsaufgaben betreffen, dürfen Gebühren nach der aufgewendeten Arbeitszeit vorgesehen werden. Der Umfang der nicht bereits in die Gebühr einbezogenen Auslagen, deren Erstattung der Prüfingenieur verlangen kann, ist zu regeln. Mit Ausnahme der zu entrichtenden Mehrwertsteuer ist die Erstattung von Auslagen nur für den Fall vorzusehen, dass die Behörde, die die Prüfung oder Überwachung übertragen hat, dem vor ihrem Entstehen zugestimmt hat. Es kann bestimmt werden, dass Gebühren auch für Tätigkeiten erhoben werden können, die nicht begonnen oder nicht zu Ende geführt worden sind, wenn die Gründe hierfür vom Bauherrn zu vertreten sind.

(8) Die für das Bauwesen zuständige Senatsverwaltung wird ermächtigt, zur Durchführung baugestalterischer Absichten in bestimmten, genau begrenzten Bereichen durch Rechtsverordnung Vorschriften über die äußere Gestaltung baulicher Anlagen sowie von Werbeanlagen und Warenautomaten zu erlassen; dabei können

sich die Vorschriften über Werbeanlagen auch auf deren Art, Größe und Anbringungsort erstrecken.

(9) Die für das Bauwesen zuständige Senatsverwaltung wird ermächtigt, durch Rechtsverordnung im Einvernehmen mit der für das Verkehrswesen und der für Umweltschutz zuständigen Senatsverwaltung Bereiche festzulegen, in denen aus Gründen der vorherrschenden Nutzung, des Umweltschutzes, der straßenverkehrlichen Belange oder der Erschließungsqualität durch den öffentlichen Personennahverkehr die Herstellung von Stellplätzen eingeschränkt oder ausgeschlossen wird. Bei Vorhaben, die wegen der Nutzungsart oder des Nutzungsumfangs das Vorhandensein von Stehplätzen in besonderem Masse erfordern, können abweichende Regelungen vorgesehen werden. Die Rechtsverordnungen werden im Benehmen mit den davon berührten Bezirksverwaltungen erlassen.

(10) Die für das Bauwesen zuständige Senatsverwaltung erlässt die zur Ausführung dieses Gesetzes erforderlichen Verwaltungsvorschriften.

(11) Die für das Bauwesen zuständige Senatsverwaltung kann durch Rechtsverordnung

1. das Ü-Zeichen festlegen und zu diesem Zeichen zusätzliche Angaben verlangen,
2. das Anerkennungsverfahren nach § 22c Abs. 1, die Voraussetzungen für die Anerkennung, ihren Widerruf und ihr Erlöschen regeln, insbesondere auch Altersgrenzen festlegen sowie eine ausreichende Haftpflichtversicherung fordern.

(12) Die für das Bauwesen zuständige Senatsverwaltung wird ermächtigt, durch Rechtsverordnung zu bestimmen, dass für bestimmte Fliegende Bauten die Aufgaben der Bauaufsichtsbehörde nach § 66 Abs. 1 bis 9 ganz oder teilweise auf andere Stellen übertragen werden können.

§ 77
Bestehende bauliche Anlagen

(1) Rechtmäßig bestehende bauliche Anlagen sind, soweit sie nicht den Vorschriften dieses Gesetzes oder den Vorschriften auf Grund dieses Gesetzes genügen, mindestens in dem Zustand zu erhalten, der den bei ihrer Errichtung geltenden Vorschriften entspricht. Sie sind so zu erhalten, dass ihre Verunstaltung sowie eine Störung des

Straßen-, Orts- oder Landschaftsbildes vermieden wird. Satz 2 gilt auch für Baugrundstücke.

(2) Farbschmierereien, unzulässige Beschriftungen, Beklebungen, Plakatierungen und ähnliches an Außenflächen von Anlagen im Sinne des § 1, die von Verkehrswegen oder allgemein zugänglichen Stätten aus wahrnehmbar sind, sind verunstaltend und müssen entfernt werden. Hierzu kann die für das Bauwesen zuständige Senatsverwaltung, auch durch Allgemeinverfügung anordnen, dass Eigentümer und Nutzungsberechtigte Maßnahmen zur Beseitigung der Verunstaltungen nach Satz 1 zu dulden haben. Die Duldungsanordnung muss Art und Umfang der zu duldenden Maßnahmen umschreiben und angeben, von wem und in welcher Zeit die Maßnahmen durchgeführt werden. Auf Antrag kann eine Befreiung von der Pflicht nach Satz 1 erteilt werden, soweit diese für den Verpflichteten eine besondere Härte darstellt und öffentliche Belange nicht entgegenstehen.

(3) Werden in diesem Gesetz oder in Vorschriften auf Grund dieses Gesetzes andere Anforderungen als nach dem bisherigen Recht gestellt, so kann verlangt werden, dass rechtmäßig bestehende oder nach genehmigten Bauvorlagen bereits begonnene bauliche Anlagen angepasst werden, wenn dies zur Vermeidung einer Gefährdung der öffentlichen Sicherheit oder Ordnung, insbesondere von Leben oder Gesundheit, erforderlich ist. Für Aufenthaltsräume im Kellergeschoss können die Vorschriften dieses Gesetzes und Vorschriften auf Grund dieses Gesetzes jedoch auch dann angewendet werden, wenn ihr baulicher Zustand den heutigen Anforderungen nicht entspricht, insbesondere der Fußboden 1,50 m oder mehr unter dem anschließenden Gelände liegt.

(4) Sollen rechtmäßig bestehende bauliche Anlagen wesentlich geändert werden, so kann gefordert werden, dass auch die nicht unmittelbar berührten Teile der baulichen Anlage mit diesem Gesetz oder den auf Grund dieses Gesetzes erlassenen Vorschriften in Einklang gebracht werden, wenn die Bauteile, die diesen Vorschriften nicht mehr entsprechen, mit den beabsichtigten Arbeiten in einem konstruktiven Zusammenhang stehen und die Durchführung dieser Vorschriften bei den von den Arbeiten nicht berührten Teilen der baulichen Anlage keine unzumutbaren Mehrkosten verursacht.

(5) Bei Modernisierungsvorhaben ist Absatz 4 nicht anzuwenden, es sei denn, dass anderenfalls Gefahren eintreten.

§ 78
Übergangsvorschriften

(1) Die für nicht geregelte Bauprodukte nach bisherigem Recht erteilten allgemeinen bauaufsichtlichen Zulassungen und Prüfzeichen gelten auch als allgemeine bauaufsichtliche Zulassungen nach § 19.

(2) Personen, Stellen, Überwachungsgemeinschaften oder Behörden, die bisher zu Prüfstellen bestimmt oder als Überwachungsstellen anerkannt waren, gelten bis zum Erlöschen ihrer Anerkennung für ihren bisherigen Aufgabenbereich auch als Prüf- oder Überwachungsstellen nach § 22c Abs. 1 Satz 1 Nr. 2 oder Nr. 4. Prüfstellen nach Satz 1 gelten bis zum 31. Dezember 1996 auch als Prüfstellen nach § 22c Abs. 1 Satz 1 Nr. 1. Personen, Stellen, Überwachungsgemeinschaften oder Behörden, die nach bisherigem Recht für die Fremdüberwachung anerkannt waren, gelten für ihren bisherigen Aufgabenbereich bis zum 31. Dezember 1996 auch als anerkannte Zertifizierungsstelle nach § 22c Abs. 1 Satz 1 Nr. 5.

(3) Überwachungszeichen, mit denen Bauprodukte vor Inkrafttreten dieses Gesetzes gekennzeichnet wurden, gelten auch als Ü-Zeichen nach § 22 Abs. 5.

(4) Prüfzeichen und Überwachungszeichen aus anderen Ländern, in denen die Prüfzeichen und Überwachungspflichten nach bisherigem Recht noch bestehen, gelten auch als Ü-Zeichen nach § 22 Abs. 5.

(5) Ü-Zeichen nach § 22 Abs. 5 für Bauprodukte, für die nach bisherigem Recht ein Prüfzeichen oder der Nachweis der Überwachung erforderlich waren, gelten auch als Prüfzeichen und Überwachungszeichen nach bisherigem Recht, solange in anderen Ländern die Prüfzeichen- und Überwachungspflicht nach bisherigem Recht noch besteht.

(6) Bauprodukte, die nach bisherigem Recht weder prüfzeichen- noch überwachungspflichtig waren, bedürfen bis zum 31. Dezember 1995 keines Übereinstimmungsnachweises nach § 22 Abs. 1.

§ 79
Aufhebung bestehender Vorschriften

(1) Mit dem Inkrafttreten dieses Gesetzes treten außer Kraft:

1. die Bauordnung für Berlin (BauO Bln) in der Fassung vom 1. Juli 1979 (GVBl. S. 898), zuletzt geändert durch Gesetz vom 17. Dezember 1984 (GVBl. S.1730),

2. die Verordnung zur Durchführung der Bauordnung für Berlin (Baudurchführungsverordnung – BauDVO –) vom 1. Oktober 1979 (GVBl. S. 1774), geändert durch Verordnung vom 17. August 1982 (GVBl. S. 1745),
3. die Verordnung über die Freistellung von Wasserversorgungsanlagen von der Genehmigungspflicht im bauaufsichtlichen Verfahren (Wasserversorgungsanlagen-Freistellungsverordnung – WassFreiVO –) vom 15. Februar 1984 (GVBl. S. 473)

(2) Soweit in anderen Rechtsvorschriften auf die nach Absatz 1 ausser Kraft getretenen Vorschriften verwiesen ist, treten an ihre Stelle die entsprechenden Vorschriften dieses Gesetzes oder die der auf Grund dieses Gesetzes erlassenen Rechtsverordnungen.

(3) Soweit sich Vorschriften dieses Gesetzes auf Mischgebiete, Gewerbegebiete und Industriegebiete beziehen, gelten diese Vorschriften auch für bestehende gemischte Gebiete, beschränkte Arbeitsgebiete und reine Arbeitsgebiete.

(4) Die vor dem Inkrafttreten dieses Gesetzes durch Ausführungsvorschriften eingeführten technischen Baubestimmungen gelten als eingeführte technische Baubestimmungen im Sinne des § 3 Abs. 3.

§ 80
Inkrafttreten

Dieses Gesetz tritt am 1. Juli 1985 in Kraft. Die Vorschriften über die Ermächtigung zum Erlass von Rechtsverordnungen treten jedoch bereits am Tage nach der Verkündung im Gesetz- und Verordnungsblatt für Berlin in Kraft.

12.3 Arbeit in kontaminierten Bereichen (ZH 1/183)

1 Anwendungsbereich

1.1 Diese Regeln finden Anwendung auf Arbeiten in kontaminierten Bereichen.

Solche Arbeiten können z.B. sein:

Die Instandsetzung oder der nachträgliche Einbau von Sickerwasserfassungen und -Leitungen, von Gasfassungen und anderen baulichen Anlagen auf Deponien, die nachträgliche Abdichtung bzw. Einkapselung von Deponien, Bauarbeiten (und auch Abbrucharbeiten) auf industriell oder gewerblich genutztem oder ehemals genutztem Gelände, auf dem mit dem Vorhandensein von Gefahrstoffen und kontaminierten Bereichen im Sinne von Abschnitt 2.3 oder noch unbekannten Gefahrstoffbelastungen im Sinne von Abschnitt 8.1 gerechnet werden muß, die Sanierung von Böden, Gewässern und baulichen Anlagen, die mit Gefahrstoffen kontaminiert sind, die Bearbeitung von Gefahrstoffkonzentraten in flüssigem, pastösem oder festem Zustand, die Umlagerung und Aufarbeitung von Deponiegut sowie sonstige Eingriffe in den Deponiekörper, vorausgehende Arbeiten zur Erkundung vermuteter Gefahrstoffe, Maßnahmen zu Brandschadensanierung.

1.2 Diese Regeln finden **keine** Anwendung auf

1. die Durchführung von Sicherungs- und Bergungsmaßnahmen unmittelbar nach Eintritt eines Schadensfalles mit Beteiligung von Gefahrstoffen zur sofortigen Abwehr akuter Gefahren,
2. den Betrieb von Deponien, der dazu erforderlichen Anlagen, Maschinen und Geräte sowie den Umgang mit Abfällen im Sinne des Abfallgesetzes und Tierkörpern im Sinne des Tierkörperbeseitigungsgesetzes,
3. Arbeiten in radioaktiv belasteten baulichen Anlagen und Bereichen,
4. Arbeiten zur Bergung und Beseitigung von explosionsgefährlichen Stoffen im Sinne des Sprengstoffgesetzes,
5. Arbeiten zur Asbestsanierung,
6. Arbeiten in abwassertechnischen Anlagen
7. Arbeiten mit gentechnisch veränderten Organismen im Sinne des Gentechnikgesetzes.

Betrieb von Hausmülldeponien siehe „Sicherheitsregeln für Deponien“ (ZH 1/178).

Umgang mit Abfällen siehe Abfallgesetz.

Umgang mit Tierkörpern siehe Tierkörperbeseitigungsgesetz.

Arbeiten in radioaktiv belasteten Anlagen und Bereichen siehe Strahlenschutzverordnung (ZH 1/241).

Beseitigung und Bergung explosionsgefährlicher Stoffe – dazu gehört insbesondere die Kampfmittelbeseitigung bzw. Beseitigung von Fundmunition – siehe Sprengstoffgesetz und „Regeln für Sicherheit und Gesundheitsschutz beim Zerlegen von Gegenständen mit Explosivstoff oder beim Vernichten von Explosivstoff oder Gegenständen mit Explosivstoff" (ZH 1/47).

Asbestsanierungsarbeiten siehe
- Gefahrstoffverordnung,
- Technische Regeln für Gefahrstoffe TRGS 519 „Asbest;

Abbruch-, Sanierungs- oder Instandhaltungsarbeiten".

Der Fachausschuß „Tiefbau", Am Knie 6, 81241 München, Tel.: 0 89/1 88 97-01, gibt diesbezüglich nähere Auskünfte.

2 Begriffsbestimmungen

2.1 **Arbeiten** im Sinne dieser Regeln umfassen das Herstellen, Instandhalten, Ändern und Beseitigen von baulichen Anlagen einschließlich der hierfür vorbereitenden und abschließenden Arbeiten in kontaminierten Bereichen sowie das Betreiben von Anlagen und Einrichtungen zur Behandlung bzw. Sanierung kontaminierter Gegenstände, Materialien und Stoffe.

Zu diesen Arbeiten zählen auch Erkundungsarbeiten, z.B. das Anlegen von Schürfen, die Durchführung von Bohrungen, Sondierungen, Probenahmen und Begehungen.

Zu diesen Arbeiten zählt nicht der Betrieb von Müllverbrennungsanlagen.

2.2 **Bauliche Anlagen** im Sinne dieser Regeln sind mit dem Erdboden verbundene, aus Baustoffen und Bauteilen hergestellte Anlagen. Eine Verbindung mit dem Boden besteht auch dann, wenn die Anlage durch eigene Schwere auf dem Boden ruht oder auf ortsfesten Bahnen begrenzt beweglich ist oder wenn die Anlage nach ihrem Verwendungszweck dazu bestimmt ist, überwiegend ortsfest benutzt zu werden. Aufschüttungen und Abgrabungen sowie künstliche Hohlräume unterhalb der Erdoberfläche gelten als bauliche Anlagen

Siehe auch § 2 UVV „Bauarbeiten" (VBG 37).

2.3 **Kontaminierte Bereiche** im Sinne dieser Regeln sind Standorte, bauliche Anlagen, Gegenstände, Boden, Wasser, Luft und dergleichen, die mit Gefahrstoffen verunreinigt sind. Zu den kontaminierten Bereichen gehören auch Anlagen und Einrichtungen zur Behandlung (Sanierung) kontaminierter Gegenstände, Materialien und Stoffe sowie Bereiche mit einem erhöhten Aufkommen an Krankheitskeimen.

Altstandorte oder Altablagerungen, von denen aufgrund der Ergebnisse durchgeführter Untersuchungen eine Gefährdung der Menschen und/oder der Umwelt ausgeht, werden auch als Altlast bezeichnet.

2.4 **Gefahrstoffe** im Sinne dieser Regeln sind Stoffe oder Zubereitungen mit gefährlichen Eigenschaften im Sinne des § 3a Abs. 1 Chemikaliengesetz sowie Stoffe, Zubereitungen und Erzeugnisse im Sinne des § 19 Abs. 2 Nr. 1 bis 4 Chemikaliengesetz.

Da bei der Arbeit in kontaminierten Bereichen die anzutreffenden Gefahrstoffe zunächst teilweise unbekannt sind und deshalb mit den zugehörigen Gefahrenmerkmalen (gefährlichen Eigenschaften) nach § 3a Abs. 1 Chemikaliengesetz (z.B. explosionsgefährlich, sehr giftig, giftig, mindergiftig, ätzend, krebserzeugend, fruchtschädigend) nicht eindeutig belegt werden können, wird in diesen Regeln auf eine Differenzierung nach obengenannten Gefahrenmerkmalen verzichtet.

2.5 **Bauherr**, im folgenden Auftraggeber genannt, im Sinne dieser Regeln ist jede natürliche oder juristische Person, die

- als Eigentümer oder Besitzer eines kontaminierten Bereiches oder
- als sonstiger zur Sanierung eines kontaminierten Bereiches Verpflichteter, die zur Sanierung erforderlichen Arbeiten durchführen läßt und diese finanziert.

2.6 **Unternehmer**, im folgenden Auftragnehmer genannt, im Sinne dieser Regeln ist diejenige natürliche oder juristische Person, die im Auftrag

- des Eigentümers oder Besitzers eines kontaminierten Bereiches oder
- eines sonstigen zur Sanierung eines kontaminierten Bereiches Verpflichteten in diesen Bereichen Arbeiten durchführt.

3 Allgemeine Anforderungen

3.1 Arbeiten in kontaminierten Bereichen müssen nach den Bestimmungen dieser Regeln und im übrigen nach den allgemein anerkannten Regeln der Technik durchgeführt werden. Abweichungen von den allgemein anerkannten Regeln der Technik sind zulässig, wenn die gleiche Sicherheit auf andere Weise gewährleistet wird.

3.2 Die in diesen Regeln enthaltenen technischen Lösungen schließen andere, mindestens ebenso sichere Lösungen nicht aus, die auch in technischen Regeln anderer Mitgliedstaaten der Europäischen Union oder anderer Vertragsstaaten des Abkommens über den Europäischen Wirtschaftsraum ihren Niederschlag gefunden haben können.

3.3 Prüfberichte von Prüflaboratorien, die in anderen Mitgliedstaaten der Europäischen Union oder anderer Vertragsstaaten des Abkommens über den Europäischen Wirtschaftsraum zugelassen sind, werden in gleicher Weise wie deutsche Prüfberichte berücksichtigt, wenn die den Prüfberichten dieser Stellen zugrundeliegenden Prüfungen, Prüfverfahren und konstruktiven Anforderungen denen der deutschen Stelle gleichwertig sind. Um derartige Stellen handelt es sich vor allem dann, wenn diese die in der Normenreihe EN 45000 niedergelegten Anforderungen erfüllen.

4 Vergabe von Aufträgen

Bei der Vergabe von Aufträgen für Arbeiten in kontaminierten Bereichen hat der Auftraggeber die fachliche Eignung und Qualifikation des sich um den Auftrag bewerbenden Auftragnehmers sicherzustellen. Aufträge dürfen nur an Auftragnehmer vergeben werden, die nachweisen können, daß sie den auszuführenden Arbeiten entsprechende Erfahrungen haben und über geeignetes Personal und technische Ausrüstungen verfügen.

Bei der Ausschreibung sollten die erforderlichen, den Arbeitsschutz betreffenden Maßnahmen, die über den im Baugewerbe üblichen Rahmen hinausgehen, als zusätzliche Einzelleistungen ausgeschrieben werden. Der Fachausschuß „Tiefbau“, Am Knie 6, 81241 München, Tel.: 08918897-01, gibt diesbezüglich nähere Auskünfte.

5 Koordinierung

5.1 Bestellung eines Koordinators

Werden Arbeiten in kontaminierten Bereichen von mehreren Auftragnehmern – gegebenenfalls auch deren Subunternehmern – durchgeführt, hat der Auftraggeber zur Vermeidung möglicher gegenseitiger Gefährdung, zur Koordinierung und zur lückenlosen sicherheitstechnischen Überwachung der verschiedenen Arbeiten insbesondere im Hinblick auf Gefahrstoffe eine Person als Koordinator schriftlich zu bestellen. Der Auftraggeber hat dafür zu sorgen, daß diese Person in Bezug auf die Sicherheit und den Gesundheitsschutz Weisungsbefugnis gegenüber allen Auftragnehmern und deren Beschäftigten hat.

Im übrigen bleibt die Eigenverantwortung der Auftragnehmer für ihren jeweiligen Zuständigkeitsbereich unberührt. Es gelten die entsprechenden Bestimmungen der Gefahrstoffverordnung.

5.2 Aufgaben und Eignung des Koordinators

Der Auftraggeber darf die Koordinierung nur Personen übertragen, die für die damit verbundenen Aufgaben geeignet sind und ausreichende Sachkunde über Sicherheit und Gesundheitsschutz nachweisen können.

Den Nachweis über ausreichende Sachkunde für Sicherheit und Gesundheitsschutz hat erbracht, wer die erfolgreiche Teilnahme an einem berufsgenossenschaftlich anerkannten Lehrgang für „Sicherheit und Gesundheitsschutz bei der Arbeit in kontaminierten Bereichen“ nachweist).

Geeignet sind z.B. Personen, die über

- ausreichende und einschlägige berufliche Ausbildung und Qualifikation sowie
- die erforderlichen Kenntnisse, Erfahrungen und Fähigkeiten verfügen, um die Aufgaben eines Koordinators sicher ausführen zu können.

Zu den Aufgaben des Koordinators gehören z.B.

- Aufstellen eines baustellenbezogenen Arbeits- und Sicherheitsplanes,
- Einweisen der Versicherten in die jeweiligen Gefährdungen und die erforderlichen Schutzmaßnahmen der Arbeits- oder Baustelle,

- Überwachen der in den Betriebsanweisungen festgelegten Forderungen auf deren Einhaltung,
- Veranlassen erforderlicher Gefahrstoffermittlungen und -messungen sowie Bewerten der Ergebnisse,
- Abstimmung der zeitlichen Abfolge von Einzelgewerken und Bewerten ihrer Auswirkungen aufeinander hinsichtlich möglicher Gefahren.

6 Leitung und Aufsicht

6.1 Leitung

Arbeiten in kontaminierten Bereichen müssen von einem fachlich geeigneten Vorgesetzten bzw. Bauleiter geleitet werden. Dieser muß die vorschriftsmäßige Durchführung der Arbeiten gewährleisten und

mit den besonderen Gefahren bei Arbeiten in kontaminierten Bereichen vertraut sein. Werden diese Arbeiten von nur einem Unternehmen durchgeführt und ist somit ein Koordinator nach Abschnitt 5 nicht erforderlich, muß der örtliche Bauleiter bzw. Betriebsleiter den Sachkundenachweis nach Abschnitt 5.2 erbringen und die Aufgaben zu Sicherheit und Gesundheitsschutz nach Abschnitt 5.2 mit übernehmen.

Fachlich geeignete Vorgesetzte bzw. Bauleiter sind z.B. Personen, die über

- eine ausreichende und einschlägige berufliche Ausbildung und Qualifikation sowie
- ausreichende Erfahrungen und Kenntnisse hinsichtlich Sicherheit und Gesundheitsschutz verfügen, um die zusätzlichen Aufgaben, die bei Arbeiten in kontaminierten Bereichen durch den Umgang mit Gefahrstoffen erwachsen, sicher ausführen zu können.

Ausreichende Kenntnisse hinsichtlich Sicherheit und Gesundheitsschutz können z.B. durch die Teilnahme an einem Sachkundelehrgang nach Abschnitt 5.2 erworben werden.

In den Fällen, in denen der örtliche Bauleiter bzw. Betriebsleiter noch keine ausreichenden Kenntnisse hinsichtlich Sicherheit und Gesundheitsschutz besitzt, ist mit dem zuständigen Unfallversicherungsträger abzustimmen, ob dessen Einsatz ausnahmsweise zugelassen werden kann. Grundsätzliche Bedingungen hierfür sind,

- daß ein Koordinator bestellt ist, und
- daß vom ausführenden Unternehmen eine Person bestellt ist, die über die Sachkunde nach Abschnitt 5.2 verfügt und den örtlichen Bauleiter bzw. Betriebsleiter in den oben genannten besonderen Aufgaben fachlich unterstützt.

6.2 Aufsicht

Arbeiten in kontaminierten Bereichen müssen durch einen Aufsichtführenden beaufsichtigt werden.

Aufsichtführender ist, wer die arbeitssichere Durchführung der Arbeiten überwachen und für die arbeitssichere Ausführung zu sorgen hat. Er muß hierfür ausreichende Kenntnisse und Erfahrungen besitzen sowie weisungsbefugt sein. Leitung und Aufsicht siehe auch § 4 Abs. 1 und 2 UVV „Bauarbeiten" (VBG 37).

7 Beschäftigungsbeschränkungen

7.1 Jugendliche

Der Auftragnehmer darf in kontaminierten Bereichen nur Versicherte beschäftigen, die das 18. Lebensjahr vollendet haben. Dies gilt nicht für die Beschäftigung Jugendlicher über 16 Jahre, soweit dies unter Beachtung des § 15b der Gefahrstoffverordnung geschieht.

Nach § 15b der Gefahrstoffverordnung dürfen Jugendliche über 16 Jahre in Abhängigkeit von der Art des Gefahrstoffes unter bestimmten Voraussetzungen beschäftigt werden, wenn

- der Umgang mit diesen Gefahrstoffen zur Erreichung des Ausbildungszieles erforderlich ist,
- Jugendliche durch einen Fachkundigen beaufsichtigt werden,
- die Auslöseschwelle für Gefahrstoffe nach § 15b Abs. 4 der Gefahrstoffverordnung nicht überschritten wird und
- Jugendliche nicht Krankheitserregern aus Stoffen, Zubereitungen und Erzeugnissen ausgesetzt sind, die diese ihrer Art nach erfahrungsgemäß übertragen.

Im übrigen sind die Schutzbestimmungen nach dem Jugendarbeitsschutzgesetz zu beachten, insbesondere die Beschäftigungsverbote und -beschränkungen nach § 22 und die Pflicht zur Unterweisung über die Gefährdungen nach § 29.

7.2 Frauen

Der Auftragnehmer darf Frauen in kontaminierten Bereichen nur beschäftigen, soweit dies unter Beachtung des § 15b Abs. 6 bis 8 der Gefahrstoffverordnung geschieht.

Der Arbeitgeber darf werdende oder stillende Mütter mit sehr giftigen, giftigen, gesundheitsschädlichen oder in sonstiger Weise den Menschen chronisch schädigenden Gefahrstoffen nicht beschäftigen, wenn die Auslöseschwelle überschritten wird. Er darf werdende oder stillende Mütter ebenso nicht mit

Stoffen, Zubereitungen oder Erzeugnissen beschäftigen, die ihrer Art nach erfahrungsgemäß Krankheitserreger übertragen können, wenn sie den Krankheitserregern ausgesetzt sind.

Für werdende Mütter gilt zusätzlich ein Beschäftigungsverbot für krebserzeugende, fruchtschädigende und erbgutverändernde Gefahrstoffe.

Der Arbeitgeber darf gebärfähige Arbeitnehmerinnen beim Umgang mit Gefahrstoffen, die Blei und Quecksilberalkyle enthalten, nicht beschäftigen, wenn die Auslöseschwelle überschritten wird.

Im übrigen sind bei werdenden oder stillenden Müttern die Schutzbestimmungen nach dem Mutterschutzgesetz zu beachten, insbesondere die Beschäftigungsverbote nach den §§ 4 und 6 Mutterschutzgesetz.

7.3 Alleinarbeit

In kontaminierten Bereichen dürfen Versicherte nicht allein arbeiten. Dies gilt nicht für Aufsichts- und Überwachungstätigkeiten sowie die Begehung nach Abschnitt 10.1.

8 Erkundung, Ermittlung und Dokumentation von Gefahrstoffen

8.1 Bereiche mit unbekannten Gefahrstoffbelastungen

Vor dem Beginn von Arbeiten in Bereichen, in denen eine Kontaminierung durch Gefahrstoffe nicht ausgeschlossen werden kann, hat der Auftraggeber eine Erkundung der vermuteten Gefahrstoffe und eine Abschätzung der von diesen im Sinne der Sicherheit und des Gesundheitsschutzes möglicherweise ausgehenden Gefährdung vorzunehmen oder durchführen zu lassen. Er hat die Ergebnisse dieser Erkundungen zu dokumentieren und allen Auftragnehmern nach Abschnitt 2.7 zur Verfügung zu stellen.

Einsichtnahme und Auswertung von Bauakten, Gewerbeanmeldungen und ähnlichem ermöglichen Einblick in die Vorgeschichte. Auch Beobachtungen, z.B. der Vegetation, Feststellung von Vegetationslücken oder Minderwuchs können Hinweise auf eventuell vorhandene Kontamination geben.

Die nach Umweltgesichtspunkten, z.B. Wasser-, Abfallrecht, Bundesimmissionsschutzgesetz, bodenschutzrechtliche Regelungen für Altlasten, durchzuführende Gefährdungsabschätzung ist bezüglich derjenigen Gefahren zu ergänzen, die entsprechend der Vor- und Nutzungsgeschichte der Verdachtsfläche für die Versicherten bei Arbeiten im Sinne von Abschnitt 2.1 auftreten können. Hierbei sind besonders Angaben zu machen über

- Aggregatzustand der Gefahrstoffe und die davon abhängigen Aufnahmepfade,
- Mobilität und toxikologische Daten der Gefahrstoffe,
- Wege und Ausbreitung der Gefahrstoffe(Beschreibung der Gefahrstoffpfade).

8.2 Bereiche mit bekannten Gefahrstoffbelastungen

Bei Arbeiten in Bereichen mit bekannten Gefahrstoffbelastungen hat der Auftraggeber Ermittlungen über Art, Menge und Zustand der erwarteten Gefahrstoffe sowie deren Gefährdungspotential im Sinne des Arbeits- und Gesundheitsschutzes vorzunehmen oder durchführen zu lassen. Er hat die Ergebnisse dieser Ermittlungen in einer Auflistung zu dokumentieren und allen Auftragnehmern zur Verfügung zu stellen.

Die nach Umweltgesichtspunkten durchzuführende Gefährdungsermittlung ist entsprechend Abschnitt 8.1 hinsichtlich des Gefährdungspotentials der angetroffenen Gefahrstoffe zu ergänzen.

8.3 Arbeits- und Sicherheitsplan

Die Ergebnisse der Erkundungen nach Abschnitt 8.1 oder der Ermittlungen nach Abschnitt 8.2 hat der Auftraggeber unter Berücksichtigung

- der in Betracht kommenden oder vorgesehenen Arbeitsverfahren und

- der Belange der Sicherheit, des Gesundheits- und Nachbarschaftsschutzes

für den Auftragnehmer in einen Arbeits- und Sicherheitsplan umzusetzen. Dieser sollte Bestandteil der Ausschreibungsunterlagen sein.

8.4 Verpflichtung des Auftragnehmers

Vor Aufnahme der Arbeiten ist der Auftragnehmer verpflichtet, die ihm vom Auftraggeber zur Verfügung gestellten und dokumentierten Ergebnisse hinsichtlich der von kontaminierten Bereichen ausgehenden Gefährdungen auf offensichtliche Unstimmigkeiten zu prüfen und den Auftraggeber auf entdeckte oder vermutete Mängel hinzuweisen. Gegebenenfalls hat der Auftragnehmer den Auftraggeber darauf hinzuweisen, daß weitere Untersuchungen notwendig und zu veranlassen sind.

Die Pflichten des Auftragnehmers nach der Gefahrstoffverordnung bleiben davon unberührt, insbesondere die Ermittlungs- und Unterweisungspflicht nach § 16 und § 20 Abs. 2 Gefahrstoffverordnung. Hierbei sind auch die durch das gewählte Sanierungsverfahren gegebenenfalls neu entstehenden Gefahrstoffe und Metabolite zu berücksichtigen.

8.5 Beratung durch Sachverständige

Für die Durchführung der Arbeiten nach den Abschnitten 8.1 bis 8.4 haben sich Auftraggeber und Auftragnehmer gegebenenfalls sachverständig beraten zu lassen. Dies gilt auch für die meßtechnische Überwachung nach Abschnitt 9.

9 Messtechnische Überwachung der Arbeitsplätze

9.1 Art und Umfang der Messungen

Der Auftragnehmer hat dafür zu sorgen, daß bei Arbeiten in kontaminierten Bereichen die Arbeitsplätze in Abhängigkeit von den Untersuchungsergebnissen nach Abschnitt 8 meßtechnisch dahingehend überwacht werden, ob die Versicherten durch

- Sauerstoffmangel,
- explosionsfähige Atmosphäre,
- gesundheitsgefährliche Gase, Dämpfe, Nebel oder Stäube oder
- gesundheitsgefährliche Flüssigkeiten

Gesundheitsgefahren ausgesetzt sind. Zu diesem Zweck ist eine der Sachlage angepaßte Meßtechnik einzusetzen. Art und Umfang der Messungen sind vor Beginn der Arbeiten mit dem Auftraggeber unter Beteiligung der Berufsgenossenschaft und anderer Fach- und Aufsichtsbehörden abzustimmen. Die Messergebnisse sind schriftlich festzuhalten und aufzubewahren.

Angaben über Grenzwerte geben z.B. folgende Technische Regeln für Gefahrstoffe (TRGS):

- TRGS 900: „Grenzwerte in der Luft am Arbeitsplatz; Luftgrenzwerte",
- TRGS 903: „Biologische Arbeitsstofftoleranzwerte; BAT-Werte",
- TRGS 905: „Verzeichnis krebserzeugender, erbgutverändernder oder fortpflanzungsgefährdender Stoffe",
- TRGS 102: „Technische Richtkonzentrationen (TRK) für gefährliche Stoffe",
- TRGS 150: „Unmittelbarer Hautkontakt mit Gefahrstoffen" sowie ferner
- „Richtlinien für die Vermeidung der Gefahren durch explosionsfähige Atmosphäre mit Beispielsammlung – Explosionsschutz-Richtlinien – (EX-RL)" (ZH 1/10) für das Brand und Explosionsverhalten.

Messtechnische Verfahren und Bewertung siehe Technische Regeln für Gefahrstoffe (TRGS), insbesondere

- TRGS 402: „Ermittlung und Beurteilung der Konzentrationen gefährlicher Stoffe in der Luft in Arbeitsbereichen",
- TRGS 403: „ Bewertung von Stoffgemischen in der Luft am Arbeitsplatz".

Voraussetzung für die Anwendung der messtechnischen Verfahren nach den Technischen Regeln TRGS 402 und TRGS 403 sind:

- Die Gefahrstoffsituation (Exposition) wird durch Schichtmittelwert typisch messtechnisch erfaßt,
- die Gefahrstoffsituation (Exposition) an der Arbeitsstelle bleibt im wesentlichen gleich bzw. ändert sich langfristig nur wenig,
- die Betriebszustände an der Arbeitsstelle wiederholen sich regelmäßig.

Sind die Voraussetzungen für die Anwendung der Technischen Regeln TRGS 402 und TRGS 403 nicht gegeben, ist nach Abschnitt 9.2 zu verfahren.

9.2 Nichtanwendbarkeit messtechnischer Überwachung und Beurteilung

Ist eine messtechnische Überwachung und Beurteilung der Arbeitsplätze nach Abschnitt 9.1 nicht sinnvoll anwendbar, weil die Gefahrstoffsituation und die Expositionsbedingungen sich aufgrund wechselnder Betriebszustände ständig verändern, sind die denkbar ungünstigsten Gefahrstoffbelastungen und dementsprechenden Gesundheitsgefährdungen anzunehmen. In diesem Falle ist technischen und organisatorischen Schutzmaßnahmen der Vorrang vor der Anwendung persönlicher Schutzausrüstungen zu geben. Dabei ist die Exposition der Versicherten durch Gefahrstoffe so gering wie möglich zu halten.

Dieser Fall ist z.B. dann gegeben, wenn die Voraussetzungen zur Ermittlung und Beurteilung gefährlicher Stoffe in der Luft bzw. die Beurteilung von Stoffgemischen in der Luft an den Arbeitsplätzen nach den Technischen Regeln TRGS 402 und TRGS 403 nicht vorliegen.

Vorrang technischer und organisatorischer Schutzmaßnahmen siehe auch Abschnitt 11.1.

9.3. Messgeräte zur Überwachung explosionsfähiger Atmosphäre

Die zur Feststellung explosionsfähiger Atmosphäre verwendeten Messgeräte müssen von einer anerkannten Prüfstelle für geeignet befunden sein.

Anerkannte Prüfstellen sind z.B.:

- Bundesanstalt für Materialforschung und -prüfung (BAM), Unter den Eichen 87, 12205 Berlin.
- Physikalisch-Technische Bundesanstalt (PTB), Bundesallee 100, 38116 Braunschweig.
- Deutsche Montan-Technologie-Gesellschaft (DMT), Hemer Straße 45, 44787 Bochum.

Siehe auch Abschnitt 3.3.

10 Vorausgehende Untersuchungen

10.1 Begehung

10.1.1 Beim Begehen kontaminierter Bereiche sind das Rauchen, die Verwendung von offenem Feuer und Licht sowie das Mitführen und Einnehmen von Nahrungs- und Genußmitteln verboten. Das Berühren kontaminierter Stoffe und Gegenstände ist zu vermeiden. Es müssen Vorkehrungen getroffen sein, daß die Versicherten nach der Begehung

- verschmutzte Körperteile reinigen und
- benutzte persönliche Schutzausrüstungen in geeigneter Weise aufbewahren können.

Für die Begehung erforderliche persönliche Schutzausrüstungen siehe Abschnitt 20.

10.1.2 Die Begehung unter Erdgleiche liegender Räume und untertägiger Anlagen ist nur zulässig, wenn zusätzlich zu Abschnitt 7.3 die Bestimmungen der Abschnitte VII. „Zusätzliche Bestimmungen für Bauarbeiten unter Tage“ und VIII. „Zusätzliche Bestimmungen für Arbeiten in Bohrungen“ der UVV „Bauarbeiten“ (VBG 37) beachtet werden.

Siehe auch meßtechnische Überwachung nach Abschnitt 9.

10.2 Bohrungen und Sondierungen

10.2.1 Werden bei Bohr- oder Sondierungsarbeiten Unregelmäßigkeiten festgestellt, die zu Gefahren für die Versicherten führen können, sind die Arbeiten unverzüglich zu unterbrechen, ist der Gefahrbereich zu verlassen und der Aufsichtführende zu verständigen.

Als Unregelmäßigkeiten kommen z.B. in Betracht:

- Unvermutet austretende Gase, Dämpfe oder Stäube,
- Hindernisse beim Bohren, wie Metallteile, Munition,
- Hohlräume im Erdreich, Dolinen und ähnliches,
- Veränderungen des Bohrkleins oder der Bohrspülung in Menge, Farbe und Geruch.

10.2.2 Der Aufsichtführende hat festzulegen, welche Sicherheitsmaßnahmen zu treffen sind. Ist mit austretenden Gasen oder Dämpfen zu rechnen, ist deren messtechnische Untersuchung zu veranlassen.

In Betracht kommende Sicherheitsmaßnahmen können z.B. sein:

- Den Gefahrbereich festlegen, kennzeichnen und absperren,
- den Gefahrbereich von Personen räumen,
- dafür sorgen, dass sich die Versicherten bei austretenden Gasen oder Dämpfen nur auf der dem Wind zugekehrten Seite aufhalten,
- Erzeugen eines künstlichen Luftstromes mittels leistungsstarkem Gebläse,
- Gasabsaugung oder -inertisierung,
- Abwarten bis die angebohrte Gasblase ausgelüftet ist.

Welche Maßnahmen im Einzelfall durchzuführen sind, hängt vom Ergebnis der messtechnischen Untersuchung ab.

10.2.3 Bohr- oder Sondierungsarbeiten dürfen erst fortgesetzt werden, nachdem der Aufsichtführende dies angeordnet und die dabei einzuhaltenden Schutzmaßnahmen, erforderlichenfalls unter Hinzuziehung eines Sachverständigen, festgelegt hat.

Eine Weiterarbeit kann möglicherweise trotz technischer Lüftungsmaßnahmen im Sinne von Abschnitt 10.2.2 nur unter Verwendung von geeigneten Atemschutzgeräten erfolgen. Im Falle einer festgestellten explosionsfähigen Atmosphäre, die nicht beseitigt werden kann, darf nur ohne Zündquellen und mit explosionsgeschützten Geräten weitergearbeitet werden. Siehe auch „Explosionsschutz-Richtlinien (EX-RL)“ (ZH 1/10).

10.2.4 Bei Bohr- oder Sondierungsarbeiten anfallendes Bohrklein und Bohrstaub, muß an der Austrittstelle abgesaugt oder niedergeschlagen werden. Das abgesaugte oder niedergeschlagene Material ist, sofern es kontaminiert ist, in geeigneten Behältern zwischenzulagern, abzutransportieren und zu entsorgen.

10.2.5 Bohrspülung und Bohrflüssigkeit sind in einem geschlossenen Kreislauf zu führen. Die zugehörigen Spülungswannen müssen durch Hauben abgedeckt sein. Gefährliche Gase und Dämpfe sind abzusaugen. Überflüssige Bohr- und Spülflüssigkeit muss gesondert aufgefangen und – im Falle einer Kontaminierung mit Gefahrstoffen – fachgerecht entsorgt werden.

10.2.6 Die Entsorgung von anfallendem Bohrstaub, Bohrklein und Spülflüssigkeit muß vor Beginn der Bohr- und Sondierungsarbeiten festgelegt sein.

10.2.7 Die für Bohr- oder Sondierungsarbeiten verwendeten Geräte sind nach Abschluß dieser Arbeiten vor Ort zu dekontaminieren. Ist dies nicht möglich, sind Bohrgestänge, Rohre und Zubehör in geeigneten Behältern zu einem dafür geeigneten Waschplatz zu transportieren und dort zusammen mit dem Bohrgerät zu reinigen.

10.3 Arbeiten in und an Schürfgräben und Schürfen

10.3.1 Die Wände von Schürfgräben und Schürfen müssen so abgeböscht oder verbaut sein, dass Versicherte nicht durch Abrutschen von Massen gefährdet werden können. Dabei sind alle Einflüsse zu berücksichtigen, die die Standsicherheit des Bodens beeinträchtigen können.

Siehe auch § 28 UW „Bauarbeiten" (VBG 37) und DIN 4124 „Baugruben und Gräben; Böschungen, Arbeitsraumbreiten, Verbau".

Einflüsse, die die Standsicherheit des Bodens beeinträchtigen können, sind z.B.

- Störungen des Bodengefüges (Klüfte, Verwerfungen),
- zur Grabensohle hin einfallende Schichtung oder Schieferung,
- nicht oder nur wenig verdichtete Verfüllungen oder Aufschüttungen,
- Wasserzuflüsse,
- Fließsandböden,
- Erschütterungen durch Verkehr, Rammarbeiten, Verdichtungsarbeiten, Sprengungen.

10.3.2 Abweichend von Abschnitt 10.3.1 darf die Neigung freier Böschungen von Gräben, Schürfen und dergleichen in Deponien in keinem Falle 45° überschreiten. Je nach Standsicherheit des Deponiekörpers müssen geringere Böschungswinkel eingehalten werden.

Die Standsicherheit von Deponiekörpern wird beeinflusst z.B. durch

- Einbauverfahren, nach denen Hausmüll und ähnliches eingelagert wurde,

- Art und Intensität der Verdichtung bei der Einlagerung,
- Zusammensetzung bzw. Bestandteile des Deponiegutes,
- Vorhandensein von zusätzlich eingebauten Zwischenlagen aus bindigem Material,
- Vorhandensein von wasserführenden Schichten oder von Wasserspiegeln,
- Lage innerhalb des Deponiekörpers (Randlage, Mitte).

10.3.3 An den Rändern von Schürfgräben und Schürfen, die betreten werden, sind mindestens 1,50 m breite und möglichst waagerechte Schutzstreifen anzuordnen und von Aushubmaterial, Hindernissen und nicht benötigten Gegenständen freizuhalten. Zum Betreten von Schürfgräben und Schürfen müssen ausreichend lange Leitern oder andere geeignete Zugänge vorhanden sein und benutzt werden. Schürfgräben und Schürfe, die über einen längeren Zeitraum offen bleiben müssen, sind mit geeigneten Absturzsicherungen zu versehen oder gegen den Zutritt von Personen abzusperren.

10.3.4 Schürfgräben und Schürfe sind nach Beendigung der Untersuchungsarbeiten unverzüglich wieder zu verfüllen. Das Verfüllen sollte mit Maschinen durchgeführt werden.

10.3.5 Neben Schürfgräben und Schürfen gelagertes Aushubmaterial muss, sofern es nicht umgehend abtransportiert oder wieder verfüllt wird, in geeigneter Weise abgedeckt werden, um Staubentwicklung und Gefahrstoffverfrachtungen durch Wind oder Wasser zu vermeiden.

In Betracht kommen kann z. B. eine Abdeckung mit Folien und ähnlichem aus geeignetem Material, die gegen Lageveränderungen, z. B. durch Wind, gesichert sind. Bei einer Abdeckung mit Folien ist zu beachten, dass sich unter der Folienabdeckung gasförmige Emissionen ansammeln können.

10.3.6 Schürfgräben und Schürfe dürfen erst betreten werden, nachdem durch messtechnische Überwachung nach Abschnitt 9 festgestellt worden ist, daß für die Versicherten keine Gefahren bestehen.

10.3.7 Werden bei Arbeiten in Schürfgräben und Schürfen Unregelmäßigkeiten festgestellt, ist nach den Abschnitten 10.2.1 bis 10.2.3 zu verfahren.

10.3.8 Die für Schürfarbeiten verwendeten Geräte sind nach Abschluß dieser Arbeiten vor Ort zu dekontaminieren. Ist dies nicht möglich, ist entsprechend Abschnitt 10.2.7 zu verfahren.

11 Durchführung von Bauarbeiten

11.1 Allgemeines

Der Auftragnehmer darf – auch als Subunternehmer – Bauarbeiten in kontaminierten Bereichen nur durchführen, nachdem der Auftraggeber die Untersuchungen mit Ermittlung, Dokumentation und Bewertung der vorhandenen Gefahrstoffe nach Abschnitt 8 vorgenommen hat. Zur Durchführung der Arbeiten sind das oder die anzuwendenden Arbeitsverfahren, die dabei zu verwendenden Maschinen, Geräte und Werkzeuge sowie die erforderlichen Schutzmaßnahmen festzulegen. Zwangsläufig wirksame technische Maßnahmen haben Vorrang vor organisatorischen Maßnahmen und der Anwendung von persönlichen Schutzausrüstungen. Die Schutzmaßnahmen werden von der Art, Menge, Konzentration und Mobilität der Gefahrstoffe sowie den vorgesehenen Arbeitsverfahren bestimmt. Ist eine eindeutige Bewertung der Gefahrstoffe und des von ihnen ausgehenden Gefahrenpotentials nicht möglich, muß hinsichtlich der zu treffenden Schutzmaßnahmen vom denkbar ungünstigsten Fall ausgegangen werden.

Als technische Schutzmaßnahmen können z.B. in Betracht kommen:

- Der Einsatz von Erdbaumaschinen, deren Fahrerkabinen mit Filter- bzw. Druckluftanlagen ausgerüstet sind,
- das Sichern von kontaminiertem Material, z.B. mittels Sprühfolien, Schaum, Vereisungsmaßnahmen, Folien,
- eine ausreichende Belüftung,
- eine Absaugung von Gasen und Dämpfen,
- eine Inertisierung,
- die Befeuchtung von Fahrstraßen und -wegen.

11.2 Anzeigepflicht

11.2.1 Der Auftragnehmer hat geplante Bauarbeiten in kontaminierten Bereichen spätestens 4 Wochen vor ihrem Beginn der zuständigen Berufsgenossenschaft schriftlich anzuzeigen. Der Anzeige sind beizufügen:

- Eine zusammenfassende Darstellung und Bewertung der im kontaminierten Bereich vermuteten oder bekannten Gefahrstoffe entsprechend der Dokumentation nach Abschnitt 8.1 bzw. 8.2 und der Prüfung nach Abschnitt 8.4,
- eine Beschreibung der vorgesehenen Baumaßnahme und der zugehörigen Arbeitsverfahren,
- die seitens des Auftragnehmers vorgesehenen Sicherheitsmaßnahmen,
- Betriebsanweisung nach Abschnitt 18.

Geplante Bauarbeiten sind solche, die dem Auftragnehmer so rechtzeitig bekannt sind, dass er der Anzeigepflicht nachkommen kann.

11.2.2 Die Berufsgenossenschaft kann in besonderen Fällen nach entsprechender Information über die geplanten Arbeiten den Auftragnehmer von der Meldepflicht nach Abschnitt 11.2.1 befreien.

Besondere Fälle sind z.B. wiederholt vorkommende gleichartige Arbeiten beim selben Auftraggeber.

11.3 Baustelleneinrichtung

11.3.1 Der Auftragnehmer hat kontaminierte Bereiche, in denen er Bauarbeiten durchführt, gegen den Zutritt Unbefugter einzuzäunen. An der Umzäunung sind zusätzlich der bestehenden Gefährdung entsprechende Warnzeichen anzubringen. Die Zeichen müssen der UVV „Sicherheits- und Gesundheitsschutzkennzeichnung am Arbeitsplatz“ (VBG 125) entsprechen. Erforderliche Personen- und Fahrzeugschleusen sind in die Umzäunung einzubeziehen.

11.3.2 In kontaminierten Bereichen dürfen Sozialräume, Büros, Labors, Unterkünfte, Werkstätten und Lagerräume nicht errichtet und bereits vorhandene derartige Anlagen nicht benutzt werden. Dies gilt nicht, wenn sichergestellt ist, dass mit Gefahrstoffen belastete Gase, Dämpfe oder Stäube nicht in diese Anlagen eindringen können bzw. in bestehenden Anlagen nicht vorhanden sind.

11.3.3 Der Auftragnehmer hat sicherzustellen, dass zwischen den in kontaminierten Bereichen liegenden Arbeitsstellen und zwischen diesen und mindestens einer außerhalb des kontaminierten Bereiches liegenden, ständig besetzten Stelle die Möglichkeit zur Verständigung besteht. Erforderlichenfalls sind hierfür geeignete Hilfsmittel, z.B. Telefon, Funksprechgeräte, zu verwenden.

11.3.4 Der Auftragnehmer hat für das Umkleiden und die sanitären Bedürfnisse der Versicherten eine Schwarz-Weiß-Anlage einzurichten, zu unterhalten und für eine sachgerechte Benutzung zu sorgen. Die Räume müssen so ausgestattet sein, dass jederzeit eine Raumtemperatur von mindestens 21 °C erreicht werden kann. Räume und Unterkünfte müssen der Anzahl der Versicherten entsprechend bemessen sein und im übrigen der Arbeitsstättenverordnung sowie den zugehörigen Arbeitsstätten-Richtlinien entsprechen und arbeitstäglich – im Bedarfsfalle häufiger – gründlich gereinigt werden.

Eine Schwarz-Weiß-Anlage besteht in der Regel aus 3 miteinander verbundenen Räumen. Der dem öffentlichen Straßenbereich bzw. Eingangsbereich zugewandte Teil dient als sogenannter Weiß-Bereich dem Ablegen, Aufbewahren und späteren Wiederanlegen der Straßenkleidung und gegebenenfalls auch als Aufenthaltsraum. Der anschließende Mittelteil (Sanitärbereich) enthält die sanitären Einrichtungen, z.B. Waschbecken, Duschen, Toiletten. Auf der dem kontaminierten Arbeitsbereich zugewandten Seite schließt sich an den Sanitärbereich der sogenannte Schwarz-Bereich an, der dem Anlegen und späteren Ablegen und aufbewahren der Arbeitskleidung dient.

11.3.5 Zum Vorreinigen verschmutzter Arbeitskleidung, insbesondere der Stiefel sowie zum Vermeiden der Übertragung von Schmutz in den Schwarz-Bereich der Schwarz-Weiß-Anlage, hat der Auftragnehmer unmittelbar vor dem Zugang zum Schwarz-Bereich der Schwarz-Weiß-Anlage geeignete Einrichtungen zu schaffen.

Solche Einrichtungen sind z.B.

- Stiefelwaschanlagen (als Durchwatbecken oder mit Gitterrosten abgedeckte Wannen) mit Reinigungsbrausen oder -bürsten,
- Duschen für Schutzkleidung,
- Stiefelwechselplatz.

11.3.6 Für die Aufbewahrung kontaminierter Geräte und Werkzeuge muss innerhalb des umzäunten Bereiches ein besonders gekennzeichneter Lagerraum vorhanden sein. Der Raum muss ausreichend belüftet sein. Bei künstlicher Belüftung ist, wenn die Gefahr der Übertragung von Gefahrstoffen besteht, die Abluft durch geeignete Filter zu führen und zu reinigen.

11.3.7 Zur Verhütung der Übertragung von Gefahrstoffen in nicht kontaminierte Bereiche müssen entsprechende Dekontaminations-Einrichtungen vorhanden sein und -Maßnahmen getroffen werden.

Solche Einrichtungen sind z.B.:

- Eine Fahrzeug- und Reifenwaschanlage,
- ein befestigter Waschplatz mit Abscheideeinrichtung zur Reinigung von Fahrzeugen und Geräten,
- eine besondere Personenschleuse zur Dekontamination von persönlichen Schutzausrüstungen und Werkzeugen,
- Behälter zum Auffangen, Sammeln und Abtransportieren gefahrstoffbelasteter Stoffe, Flüssigkeiten oder Gegenstände.

11.3.8 Sind bei Bauarbeiten in kontaminierten Bereichen Kenntnisse über

- Windstärke und Windrichtung,
- Luftdruck und Luftfeuchte,
- Umgebungstemperatur,
- Niederschlagsmengen

erforderlich, müssen entsprechende Messgeräte auf der Baustelle vorhanden sein.

11.4 Erdbaumaschinen, Fahrzeuge

Erdbaumaschinen und Fahrzeuge dürfen in kontaminierten Bereichen nur eingesetzt werden, wenn durch die Ausrüstung mit Filter bzw. Druckluftanlagen das Vorhandensein einer ausreichend zuträglichen Atemluft in der Fahrerkabine gewährleistet ist. Dazu sind die Maßgaben in Abschnitt 11.5.2 einzuhalten. Fahrerkabinen und Filter bzw. Druckluftanlagen müssen dem „Merkblatt für Fahrerkabinen mit Anlagen zur Atemluftversorgung auf Erdbaumaschinen und Spezialmaschinen des Tiefbaues“ (ZH 1/184) entsprechend betrieben werden.

Soll im Einzelfall auf die Verwendung von Fahrerkabinen mit Filter- bzw. Druckluftanlagen verzichtet werden, ist dies in der Anzeige nach Abschnitt 11.2.1 anzugeben und zu begründen.

11.5 Maßnahmen gegen Gefahrstoffe

11.5.1 Ergeben die Messungen nach den Abschnitten 9 und 11.7.5, daß Gefahrstoffe in gesundheitsgefährlicher Konzentration vorhanden sind, müssen geeignete technische Lüftungsmaßnahmen durchgeführt werden. Wird saugende Lüftung eingesetzt, dürfen bei brand- und explosionsgefährlichen Gefahrstoffen nur Absaugeeinrichtungen in explosionsgeschützter Ausführung verwendet werden.

Bei gasförmigen Gefahrstoffen sind für die Lüftung Einrichtungen zu bevorzugen, die Frischluft zur Arbeitsstelle hinführen (**blasende** Belüftung). Die Ansaugstelle für die Luftzuführung sollte unter Beachtung der Windrichtung in ausreichender Entfernung von der Emissionsquelle in ca. 1,50 m Höhe angeordnet sein, um das Ansaugen von Gasen aus dem oberflächennahen Bereich zu vermeiden.

Beim Einsatz von **saugender** Lüftung wird die bei blasender Belüftung bewirkte schnelle Vermischung, Verdünnung und Abführung schädlicher Gase nicht erreicht. Außerdem besteht die Gefahr, dass gesundheitsgefährliche oder explosionsfähige Gase und Dämpfe in verstärktem Maße austreten und dadurch im ungünstigen Fall auch zur Arbeitsstelle und zum Ventilator als möglicher Zündquelle hingeführt werden können.

Bei staubförmigen Gefahrstoffen ist saugende Lüftung vorzuziehen.

11.5.2 Zur Feststellung, ob die Lüftungsmaßnahmen ausreichend sind, müssen wiederholte Einzelmessungen, und bei der Überwachung des Sauerstoffgehaltes sowie der explosionsfähigen Atmosphäre zusätzlich kontinuierliche Messungen durchgeführt werden. Dabei muss sichergestellt sein, dass

- der Sauerstoffgehalt mehr als 19 Vol.% beträgt,
- die Konzentration brennbarer Gase und Dämpfe unter 20% der unteren Explosionsgrenze (UEG) liegt,
- die gesundheitsgefährliche Konzentration giftiger Gase, Dämpfe oder Stäube, für die ein MAK-/TRK-Wert vorliegt, < 10 % dieses Wertes beträgt und

- bei anderen Gefahrstoffen, für die **kein** MAK-/TRK-Wert vorliegt, keine gesundheitsgefährliche Konzentration entsteht oder vorhanden ist.

Unabhängig von der vorgenannten Messverpflichtung kann **im Regelfall** technische Lüftung als ausreichend angesehen werden wenn z.B.

- der tiefsten Stelle von Schächten und Gruben ein Luftstrom von mindestens 10 m^3/min und m^2 Schacht- oder Grubenquerschnitt zugeführt wird,
- in umschlossenen Räumen mindestens ein sechs- bis achtfacher Luftwechsel pro Stunde gegeben ist.

Siehe auch „Sicherheitsregeln für Arbeiten in umschlossenen Räumen von abwassertechnischen Anlagen" (ZH 1/177).

In **Sonderfällen**, z.B. beim Zustrom von Schadgasen in großer Menge oder von hoher Toxizität, reichen die Angaben für den Regelfall nicht aus. Für diese Fälle sind besondere Luftmengenberechnungen erforderlich.

11.6 Maßnahmen bei explosionsfähiger Atmosphäre

11.6.1 Ergeben die Messungen nach den Abschnitten 9 und 11.7.5, daß Gase, Dämpfe, Nebel oder Stäube vorhanden sind, die in Verbindung mit Luft eine explosionsfähige Atmosphäre bilden können, müssen geeignete Maßnahmen getroffen werden, die die Bildung einer explosionsfähigen Atmosphäre verhindern oder einschränken.

Solche Maßnahmen sind z.B.:

- Inertisierung,
- Lüftung.

11.6.2 Bestehen trotz der Maßnahmen nach Abschnitt 11.6.1 weiterhin Explosionsgefahren, müssen weitergehende Maßnahmen unter Beachtung der „Explosionsschutz-Richtlinien (EX-RL)" (ZH 1/10) durchgeführt werden.

11.7 Bauarbeiten auf Deponien

11.7.1 Werden bei Bauarbeiten auf Deponien Unregelmäßigkeiten festgestellt, die zu Gefahren für die Versicherten führen können, sind die Arbeiten unverzüglich zu unterbrechen, ist der Gefahrbereich zu verlassen und der Aufsichtführende zu verständigen.

Als Unregelmäßigkeiten kommen z.B. in Betracht:
- Unvermutet austretende Gase, Dämpfe oder Stäube,
- das unerwartete Antreffen von Fässern und sonstigen Gebinden unbekannten Inhalts,
- das Antreffen von Tierkadavern,
- das Antreffen freier Flüssigkeitsspiegel,
- intensiver Geruch.

11.7.2 Der Aufsichtführende hat unverzüglich festzulegen, welche Sicherheitsmaßnahmen zu treffen sind und deren Durchführung zu überwachen. Bei austretenden Gasen oder Dämpfen ist deren messtechnische Untersuchung zu veranlassen.

In Betracht kommende Sicherheitsmaßnahmen können z.B. sein:
- Den Gefahrbereich festlegen, kennzeichnen und absperren,
- Abdecken des Aushubmaterials bzw. der freigelegten Bereiche mit Folien, Schaumteppichen und dergleichen,
- Aufstreuen von Kalk zur Reduzierung von Geruchsemissionen,
- dafür sorgen, dass sich die Versicherten bei austretenden Gasen oder Dämpfen nur auf der dem Wind zugekehrten Seite aufhalten,
- Erzeugen eines Luftstromes mittels leistungsstarker Gebläse.

11.7.3 Die Neigung freier Böschungen von Baugruben und Gräben in Deponien, auf denen überwiegend verrottbare Stoffe abgelagert wurden, darf 45°nicht überschreiten. Werden Böschungsneigungen steiler als 45° vorgesehen, ist deren Standsicherheit durch geeignete technische Maßnahmen zu gewährleisten und unter Berücksichtigung dieser Maßnahmen rechnerisch nachzuweisen. An den Rändern von Baugruben und Gräben ist ein möglichst waagerechter Schutzstreifen von mindestens 1,50 m Breite anzuordnen und von Aushubmaterial und anderen Auflasten freizuhalten.

11.7.4 Bei der Umlagerung von Deponiegut müssen die Fahrwege ausreichend tragfähig und standsicher sein; sie müssen bei Gegenverkehr so breit angelegt sein, dass die Transportfahrzeuge einen seitlichen Abstand von mindestens 1,50 m einhalten können. Die Transportfahrzeuge müssen beim Fahren und beim Kippvorgang an unbefestigten Böschungskanten einen Abstand von mindestens 10 m einhalten. Das umzulagernde Deponiegut ist lagenweise wieder einzubauen und zu verdichten.

11.7.5 Arbeitsplätze an und in Baugruben, Gräben und Schächten auf Deponien sind zusätzlich zu den Anforderungen nach Abschnitt 9 durch kontinuierlich arbeitende Mess- und Warngeräte daraufhin zu überwachen, ob dort Methan, Kohlenstoffdioxid, Schwefelwasserstoff oder Sauerstoffmangel vorhanden sind und die vorgegebenen Schwellenwerte nicht über- bzw. unterschritten werden. Bei der messtechnischen Überwachung ist auch der bodennahe Bereich zu berücksichtigen.

Üblicherweise werden z.B. Geräte verwendet, die

- die untere Explosionsgrenze
- den Sauerstoffgehalt und
- die Konzentration von Schwefelwasserstoff kontinuierlich messen und mit optischer und akustischer Alarmgebung ausgestattet sind.

11.7.6 Für die Messungen nach Abschnitt 11.7.5 dürfen nur Messgeräte mit Selbstüberwachung ihrer Funktionen verwendet werden. Ist dies nicht gewährleistet, ist jeweils gleichzeitig ein zweites Meßgerät gleicher Art einzusetzen.

11.7.7 Ergeben die Messungen nach den Abschnitten 9 und 11.7.5, daß die Versicherten durch das Vorhandensein von

- explosionsfähiger Atmosphäre,
- Sauerstoffmangel
- gesundheitsgefährlichen Gasen und Dämpfen gefährdet sind, dürfen diese Arbeitsplätze erst betreten werden, wenn folgende Maßnahmen durchgeführt bzw. Voraussetzungen gegeben sind:
  1. Lüftungsmaßnahmen nach den Abschnitten 11.5.1 und 11.5.2.
  2. Einsatz und Verwendung folgender Ausrüstungen:
     - explosionsgeschützte Handleuchten,
     - frei tragbare, von der Umgebungsatmosphäre unabhängig wirkende Atemschutzgeräte, auch Selbstretter

genannt, die eine Atemluftversorgung für eine Dauer von mindestens 15 Minuten gewährleisten,
- Werkzeuge aus funkenarmem Material für Arbeiten am Gassystem,
- mindestens 1 Feuerlöschgerät,
- Funksprechverbindung.

3. Bei der Verwendung von kraftbetriebenen Hebezeugen zur Personenbeförderung muss
   - das zugehörige Personenaufnahmemittel alle unter Erdgleiche beschäftigten Personen gleichzeitig aufnehmen können und
   - der Antrieb des Hebezeuges so eingerichtet sein, dass bei Ausfall der Energie oder der Steuerung das Personenaufnahmemittel unverzüglich in die Ausgangsposition über Erdgleiche bewegt werden kann.
4. Bereithalten folgender Rettungsgeräte am Gruben-, Graben- oder Schachtrand:
   - Rettungshubgerät mit Sicherheitsseil-Auffanggurt Form A und Falldämpfer,
   - frei tragbare, von der Umgebungsatmosphäre unabhängig wirkende Atemschutzgeräte,
   - Krankentrage.

Personenaufnahmemittel siehe auch „Sicherheitsregeln für hochziehbare Personenaufnahmemittel“ (ZH 1/461).

11.8 Abbruch kontaminierter baulicher Anlagen

11.8.1 Der Auftragnehmer hat vor Beginn von Abbrucharbeiten an kontaminierten baulichen Anlagen unter Berücksichtigung der Ergebnisse der vom Auftraggeber durchgeführten Gefahrstoffermittlung nach Abschnitt 8 und unter Beachtung von Abschnitt IV. „Abbrucharbeiten“ der UVV „Bauarbeiten“ (VBG 37) eine schriftliche Abbruchanweisung zu erstellen. Die Abbruchanweisung muss an der Baustelle vorliegen und insbesondere Angaben enthalten über – Reihenfolge und Arbeitsweise in den einzelnen Abbruchphasen, – besondere Maßnahmen hinsichtlich der Sicherheit und des Gesundheitsschutzes sowie des Emissionsschutzes, – technische Schutzmaßnahmen.

11.8.2 Der Auftragnehmer hat die Versicherten vor Beginn der Abbrucharbeiten und in Abständen von höchstens 4 Wochen über die abbruchspezifischen Gefahren, die gegebene Gefahrstoffsituation, mögliche Brandgefahren und erforderliche Sofortmaßnahmen in Notfällen zu unterweisen.

11.8.3 Werden bei Abbrucharbeiten Gase, Dämpfe, Nebel oder Stäube in gesundheitsgefährlichen Konzentrationen freigesetzt, müssen geeignete technische Schutzmaßnahmen durchgeführt werden.

Geeignete technische Schutzmaßnahmen sind z.B.:

- Einhausung abzubrechender baulicher Anlagen,
- Erfassung (Absaugung) der Gefahrstoffe an der Entstehungsstelle in Verbindung mit gefahrstoffspezifischen Filteranlagen,
- Befeuchtung der abzubrechenden baulichen Anlagen und des Abbruchgutes zwecks Staubniederschlagung.

11.8.4 Ist die Verwendung von Absauganlagen nicht möglich, müssen die gefährdeten Arbeitsplätze unter Beachtung der Abschnitte 11.5.1 und 11.5.2 ausreichend technisch belüftet werden.

11.8.5 Zwischengelagertes Abbruchgut, von dem Gesundheitsgefahren für die Versicherten ausgehen können, ist gegen Gefahrstoffemissionen zu sichern.

Geeignete Sicherungsmaßnahmen sind z.B.:

- Lagerung in geschlossenen Wechselcontainern,
- Lagerung in Gebäuden mit Abluftanlagen,
- bei Lagerung im Freien Abdeckung mit witterungsbeständigen, reißfesten, gasdichten und gegen Wegfliegen bzw. Losreißen durch Wind gesicherte Folien.

12 Zusätzliche Bestimmungen für Anlagen und Einrichtungen zur Sanierung kontaminierter Böden, Flüssigkeiten und baulicher Anlagen (Sanierungsanlagen)

12.1 Sanierungsanlagen müssen den gesetzlichen Bestimmungen hinsichtlich Sicherheit und Gesundheitsschutz sowie Emissionsschutz, den Unfallverhütungsvorschriften und den allgemein anerkannten Regeln der Technik entsprechen.

Sanierungsanlagen sind z.B.:

- Bodenreinigungsanlagen,
- Wasseraufbereitungsanlagen,
- Anlagen zur mikrobiologischen Behandlung,
- Anlagen zur Bodenluftabsaugung.

Siehe auch Abschnitt 3.2.

12.2 Sanierungsanlagen sind so zu planen, zu errichten und zu betreiben, dass Gefahrstoffemissionen den allgemein anerkannten Regeln der Technik entsprechend minimiert werden.

Gefahrstoffemissionen können minimiert werden z.B. durch:

- Geschlossene oder gekapselte Maschinen und Anlagen,
- Einhausungen mit Absaugvorrichtungen.
- Siehe auch Bundes-Immissionsschutzgesetz.

12.3 Leitungen, Anschlüsse und Absperrventile von Sanierungsanlagen müssen so beschaffen sein, dass die Entstehung von Aerosolen verhindert wird.

Siehe auch

- UVV „Abwassertechnische Anlagen" (VBG 54),
- „Sicherheitsregeln für Abwasserbehandlungsanlagen Bau und Ausrüstung" (GUV 17.5)

12.4 Unterdrucksysteme an Einhausungen und dergleichen von Sanierungsanlagen müssen mit Druck- oder Strömungsüberwachungseinrichtungen mit Alarmfunktion ausgerüstet sein.

12.5 Sanierungsanlagen müssen so beschaffen oder gekapselt sein, dass an den Arbeitsplätzen ein Beurteilungspegel von 85 dB (A) nicht überschritten wird.

Siehe auch UVV „Lärm" (VBG 121).

12.6 Elektrische Anlagen und Betriebsmittel müssen DIN VDE 0100-704 „Errichten von Starkstromanlagen mit Nennspannungen bis 1000 V; Baustellen" entsprechen. Elektrische Speisepunkte müssen mit einer Fehlerstrom-Schutzeinrichtung mit In = 30 mA oder gleichwertig abgesichert sein.

12.7 Zum Schutz der elektrischen Anlagen und Betriebsmittel muss ein ausreichend dimensioniertes Erdungssystem vorhanden sein.

Eine ausreichende Erdung ist z.B. gewährleistet durch den Einbau eines Fundamenterders mit Einzelanschlüssen zu den jeweiligen Stahlkonstruktionen oder Containern.

12.8 An Sanierungsanlagen müssen zur Durchführung von Wartungsarbeiten und Inspektionen vorhandene Öffnungen von Anlagenteilen, die für den Reinigungsprozess erforderliche Medien enthalten, so beschaffen oder gestaltet sein, dass beim Öffnen die Versicherten durch austretende Medien nicht gefährdet werden können.

Für den Reinigungsprozess erforderliche Medien sind z.B. Wasser, Dampf, schadstoffbelastete Flüssigkeiten, Chemikalien, Stäube.

12.9 An Sanierungsanlagen müssen Öffnungen zur Durchführung von Wartungsarbeiten und Inspektionen so mit den Antrieben von gefahrbringenden Maschinenbewegungen verriegelt sein, dass eine Öffnung erst möglich ist, nachdem die gefahrbringenden Maschinenbewegungen zum Stillstand gekommen sind.

Siehe auch § 4 UVV „Kraftbetriebene Arbeitsmittel" (VBG 5).

12.10 Verriegelungen nach Abschnitt 12.9 müssen so ausgeführt sein, dass ein einzelner Fehler im Hilfsstromkreis oder in der Vorsteuerung die vorgesehene Schutzfunktion nicht beeinträchtigt, so dass die Einfachfehlersicherheit gewährleistet ist.

12.11 Verriegelungen und andere Steuer-, Regel- und Messeinrichtungen sowie deren Bauteile müssen unter Berücksichtigung sicherheitstechnisch bewährter, einfacher Prinzipien ausgeführt sein. Alte Steuerungselemente mit Schutzfunktion müssen selbstüberwachend sein.

- Steuerungen sind dann selbstüberwachend, wenn beim Auftreten eines einfachen Fehlers
- die Schutzfunktion aufrechterhalten bleibt und

- ein sicherheitsgerechtes (optisches oder akustisches) Signal gegeben wird.

Selbstüberwachung kann z.B. erreicht werden durch
- überwachte Redundanz,
- Fail-Safe-Technik.

12.12 In Sanierungsanlagen müssen Arbeitsplätze und Verkehrswege, die mehr als 1,00 m über Flur liegen durch dreiteiliges Geländer (Form B) nach DIN 24533 „Geländer aus Stahl" gegen Abstürzen von Personen gesichert sein. Befinden sich Arbeitsplätze und Verkehrswege mehr als 12 m über Flur oder in der Nähe von Schacht- und Drehrohröfen, müssen die Geländerpfosten mindestens 1,10 m hoch sein und das Geländer im übrigen aus Handlauf, 2 Knieleisten und 1 Fußleiste (Form C nach DIN 24533) bestehen.

12.13 Zum Erreichen und Verlassen hochgelegener Arbeitsplätze und Verkehrswege, die regelmäßig begangen werden, müssen Treppen vorhanden sein. Für selten zu begehende hochgelegene Arbeitsplätze genügt es, wenn als Zugang Steigleitern oder Steigeisengänge vorhanden sind.

Konstruktion von Treppen siehe auch DIN 31003 „Ortsfeste Arbeitsbühnen einschließlich Zugänge; Begriffe, Sicherheitstechnische Anforderungen, Prüfung".

12.14 Arbeitsplätze und Verkehrswege müssen ausreichend breit und hoch sein. Die Mindestbreite muss für
- Treppen 0,80 m,
- Laufstege, Laufbrücken und dergleichen 0,60 m,
- Laufstege, Laufbrücken und ähnliche Wege mit Lastentransport 1,25 m;

die Mindesthöhe bzw. das Lichtmaß muss für
- Arbeitsplätze 2,50 m,
- Verkehrswege 2,00 m betragen.

12.15 Die in Abschnitt 12.14 genannten Maße dürfen nur in Ausnahmefällen unterschritten werden. Bei Verkehrswegen darf das Mindestmaß

$b \times h = 0{,}50 \times 1{,}80$ m keinesfalls unterschritten werden.

12.16 Lauf- und Trittflächen von Arbeitsplätzen und Verkehrswegen müssen trittfest und rutschhemmend beschaffen sein.

12.17 Für Silos und ähnliche Behälter und enge Räume, in die zur Durchführung betriebsmäßiger Arbeiten oberhalb des Füllgutes eingestiegen oder eingefahren werden muss, müssen Einrichtungen vorhanden sein, mit denen eingestiegen oder – wenn die mögliche Einfahrttiefe mehr als 10 m beträgt – eingefahren werden kann.

Geeignete Einrichtungen sind z.B.:

- Korrosionsbeständige bis zum Boden des Silos, Behälters oder engen Raumes reichende Steigleitern (in der Regel ohne Rückenschutz) oder Steigeisengänge,
- Einhängeleitern, wenn sie ohne Schwierigkeiten eingebracht und befestigt werden können,
- Einfahreinrichtungen (Personenaufnahmemittel mit Anschlag- und Tragmittel, Traggerüst und Winde), die der UW „Winden, Hub- und Zuggeräte“ (VBG 8) und den „Sicherheitsregeln für hochziehbare Personenaufnahmemittel“ (ZH 1/461) entsprechen.

Als Einsteigeinrichtungen sind **nicht geeignet**:

- Strickleitern,
- Leitern aus Leichtmetall in Silos, Behältern oder engen Räumen, in denen eine explosionsfähige Atmosphäre vorhanden sein oder sich bilden kann.

Siehe auch § 7 UVV „Silos“ (VBG 112).

12.18 Einbauten in Silos und ähnlichen Behältern und engen Räumen, in die eingestiegen oder eingefahren werden muss, müssen so bemessen und angeordnet sein, dass Arbeiten gefahrlos durchgeführt werden können und insbesondere eine Rettung von Personen aus diesen Räumen möglich ist.

12.19 Die lichte Weite von Öffnungen in Decken von Silos, ähnlichen Behältern, engen Räumen und Schächten muss mindestens betragen

- bei Einsteigöffnungen: 0,60 m,
- bei Einfahröffnungen: 0,80 m.

Siehe auch § 5 UVV „Silos“ (VBG 112).

13 Zusätzliche Bestimmungen für die Sanierung von gefahrstoffbelasteten Böden durch biologische Arbeitsstoffe (Mikrobiologische Sanierungsverfahren)

13.1 Bei der Durchführung mikrobiologischer Verfahren zur Sanierung gefahrstoffbelasteter Böden hat der Auftragnehmer den Schutz der Versicherten vor einer Gefährdung ihrer Sicherheit und Gesundheit durch biologische Arbeitsstoffe zu gewährleisten. Insbesondere sind zu beachten:

- Bundesseuchengesetz,
- Tierseuchengesetz,
- UVV „Biotechnologie" (VBG 102).

13.2 Der Auftragnehmer hat dafür zu sorgen, dass vor Beginn jeder Tätigkeit, bei der Versicherte biologischen Arbeitsstoffen ausgesetzt sind oder ausgesetzt sein können, eine Risikobewertung durchgeführt wird. Dabei sind die Art, das Ausmaß und die Dauer der Exposition zu berücksichtigen, damit

1. der biologische Arbeitsstoff bzw. die biologischen Arbeitsstoffe ihrer jeweiligen Risikogruppe zugeordnet und die damit verbundene Gefährdung der Versicherten abgeschätzt und
2. entsprechende Schutzmaßnahmen festgelegt werden können.

Zuordnung der Arbeitsstoffe in Risikogruppen siehe Merkblätter B 004 bis B 009 „Sichere Biotechnologie" der Berufsgenossenschaft der chemischen Industrie (ZH 1/344 bis 349).

13.3 Zeigt die Risikobewertung nach Abschnitt 13.2, dass der Umgang mit biologischen Arbeitsstoffen zu einer Exposition der Versicherten gegenüber einem biologischen Arbeitsstoff führen kann, ist nach § 3 bis 18 der UVV „Biotechnologie" (VBG 102) zu verfahren.

13.4 Ergibt die Risikobewertung nach Abschnitt 13.2 eine mögliche Gefährdung der Gesundheit der Versicherten, muss die Exposition der Versicherten vermieden werden. Ist dies technisch nicht möglich, ist die Exposition soweit wie möglich zu verringern.

13.5 Die Ermittlung der Gefährdung nach Abschnitt 13.2 muss bei

- Änderung der Gefahrstoffsituation

- Änderung des Sanierungsverfahrens bzw. Verwendung anderer biologischer Arbeitsstoffe erneut durchgeführt werden.

13.6 Der Auftragnehmer hat für die Durchführung mikrobiologischer Sanierungsverfahren einen Beauftragten für die biologische Sicherheit schriftlich zu bestellen und diesen bei der Erfüllung seiner Aufgaben zu unterstützen.

Beauftragter für die biologische Sicherheit ist, wer aufgrund seiner fachlichen Ausbildung und Erfahrung ausreichende Kenntnisse auf dem Gebiet der mikrobiologischen Sanierungsverfahren hat und mit den einschlägigen staatlichen Arbeitsschutzvorschriften, Unfallverhütungsvorschriften, Richtlinien und allgemein anerkannten Regeln der Technik (z.B. DIN-Normen, VDE-Bestimmungen, technische Regeln anderer Mitgliedstaaten der Europäischen Union oder anderer Vertragsstaaten des Abkommens über den Europäischen Wirtschaftsraum) soweit vertraut ist, dass er das angewendete mikrobiologische Sanierungsverfahren beurteilen kann.

Hinsichtlich Qualifikation von Beauftragten für die biologische Sicherheit siehe auch

- § 17 Gentechnik-Sicherheitsverordnung,
- § 16 UVV „Biotechnologie" (VBG 102).

13.7 Der Auftragnehmer hat bei begründetem Verdacht und nach Absprache mit dem Beauftragten für die biologische Sicherheit durch begleitende Kontrolluntersuchungen in einem geeigneten Laboratorium untersuchen zu lassen, ob durch das mikrobiologische Sanierungsverfahren Abbauprodukte in gesundheitsgefährlichen Konzentrationen entstanden sind.

13.8 Ergeben die Kontrolluntersuchungen nach Abschnitt 13.7, daß Abbauprodukte in gesundheitsgefährlichen Konzentrationen entstanden sind, hat der Auftragnehmer die weiteren Verfahrensschritte unter Einbeziehung des Auftraggebers, der Berufsgenossenschaft und anderen Fach- und Aufsichtsbehörden abzustimmen und festzulegen.

Fachbehörden sind z.B.

- Landesämter für Umweltschutz,
- geologische Landesämter,
- Landesämter für Wasserwirtschaft,

- Gesundheitsämter.

13.9 Wird zur Unterstützung und Verbesserung von mikrobiologischen Sanierungsverfahren Sauerstoff oder Ozon eingesetzt, sind die einschlägigen Unfallverhütungsvorschriften und Regeln der Technik zu beachten.

Siehe z.B.
- UVV „Sauerstoff" (VBG 62),
- Merkblatt M 034 „Umgang mit Sauerstoff" (ZH 1/307).

14 Brandschutz

14.1 Der Auftragnehmer hat bei Arbeiten in kontaminierten Bereichen zur Verhütung und sofortigen Bekämpfung von Entstehungsbränden geeignete Vorkehrungen zu treffen.

14.2 Die Vorkehrungen, bereitzuhaltenden Feuerlöscheinrichtungen und Löschmittel müssen der Art und dem Umfang der Arbeiten entsprechen sowie auf die jeweiligen Arbeitsverfahren und vorkommenden Gefahrstoffe abgestimmt sein. Löscheinrichtungen dürfen durch äußere Einflüsse in ihrer Funktionsfähigkeit nicht beeinträchtigt werden. Die Standorte der Feuerlöscheinrichtungen müssen dauerhaft und augenfällig gekennzeichnet sein.

Siehe auch § 43 UVV „Allgemeine Vorschriften" (VBG 1), „Regeln für die Ausrüstung von Arbeitsstätten mit Feuerlöschern" (ZH 11201).

14.3 Feuergefährdete Bereiche müssen als solche durch das Warnzeichen W 01 „Warnung vor feuergefährlichen Stoffen" gekennzeichnet sein. In diesen Bereichen sind das Rauchen sowie die Verwendung von offenem Licht und anderen Zündquellen verboten. Auf das Verbot ist durch das Verbotszeichen P 02 „Feuer, offenes Licht und Rauchen verboten" hinzuweisen. Die Zeichen müssen der UVV „Sicherheits- und Gesundheitsschutzkennzeichnung am Arbeitsplatz" (VBG 125) entsprechen.

14.4 Der Auftragnehmer hat für den Brandfall eine Brandschutzordnung mit Alarmplan, erforderlichenfalls im Zusammenwirken mit der örtlichen Feuerwehr, aufzustellen. Die Brandschutzordnung muss auch, in Abhängigkeit von den vorhandenen Gefahrstoffen, Regelungen über die zu benutzenden persönlichen Schutzausrüstungen enthalten. Brandschutzordnung und Alarmplan sind den Versicherten bekanntzugeben.

14.5 Die Handhabung der Feuerlöscheinrichtungen und die in der Brandschutzordnung vorgesehenen Maßnahmen sind zu Beginn der Arbeiten und danach in Abständen von höchstens 6 Monaten von den Versicherten zu üben.

15 Rettung und Erste Hilfe

15.1 Der Auftragnehmer hat dafür zu sorgen, dass

1. die zur Leistung der Ersten Hilfe erforderlichen Einrichtungen, insbesondere Meldeeinrichtungen, Erste-Hilfe-Material und Rettungstransportmittel,
2. die zur Rettung aus Gefahr für Leben und Gesundheit erforderlichen Einrichtungen, insbesondere Rettungsgeräte,
3. die zur Leistung der Ersten Hilfe und zur Rettung aus Gefahr für Leben und Gesundheit erforderlichen Personen (Ersthelfer, Betriebssanitäter) zur Verfügung stehen und 4. die Rettungskette mit der örtlich zuständigen Rettungsleitstelle abgestimmt wird.

Siehe auch UVV „Erste Hilfe" (VBG 109).

15.2 Nach Eintritt eines Arbeitsunfalls ist sofort Erste Hilfe zu leisten und bei bekannter oder vermuteter Gefahrstoffaufnahme eine ärztliche Untersuchung zu veranlassen.

15.3 Das benötigte und bereitzuhaltende Erste-Hilfe-Material, die Ausbildung der Ersthelfer sowie die Rettungsgeräte und -mittel sind auf die vorkommenden Gefahrstoffe abzustimmen und erforderlichenfalls unter Hinzuziehung eines Arztes auf den Einzelfall bezogen festzulegen.

Es empfiehlt sich, **jeden** Versicherten zum Ersthelfer ausbilden zu lassen.

15.4 Die Benutzung der Rettungsgeräte und -mittel ist zu Beginn der Arbeiten und danach mindestens halbjährlich von den Versicherten zu üben.

Aus organisatorischen Gründen empfiehlt es sich, diese Rettungsübungen mit den Brandschutzübungen zusammenzufassen.

16 Notfallausweis

16.1 Der Auftragnehmer hat dafür zu sorgen, dass Versicherte, die regelmäßig in kontaminierten Bereichen arbeiten – ausgenommen vorausgehende Untersuchungen – einen Notfallausweis bei sich tragen. Der Notfallausweis muss aus widerstandsfähigem Material bestehen und gegen Feuchtigkeit geschützt sein.

16.2 Die Versicherten haben den vom Auftragnehmer zur Verfügung gestellten Notfallausweis auch außerhalb der Arbeitszeit bei sich zu tragen.

17 Arbeitsmedizinische Vorsorgeuntersuchungen

Der Auftragnehmer hat dafür zu sorgen, dass der Gesundheitszustand der Versicherten durch arbeitsmedizinische Vorsorgeuntersuchungen überwacht wird. Er hat damit einen Arzt mit arbeitsmedizinischer Fachkunde nach § 3 UVV „Betriebsärzte" (VBG 123) zu beauftragen und diesem ausreichend Zeit zur Durchführung der arbeitsmedizinischen Vorsorgemaßnahmen zur Verfügung zu stellen.

Zu diesen Maßnahmen gehören unter anderem Vorsorgeuntersuchungen, die nach dem Prinzip der UVV „Arbeitsmedizinische Vorsorge" (VBG 100) unter Beachtung der einschlägigen Berufsgenossenschaftlichen Grundsätze für arbeitsmedizinische Vorsorgeuntersuchungen durchgeführt werden, sowie die Überwachung des Gesundheitszustandes unter Einschluss von Analysemethoden zum direkten oder indirekten Nachweis von Gefahrstoffen in biologischen Materialien. Grundlage für eine arbeitshygienische Beurteilung sind die BAT- und EKA-Werte, soweit vorhanden. Aufgrund der Vielfalt möglicher Gefahrstoffkombinationen und der damit verbundenen Besonderheiten der bei Arbeiten in kontaminierten Bereichen möglichen gesundheitlichen Gefahren, ist davon auszugehen, dass mit der Durchführung spezieller arbeitsmedizinischer Untersuchungen nach den vorhandenen Berufsgenossenschaftlichen Grundsätzen für arbeitsmedizinische Vorsorgeuntersuchungen nicht alle Gefahrstoffe berücksichtigt werden können. Deshalb ist der Arzt befugt, unter Berücksichtigung der dem Auftragnehmer zur Verfügung stehenden Informationen über die vorhandenen Gefahrstoffe und die daraus abzuleitenden gesundheitlichen Belastungen, weitergehende Maßnahmen zu ergreifen.

Siehe auch Aufgabenkatalog für Betriebsärzte in § 3 Arbeitssicherheitsgesetz und „Merkblatt für arbeitsmedizinische Untersuchungen bei Arbeiten in kontaminierten Bereichen" (z.Zt. Entwurf)

18 Betriebsanweisung

18.1 Der Auftragnehmer hat unter Berücksichtigung der zu erwartenden oder bereits ermittelten Gefahrstoffe und der von diesen ausgehenden Gefahren sowie der vorgesehenen Arbeitsverfahren vor Beginn der Arbeiten eine Betriebsanweisung aufzustellen. Die Betriebsanweisung sollte folgende Aussagen enthalten:

- Verzehr-, Trink- und Rauchverbot innerhalb kontaminierter Bereiche,
- Verbot der Alleinarbeit,
- Verpflichtung zur Benutzung der Einrichtungen der Schwarz-Weiß-Anlage,
- Sachgerechte Benutzung der erforderlichen persönlichen Schutzausrüstungen einschließlich Beachtung der gegebenenfalls vorgeschriebenen Tragezeitbegrenzungen z.B. nach den Technischen Regeln für gefährliche Arbeitsstoffe TRGA 415 „Tragezeitbegrenzung von Atemschutzgeräten und isolierenden Schutzanzügen ohne Wärmeaustausch für Arbeit",
- Verpflichtung zur Meldung auffälliger Vorkommnisse und plötzlicher persönlicher gesundheitlicher Beschwerden,
- Verhalten im Not- oder Gefahrfall,
- Durchführung von Dekontaminations- und Entsorgungsmaßnahmen,
- Verpflichtung zur Durchführung messtechnischer Überwachung der Arbeitsplätze.

Beispiele für Aufbau, Inhalt und Gestaltung von arbeitsplatz- und tätigkeitsbezogenen Betriebsanweisungen; siehe Technische Regeln für Gefahrstoffe TRGS 555 „Betriebsanweisung und Unterweisung nach § 20 GefStoffV".

18.2 Im Einzelfall hat der Auftragnehmer die Betriebsanweisung nach Abschnitt 18.1 für Arbeiten, die mit besonderen Gefahren verbunden sind, zu ergänzen und die zusätzlich zu beachtenden Sicherheitsmaßnahmen schriftlich festzulegen.

Arbeiten, die mit besonderen Gefahren verbunden sind, können z.B. sein:

- Arbeiten in Behältern und engen Räumen (z. B. Schächten),
- Feuerarbeiten (z.B. Schweißen, Schneiden, Löten) in brand- und explosionsgefährdeten Bereichen,
- Bergung und weitere Behandlung von Gebinden mit gefährlichem oder unbekanntem Inhalt.

18.3 Die Betriebsanweisung ist in verständlicher und übersichtlicher Form sowie in der Sprache der Versicherten abzufassen und an geeigneten Stellen der Arbeitsstätte auszuhängen sowie den Versicherten auszuhändigen und zu erläutern.

19 Unterweisung

19.1 Der Auftragnehmer oder der Koordinator nach Abschnitt 5 hat die Versicherten über die Maßnahmen zu ihrer Abwendung anhand der Inhalte der Betriebsanweisung zu unterweisen. Die Unterweisung hat vor Aufnahme der Tätigkeit, bei wesentlichen Veränderungen der Arbeitsbedingungen, mindestens jedoch im Abstand von 6 Monaten, zu erfolgen.

19.2 Inhalt und Zeitpunkt der Unterweisung sind schriftlich festzuhalten und von den Unterwiesenen durch Unterschrift zu bestätigen.

20 Persönliche Schutzausrüstungen

20.1 Die zu verwendenden persönlichen Schutzausrüstungen müssen der Achten Verordnung zum Gerätesicherheitsgesetz (Verordnung über das Inverkehrbringen von persönlichen Schutzausrüstungen 8. GSGV) entsprechen.

20.2 Der Auftragnehmer hat den Versicherten für Arbeiten in kontaminierten Bereichen die folgenden persönlichen Schutzausrüstungen **als Grundausstattung** zur Verfügung zu stellen:

1 **Kopfschutz** gemäß „Regeln für den Einsatz von Industrieschutzhelmen" (ZH 1/704),

2. **Fußschutz** in Form von halbhohen, hohen oder oberschenkelhohen Schaftstiefeln aus Gummi oder Kunststoff mit durchtrittsicherem Unterbau (Kennzeichnung S 5, Form C,

D oder E) nach DIN EN 345 „Spezifikation der Sicherheitsschuhe für den gewerblichen Gebrauch",

3. Handschutz (Schutzhandschuhe aus Kunststoff) gemäß „Regeln für den Einsatz von Schutzhandschuhen" (ZH 1/706),
4. **Schutzkleidung** in Form von Einweg-Schutzkleidung gemäß „Regeln für den Einsatz von Schutzkleidung" (ZH 1/700).

20.3 In Abhängigkeit von den auszuführenden Arbeiten und den zu erwartenden oder bereits ermittelten Gefahrstoffen und den von diesen ausgehenden Gefahren hat der Auftragnehmer zusätzlich zu der Grundausstattung nach Abschnitt 20.2 folgende persönliche Schutzausrüstungen zur Verfügung zu stellen:

1. **Kopfschutz** (Schutzhelme) **mit Gesichtsschutzschirm** nach „Regeln für den Einsatz von Augen- und Gesichtsschutz" (ZH 1/703) für Arbeiten, bei denen mit dem Verspritzen von kontaminierten Flüssigkeiten gerechnet werden muss, z.B. Bohrarbeiten.
2. **Handschutz** in Form von Stulpenhandschuhen aus chemikalienbeständigem Material mit textilem Innenfutter oder mit unterzuziehenden Baumwollhandschuhen gemäß „Regeln für den Einsatz von Schutzhandschuhen" (ZH 1/706) für alle Arbeiten, bei denen die Hände mit kontaminierten Flüssigkeiten oder Materialien in Berührung kommen können.
3. **Atemschutz** gemäß „Regeln für den Einsatz von Atemschutzgeräten" (ZH 1/701) in Form von
   a) Filtergeräten mit gefahrstoffspezifischen Filtern nach DIN 3181 Teile 1 bis 3 „Atemgeräte; Atemfilter für Atemschutzgeräte; Sicherheitstechnische Anforderungen, Prüfung, Kennzeichnung" für Arbeiten, bei denen in der Atemluft Gefahrstoff-Konzentrationen oberhalb der Auslöseschwelle nachgewiesen oder zu erwarten sind. Voraussetzung für die Verwendung dieser Filtergeräte ist ein Sauerstoffgehalt in der Atemluft von mindestens 19 Vol.%,
   b) Isoliergeräten (ortsabhängigen Schlauchgeräten oder ortsunabhängigen, frei tragbaren Geräten) nach DIN 58645 Teile 1 und 5 „Atemgeräte; vollständige Atem-

schutzgeräte“ für Arbeiten, bei denen damit zu rechnen ist, dass

- der Sauerstoffgehalt in der Atemluft den Grenzwert von 19 Vol.% unterschreitet oder
- die Konzentration bzw. Eigenschaft (Toxizität) von Gefahrstoffen in der Atemluft die Verwendung von Filtergeräten ausschließt,

c) Atemschutzgeräten für Selbstrettung (Selbstretter) nach Abschnitt 7 „Regeln für den Einsatz von Atemschutzgeräten“ (ZH 1/701) für notfallbedingte Einsätze.

4. **Chemikalienschutzanzüge** (Typ 1) für schwere Beanspruchung nach E DIN 32 762 „Chemikalienschutzanzug Typ 1; Sicherheitstechnische Anforderungen, Prüfung“ für Arbeiten, bei denen eine direkte Berührung mit Gefahrstoffen in größerer Menge (z.B. Flüssigkeitsschwall) nicht ausgeschlossen werden kann.

5. **Persönlichen Schutzausrüstungen gegen Absturz sowie** zum **Halten und Retten** nach den „Regeln für den Einsatz von persönlichen Schutzausrüstungen gegen Absturz“ (ZH 1/709) und den „Regeln für den Einsatz von persönlichen Schutzausrüstungen zum Halten und Retten“ (ZH 1/710) zum Befahren von Schächten, Silos und ähnlichen Behältern und engen Räumen sowie zur Rettung von Personen aus diesen Anlagen.

   Bei körperlich anstrengender Arbeit sollten bevorzugt gebläseunterstützte Filtergeräte verwendet werden. Eine Verwendung dieser Geräte bei Umgebungslufttemperaturen unter + 10°C kann jedoch nur dann erfolgen, wenn die filtrierte Atemluft vorgewärmt wird.

   Zur Auswahl der für den Einzelfall erforderlichen Filter empfiehlt es sich, dem Filterhersteller oder -vertreiber möglichst genaue Angaben über die zu erwartenden oder bereits ermittelten Gefahrstoffe zu machen und von diesen die höchstzulässigen Einsatzzeiten (Standzeiten) der Filter zu erfragen.

   Hinsichtlich Chemikalienschutzanzüge siehe auch „Regeln für den Einsatz von Schutzkleidung“ (ZH 1/700).

20.4 Der Auftragnehmer hat dafür zu sorgen, daß die zur Verfügung gestellten persönlichen Schutzausrüstungen getragen und benutzte und kontaminierte persönliche Schutzausrüstungen ordnungsgemäß dekontaminiert (gereinigt), soweit erforderlich gewartet, oder entsorgt werden.

Für die Wartung und Pflege von Atemschutzgeräten und Chemikalienschutzanzügen empfiehlt sich die Bestellung einer hierfür unterwiesenen Person, z.B. Gerätewart.

20.5 Bei der Benutzung von Atemschutzgeräten und Chemikalienschutzanzügen (Typ 1) sind die Tragezeitbegrenzungen der Technische Regeln für gefährliche Arbeitsstoffe TRGA 415 „Tragezeitenbegrenzungen von Atemschutzgeräten und isolierenden Schutzanzügen ohne Wärmeaustausch für Arbeit" und die „Regeln für den Einsatz von Atemschutzgeräten" (ZH 1/701) zu beachten.

20.6 Die Versicherten haben die zur Verfügung gestellten persönlichen Schutzausrüstungen ordnungsgemäß zu benutzen. Sie haben die persönlichen Schutzausrüstungen vor der Benutzung auf ordnungsgemäßen Zustand und Funktionsfähigkeit zu prüfen.

21 Hautschutz

21.1 Der Auftragnehmer hat den Versicherten für Arbeiten in kontaminierten Bereichen für den Einzelfall geeignete Hautreinigungs-, Hautpflege- und Hautschutzmittel zur Verfügung zu stellen.

21.2 Die Versicherten haben bei Arbeitsunterbrechungen und nach Beendigung der Arbeit Hautreinigungs-, Hautschutz- und -pflegemaßnahmen durchzuführen.

22 Zeitpunkt der Anwendung

Diese Regeln sind anzuwenden ab April 1997, soweit nicht Bestimmungen dieser Regeln nach geltenden Rechtsnormen oder als allgemein anerkannte Regeln der Technik bereits zu beachten sind. Sie ersetzen die „Richtlinien für Arbeiten in kontaminierten Bereichen" (ZH 1/183) vom April 1992.

12.4 Berufsgenossenschaften der Bauwirtschaft

Bau-Berufsgenossenschaften

Freie und Hansestadt Hamburg, Schleswig-Holstein, Mecklenburg – Vorpommern

Bau-Berufsgenossenschaft Hamburg
Technischer Aufsichtsdienst
Holstenwall 8-9,
20355 Hamburg
Tel. (0 40) 3 50 00-0
Fax (0 40) 3 50 00-3 97

Niedersachsen, Berlin, Brandenburg, Bremen, Sachsen-Anhalt und den Reg.-Bez. Detmold des Landes Nordrhein-Westfalen

Bau-Berufsgenossenschaft Hannover
Hildesheimer Straße 309,
30519 Hannover
Tel. (05 11) 987-0
Fax (05 11) 987-2445

Niedersachsen
Regierungsbezirk Hannover ohne Kreis Diepholz
Regierungsbezirk Lüneburg ohne Kreise Cuxhaven, Osterholz, Rotenburg, Verden
ohne Regierungsbezirk Weser Ems

TA-Büro Hannover
Hildesheimer Straße 309,
30519 Hannover
Tel. (05 11) 987-0
Fax (05 11) 987-2445

Bremen, Niedersachsen
Reg.-Bez. Weser-Ems Kreise Ammerland, Aurich, Friesland, Leer, Oldenburg, Wesermarsch
Reg.-Bez. Hannover: Kreis Diepholz Reg.-Bez.: Hannover: Kreis Diepholz
Reg.-Bez.: Lüneburg: Kreise Cuxhaven, Osterholz, Rotenburg, Verden

TA-Büro Bremen
Bertha-vonSuttner-Straße 10,
28207 Bremen
Tel. (04 21) 49 91 – 0
Fax (04 21) 49 91 – 4 44

Nordrhein-Westfalen: Reg.-Bez. Detmold
Niedersachsen: Reg.-Bez. Weser-Ems:
Kreise Emsland, Osnabrück, Grafschaft Bentheim

TA-Büro Herford
Herringhäuser Str. 39,
32051 Herford
Tel. (0 52 21) 93 45-0
Fax (5 52 21) 93 45-22

Berlin und Brandenburg

TA-Büro Berlin
Hildegardstraße 28-30,
10715 Berlin
Tel. (030) 857 81-0
Fax (030) 857 81-3 33

Sachsen Anhalt (Kreise/Städte Wolmirstedt, Stendal, Genthin, Havelberg, Osterburg, Magdeburg, Köthen, Dessau, Rosslau, Zerbst, Schönebeck, Burg, Salzwedel, Klötze, Gardelegen, Haldensleben, Wanzleben, Oschersleben)

TA-Büro Magdeburg
Regierungsstraße 37e,
39104 Magdeburg
Tel. (03 91) 5 97 19-30
Fax (03 91) 5 97 19-37

Sachsen Anhalt (für alle Kreise außer den vorstehend für TAD-Magdeburg genannten)

TA-Büro Halle
Grenzstr.26,
06112 Halle/Saale
Tel. (03 45) 5 70 64-70
Tel. (03 45) 5 70 64-75

Nordrhein-Westfalen (ohne Reg.-Bez. Detmold), **Rheinland-Pfalz** (nur Reg.-Bez. Koblenz und Trier)

Bau-Berufsgenossenschaft
Rheinland und Westfalen
Viktoriastraße 21,
42115 Wuppertal
Tel. (02 02) 3 98-0
Fax (02 02) 3 98-4 04

Reg.-Bez. Düsseldorf und Köln z.T.

Technische Abteilung Wuppertal
Viktoriastraße 21,
42115 Wuppertal
Tel. (02 02) 3 98-0
Fax (02 02) 3 98-4 09

Reg.-Bez. Arnsberg und Münster

Technische Abteilung Dortmund
Kronprinzenstraße 67,
44126 Dortmund
Tel. (02 31) 54 31 -0
Fax (02 31) 54 31-4 04

Reg.-Bez. Köln, Koblenz und Trier

Technische Abteilung Köln
Eulenbergstraße 13-21,
51058 Köln
Tel. (02 21) 96 73-0
Fax (02 21) 96 73-4 45

Hessen sowie ehemalige Reg.-Bez. Rheinhessen und Montabaur des Landes Rheinland-Pfalz, Thüringen

Bau – Berufsgenossenschaft
Frankfurt am Main
Hungener Str. 6,
60389 Frankfurt a.M.
Tel. (0 69) 47 05-0
Fax (0 69) 47 05-2 99

Die Berufsgenossenschaft ist örtlich zuständig für Unternehmen, die in den ehemaligen Reg.-Bez. Nordbaden und Südbaden des Landes Baden-Württemberg nach dem Stand vom 1.7.1963, in dem ehemaligen Reg.-Bez. Pfalz des Landes Rheinland-Pfalz nach dem Stand vom 30.9.1968 sowie im Saarland ihren Sitz haben

Südwestliche
Bau – Berufsgenossenschaft
Steinhäuserstraße 10,
76135 Karlsruhe
Tel. (07 21) 81 02-0
Fax (07 21) 81 02-3 45

Die Berufsgenossenschaft ist örtlich zuständig für Unternehmen, die in den ehemaligen Reg.-Bez. Nordwürttemberg und Südwürttemberg-Hohenzollern des Landes Baden-Württemberg nach dem Stand vom 1. Juli 1963 ihren Sitz haben

Württembergische
Bau-Berufsgenossenschaft
Friedrich-Gerstlacher-Str. 15,
71032 Böblingen
Tel. (0 70 31) 6 25-0
Fax (0 70 31) 6 25-2 06

für die Regierungsbezirke Niederbayern, Oberbayern, Schwaben

Bau-Berufsgenossenschaft
Bayern und Sachsen
Technischer Aufsichtsdienst
München
Loristraße 8,
80335 München
Tel. (0 89) 1 21 79-0
Fax (0 89) 1 21 79-6 06

für die Regierungsbezirke Unterfranken, Mittelfranken, Oberfranken, Oberpfalz

Technischer Aufsichtsdienst
Nürnberg
Gebersdorfer Straße 67,
90449 Nürnberg
Tel. (09 11) 68 03-0
Fax (09 11) 68 03-2 39

für das Land Sachsen

Technischer Aufsichtsdienst
Verwaltungsstelle Sachsen
Pirnaer Landstr. 40,
01237 Dresden
Tel. (03 51) 25 72-0
Fax (03 51) 25 72-3 33

Aussenstelle Leipzig
Hamburger Str. 7,
04129 Leipzig
Tel. (03 41) 9 04 84 10
Fax (03 41) 9 04 84 29

Aussenstelle Chemnitz
Neefestr. 147
09116 Chemnitz
Tel. (03 71) 2 81 20-0
Fax (03 71) 2 81 20-22

Tiefbau-Berufsgenossenschaft
Hauptverwaltung
Gebietsverwaltung Süd
Landsberger Str. 309
80687 München
Tel. (0 89) 88 97-02
Fax (0 89) 88 97-8 19

Bundesgebiet:

Gebietsverwaltung Nord
Tiergartenstraße 39,
30559 Hannover
Tel. (05 11) 5 10 03-0
Fax (05 11) 5 10 03 20

Gebietsverwaltung West
Schubertstraße 41,
42289 Wuppertal
Tel. (02 02) 62 97-0
Fax (02 02) 62 97-2 12

Gebietsverwaltung Ost
Waghäuseler Straße 12,
10717 Berlin
Tel. (0 30) 85 79 04-02
Fax (0 30) 85 79 04-66

Gebietsverwaltung Süd-West
Vollmöllerstr. 11,
70563 Stuttgart
Tel. (07 11) 73 40 16
Fax (07 11) 73 40 18

12.5 Gewerbliche Berufsgenossenschaften

- Bergbau-Berufsgenossenschaft, Hunscheidtstraße 18, 44789 Bochum
- Steinbruchs-Berufsgenossenschaft, Theodor-Heuss-Straße 160, 30853 Langenhagen
- Hütten- und Walzwerks-Berufsgenossenschaft, Kreuzstraße 45, 40210 Düsseldorf
- Maschinenbau- und Metall-Berufsgenossenschaft, Kreuzstraße 45, 40210 Düsseldorf
- Norddeutsche Metall-Berufsgenossenschaft, Seligmannallee 4, 30173 Hannover
- Süddeutsche Metall-Berufsgenossenschaft, Wilhelm-Theodor-Römheld-Str. 15, 55130 Mainz
- Edel- und Unedelmetall-Berufsgenossenschaft, Vollmoellerstraße 11, 70563 Stuttgart
- Berufsgenossenschaft der Feinmechanik und Elektrotechnik, Gustav-Heinemann-Ufer 130, 50968 Köln
- Berufsgenossenschaft der chemischen Industrie, Kurfürsten-Anlage 62, 69115 Heidelberg
- Holz-Berufsgenossenschaft, Am Knie 6, 81241 München
- Binnenschiffahrts-Berufsgenossenschaft, Düsseldorfer Straße 193, 47053 Duisburg
- Papiermacher-Berufsgenossenschaft, Lortzingstraße 2, 55127 Mainz
- Berufsgenossenschaft Druck und Papierverarbeitung, Rheinstraße 6–8, 65185 Wiesbaden
- Lederindustrie-Berufsgenossenschaft, Lortzingstraße 2, 55127 Mainz
- Textil- und Bekleidungs-Berufsgenossenschaft, Oblatterwallstraße 18, 86153 Augsburg
- Berufsgenossenschaft Nahrungsmittel und Gaststätten, Dynamostraße 7–11, 68165 Mannheim
- Fleischerei-Berufsgenossenschaft, Lortzingstraße 2, 55127 Mainz
- Zucker-Berufsgenossenschaft, Lortzingstraße 2, 55127 Mainz

- Bau-Berufsgenossenschaft Hamburg, Holstenwall 8–9, 20355 Hamburg
- Bau-Berufsgenossenschaft Hannover, Hildesheimer Straße 309, 30519 Hannover
- Bau-Berufsgenossenschaft Rheinland und Westfalen, Viktoriastraße 21, 42115 Wuppertal
- Bau-Berufsgenossenschaft Frankfurt am Main, An der Festeburg 27–29, 60389 Frankfurt
- Südwestliche Bau-Berufsgenossenschaft, Steinhäuserstraße 10, 76135 Karlsruhe
- Württembergische Bau-Berufsgenossenschaft, Friedrich-Gerstlacher-Straße 15, 71032 Böblingen
- Bau-Berufsgenossenschaft Bayern und Sachsen, Loristraße 8, 80335 München
- Tiefbau-Berufsgenossenschaft, Am Knie 6, 81241 München
- Großhandels- und Lagerei-Berufsgenossenschaft, M 5, 7, 68161 Mannheim
- Berufsgenossenschaft für den Einzelhandel, Niebuhrstraße 5, 53113 Bonn
- Berufsgenossenschaft der Banken, Versicherungen, Verwaltungen, freien Berufe und besonderer Unternehmen – Verwaltungs-Berufsgenossenschaft, Deelbögenkamp 4, 22297 Hamburg
- Berufsgenossenschaft der Straßen-, U-Bahnen und Eisenbahnen, Fontenay 1a, 20354 Hamburg
- Berufsgenossenschaft für Fahrzeughaltungen, Ottenser Hauptstraße 54, 22765 Hamburg
- Berufsgenossenschaft für Gesundheitsdienst und Wohlfahrtspflege, Pappeiallee 35/37, 22089 Hamburg
- See-Berufsgenossenschaft, Reimerstwiete 2, 20457 Hamburg

12.6 Neue Systematik der BG-Schriften

Die Berufsgenossenschaften überarbeiten zur Zeit ihr komplettes Vorschriften- und Regelwerk, um es an Gestaltungsgrundsätze wie Transparenz, Vereinfachung und Anwenderfreundlichkeit anzupassen.

Dies bedeutet, dass die bisherigen Abkürzungen „VBG" für Unfallverhütungsvorschriften und „ZH1" für Regeln, Merkblätter, Sicherheitslehrbriefe, etc. durch neue Kürzel ersetzt werden.

Die beiden bisher bestehenden VBG- und ZH1-Verzeichnisse werden zu BG-Vorschriften und Regeln (BGVR-Verzeichnis) zusammengefasst. In der Übergangszeit werden sowohl die neuen als auch die alten Nummerierungen erkennbar sein.

Die BG Grundsätze (Grundsätze für die Prüfung von technischen Arbeitsmitteln oder arbeitsmedizinische Grundsätze) gehören nicht zu den BG-Regeln oder BG-Informationen, sondern werden besonders bezeichnet.

Die neue Systematik setzt sich aus drei Ebenen zusammen:

1. **Berufsgenossenschaftliche Vorschriften** (abgekürzt: BGV)

   Hier werden Schutzziele sowie branchen- oder verfahrensspezifische Forderungen an die Arbeitssicherheit und den Gesundheitsschutz definiert, die wie bisher rechtsverbindlichen Charakter haben. Die Vorschriften werden in die Kategorien:

   A. Allgemeine Vorschriften/Betriebliche Arbeitsschutzorganisation,

   B. Einwirkung,

   C. Betriebsart/Tätigkeit und

   D. Arbeitsplatz/Arbeitsverfahren eingeteilt.

2. **BG-Regeln für Sicherheit und Gesundheit bei der Arbeit** (abgekürzt: BGR)

   Dies sind allgemein anerkannte Regeln für Sicherheit und Gesundheitsschutz, die den Stand des Arbeitsschutzes beschreiben und der praktischen Umsetzung von Forderungen aus den BG-Vorschriften dienen. Wie die Berufsgenossenschaftlichen Vorschriften (1.) werden die Regeln dieser Kategorie von den berufsgenossenschaftlichen Fachausschüssen erarbeitet.

3. BG-Informationen (abgekürzt: BGI)

Für die BGI sind die Einzel-Berufsgenossenschaften zuständig und enthalten spezielle Veröffentlichungen für bestimmte Branchen, Tätigkeiten, Arbeitsmittel, Zielgruppen etc.

	Bisherige Nr. (VBG)	**Titel der berufsgenossenschaftlichen Vorschriften für Sicherheit und Gesundheit bei der Arbeit**	**Neue Nr. (BGV)**
Allgemeine Vorschriften	1	Allgemeine Vorschriften (Neuer Titel: Grund der Prävention)	A1
	4	Elektrische Anlagen und Betriebsmittel	A2
	100	Arbeitsmedizinische Vorsorge	A*
A. Betriebliche Arbeitsschutzorganisation	109	Erste Hilfe	A5
	122	Fachkräfte für Arbeitssicherheit	A6
	123	Betriebsärzte	A7
	125	Sicherheit und Gesundheitsschutzkennzeichnung am Arbeitsplatz	A8
B. Einwirkungen	91	Umgang mit Gefahrstoffen	B1
	93	Laserstrahlung	B2
	121	Lärm	B3
C. Betriebsart/ Tätigkeit	70	Veranstaltungs- und Produktionsstätten für szenische Darstellung	C1
	72	Schausteller- und Zirkusunternehmen	C2
	105	Spielhallen, Spielcasinos und Automatensäle von Spielbanken	C3
	102	Biotechnologie	C4
	68	Wach- und Sicherungsdienste	C7
	103	Gesundheitsdienst	C8
	120	Kassen	C9
	112	Silos	C12
	37	Bauarbeiten	C22
	73	Zelte und Tragluftbauten	C25

	Bisherige Nr. (VBG)	Titel der berufsgenossenschaftlichen Vorschriften für Sicherheit und Gesundheit bei der Arbeit	Neue Nr. (BGV)
D. Arbeitsplatz/ Arbeitsverfahren	15	Schweissen, Schneiden und verwandte Verfahren	D1
	20	Kälteanlagen, Wärmepumpen und Kühleinrichtungen	D*
	65	Chlorung von Wasser	D5
	9	Krane	D6
	8	Winden, Hub- und Zuggeräte	D8
	49	Schleif- und Bürstwerkzeuge	D12
	23	Verarbeiten von Beschichtungsstoffen	D25
	36	Flurförderzeuge	D27
	12	Fahrzeuge	D29
	38a	Arbeiten im Bereich von Gleisen	D33
	74	Leitern und Tritte	D36

VBG-Nr	Titel der noch weiter geltenden Unfallverhütungsvorschriften
5	Kraftbetriebene Arbeitsmittel
7i	Druck und Papierverarbeitung
7j	Maschinen und Anlagen zur Be- und Verarbeitung von Holz und ähnlichen Werkstoffen
7n	Metallbearbeitung
7n2	Metallbearbeitung; Scheren
7n6	Metallbearbeitung; Schleifkörper, Pliesst- und Pollerscheiben; Schleif- und Pollermaschinen
7y	Wäscherei
7z	Zentrifugen
9a	Lastaufnahmeeinrichtungen im Hebezeugbetrieb
10	Stetigförderer
14	Hebebühnen
67	Bügelei

12.7 Empfehlung zur Honorarermittlung

Die Architektenkammer Nordrhein-Westfalen hat die folgende Honorarempfehlung für die Tätigkeit als Sicherheits- und Gesundheitsschutzkoordinator nach der Baustellenverordnung herausgegeben. Die Werte gelten für einen mittleren Schwierigkeitsgrad. Für einen geringen Schwierigkeitsgrad ist ein Abschlag, für einen hohen Schwierigkeitsgrad ein Zuschlag von bis zu ± 30 % möglich..

anrechenbare Kosten		**Sicherheits- und Gesundheitsschutzkoordinator durch**			
		Sonderfachmann		**Architekt**	
		%	**DM**	**%**	**DM**
500.000 DM	Planungsphase	0,480%	2.400 DM	0,400%	2.000 DM
	Ausführungsphase	0,720%	3.600 DM	0,200%	1.000 DM
	Summe	1,200%	6.000 DM	0,600%	3.000 DM
600.000 DM	Planungsphase	0,448%	2.688 DM	0,373%	2.240 DM
	Ausführungsphase	0,672%	4.032 DM	0,187%	1.120 DM
	Summe	1,120%	6.720 DM	0,560%	3.360 DM
700.000 DM	Planungsphase	0,424%	2.968 DM	0,353%	2.473 DM
	Ausführungsphase	0,636%	4.452 DM	0,177%	1.237 DM
	Summe	1,060%	7.420 DM	0,530%	3.710 DM
800.000 DM	Planungsphase	0,396%	3.168 DM	0,330%	2.640 DM
	Ausführungsphase	0.594%	4.752 DM	0,165%	1.320 DM
	Summe	0,990%	7.920 DM	0,495%	3.960 DM
900.000 DM	Planungsphase	0.376%	3.384 DM	0,313%	2.820 DM
	Ausführungsphase	0.564%	5.076 DM	0,157%	1.410 DM
	Summe	0.940%	8.460 DM	0,470%	4.230 DM
1.000.000 DM	Planungsphase	0,360%	3.600 DM	0,300%	3.000 DM
	Ausführungsphase	0.540%	5.400 DM	0,150%	1.500 DM
	Summe	0.900%	9.000 DM	0,450%	4.500 DM
2.000.000 DM	Planungsphase	0,260%	5.200 DM	0.217%	4.333 DM
	Ausführungsphase	0,390%	7.800 DM	0.108%	2.167 DM
	Summe	0.650%	13.000 DM	0.325%	6.500 DM
3.000.000 DM	Planungsphase	0.212%	6.360 DM	0,177%	5.300 DM
	Ausführungsphase	0.318%	9.540 DM	0,088%	2.650 DM
	Summe	0.530%	15.900 DM	0.265%	7.950 DM
4.000.000 DM	Planungsphase	0,188%	7.520 DM	0,157%	6.267 DM
	Ausführungsphase	0,282%	11.280 DM	0,078%	3.133 DM
	Summe	0,470%	18.800 DM	0,235%	9.400 DM
5.000.000 DM	Planungsphase	0,168%	8.400 DM	0,140%	7.000 DM
	Ausführungsphase	0,252%	12.600 DM	0,070%	3.500 DM
	Summe	0,420%	21.000 DM	0,210%	10.500 DM
6.000.000 DM	Planungsphase	0,152%	9.120 DM	0,127%	7.600 DM
	Ausführungsphase	0,228%	13.680 DM	0,063%	3.800 DM
	Summe	0,380%	22.800 DM	0,190%	11.400 DM

anrechenbare Kosten		Sicherheits- und Gesundheitsschutzkoordinator durch			
		Sonderfachmann		Architekt	
		%	DM	%	DM
7.000.000 DM	Planungsphase	0,140%	9.800 DM	0,117%	8.167 DM
	Ausführungsphase	0,210%	14.700 DM	0,058%	4.083 DM
	Summe	0,350%	24.500 DM	0,175%	12.250 DM
8.000.000 DM	Planungsphase	0,132%	10.560 DM	0,110%	8.800 DM
	Ausführungsphase	0,198%	15.840 DM	0,055%	4.400 DM
	Summe	0,330%	26.400 DM	0,165%	13.200 DM
9.000.000 DM	Planungsphase	0,124%	11.160 DM	0,103%	9.300 DM
	Ausführungsphase	0,186%	16.740 DM	0,052%	4.650 DM
	Summe	0,310%	27.900 DM	0,155%	13.950 DM
10.000.000 DM	Planungsphase	0,116%	11.600 DM	0,097%	9.667 DM
	Ausführungsphase	0,174%	17.400 DM	0,048%	4.833 DM
	Summe	0,290%	29.000 DM	0,145%	14.500 DM
20.000.000 DM	Planungsphase	0,088%	17.600 DM	0,073%	14.667 DM
	Ausführungsphase	0,132%	26.400 DM	0,037%	7.333 DM
	Summe	0,220%	44.000 DM	0,110%	22.000 DM
30.000.000 DM	Planungsphase	0,080%	24.000 DM	0,067%	20.000 DM
	Ausführungsphase	0,120%	36.000 DM	0,033%	10.000 DM
	Summe	0,200%	60.000 DM	0,100%	30.000 DM
40.000.000 DM	Planungsphase	0,076%	30.400 DM	0,063%	25.333 DM
	Ausführungsphase	0,114%	45.600 DM	0,032%	12.667 DM
	Summe	0,190%	76.000 DM	0,095%	38.000 DM
50.000.000 DM	Planungsphase	0,072%	36.000 DM	0,060%	30.000 DM
	Ausführungsphase	0,108%	54.000 DM	0,030%	15.000 DM
	Summe	0,180%	90.000 DM	0,090%	45.000 DM

Abbildungsverzeichnis

Stichwortverzeichnis

Fehlerberichtigung/Vorschläge

Bei ______________________________, _____ Auflage,
(Titel/Autor)

auf Seite _____, RN _____, Zeile _____

muß es statt „______________________________

______________________________"

an dieser Stelle lauten: „______________________________

______________________________"

2. Sonstige Verbesserungs- oder Änderungsvorschläge: ______________________________

____

____

____

Fehlerberichtigung/Vorschläge

Bei ______________________________, _____ Auflage,
(Titel/Autor)

auf Seite _____, RN _____, Zeile _____

muß es statt „______________________________

______________________________"

an dieser Stelle lauten: „______________________________

______________________________"

2. Sonstige Verbesserungs- oder Änderungsvorschläge: ______________________________

____

____

____

Absender

Name Vorname

Straße

PLZ, Ort

Telefon-Nr.

Datum, Unterschrift, Stempel

Tätigkeitsschwerpunkte:

SiKo1

Bitte ausreichend frankieren

Antwortkarte

C. F. Müller Verlag
Hüthig GmbH
z. Hd. Andreas T. A. Mayer
Im Weiher 10

D-69121 Heidelberg

Absender

Name Vorname

Straße

PLZ, Ort

Telefon-Nr.

Datum, Unterschrift, Stempel

Tätigkeitsschwerpunkte:

SiKo1

Bitte ausreichend frankieren

Antwortkarte

C. F. Müller Verlag
Hüthig GmbH
z. Hd. Andreas T. A. Mayer
Im Weiher 10

D-69121 Heidelberg